Rupert Sheldrake
Sieben Experimente, die die Welt verändern könnten

Rupert Sheldrake

Sieben Experimente, die die Welt verändern könnten

Anstiftung zur Revolutionierung des wissenschaftlichen Denkens

Scherz

Einzig berechtigte Übersetzung aus dem Englischen
von Jochen Eggert

Schutzumschlag Zembsch' Werkstatt
unter Verwendung einer Illustration
von der Image Bank München

1. Auflage 1994
Die Originalausgabe erschien unter dem Titel:
«Seven Experiments That Could Change The World»
bei Fourth Estate Limited, 289 Westbourne Grove, London.
Copyright © 1994 by Rupert Sheldrake.
Deutschsprachige Rechte beim Scherz Verlag, Bern, München, Wien.
Alle Rechte der Verbreitung, auch durch Funk, Fernsehen,
fotomechanische Wiedergabe, Tonträger jeder Art sowie
durch auszugsweisen Nachdruck, sind vorbehalten.

Inhalt

Vorwort 9
Einführung: Weshalb große Fragen keinen großen wissenschaftlichen Aufwand erfordern 11

ERSTER TEIL
Die außergewöhnlichen Kräfte gewöhnlicher Tiere

Einleitung: Weshalb die rätselhaften Fähigkeiten von Tieren bisher so wenig beachtet wurden 19

1. Wenn Haustiere spüren, daß ihre Besitzer heimkommen .. 24
   Verbindungen zwischen Haustieren und Menschen ... 24
   Experimente mit Tieren, die wissen, wann ihre Besitzer heimkommen 26
   Der soziale und biologische Hintergrund 32
   Drei Tabus gegen das Forschen mit Haustieren 34
   Weitere erstaunliche Fähigkeiten von Haustieren 40

2. Wie finden Tauben nach Hause? 44
   Eine persönliche Einleitung 44
   Heimfinde- und Wanderverhalten 45
   Prägen Tauben sich alle Richtungsänderungen der Anfahrt ein? 49
   Hängt das Heimfinden von Orientierungspunkten ab? . 52
   Navigieren Tauben nach der Sonne? 55
   Beruht das Heimfinden auf polarisiertem Licht oder Infraschall? 57
   Hängt das Heimfinden vom Geruchssinn ab? 58

Inhalt

Beruht das Heimfinden auf Magnetismus? 60
Gibt es einen unbekannten Richtungssinn? 65
Eine direkte Verbindung zwischen Tauben und ihrem
heimatlichen Schlag 66
Die militärische Nutzung mobiler Taubenschläge 68
Ein Experiment mit mobilen Taubenschlägen 71
Die Abrichtung von Tauben auf die Rückkehr zu
mobilen Taubenschlägen 73
Wie man beim Experimentieren vorgeht 78
Haustiere, die ihre Besitzer finden 80

3. Die Organisation des Termitenlebens 84
Das Termitenorakel 84
Der biologische Hintergrund 86
Die Natur der Insektenstaaten: Programme und Felder . 89
Die Felder von Termitenkolonien 94
Vorschläge für Experimente 100

Schlußbetrachtung zum ersten Teil 104

Zweiter Teil
Von der Ausdehnung des Geistes

Einleitung: Ist der Geist nur im Kopf? 111

4. Das Gefühl, angestarrt zu werden 118
Geht der Geist über das Gehirn hinaus? 118
Die Macht der Blicke 120
Der böse Blick 123
Der wissenschaftliche Hintergrund 126
Meine eigenen Untersuchungen 131
Mögliche Experimente 133

5. Die Wirklichkeit der Phantomgliedmaßen 137
Die Erfahrung von Phantomgliedmaßen 137
Andere Arten von Phantomen 139

Ausnahmen 140
Phantome vorhandener Gliedmaßen 141
Die Belebung künstlicher Gliedmaßen 143
Das Phantom im Volksglauben 145
Phantomgliedmaßen und außerkörperliche Erfahrungen 149
Theorien der Phantome 152
Phantome und Felder 156
Phantomberührung – ein einfaches Experiment ... 157
Ergebnisse eines vorläufigen Experiments 157
Einige weitere Experimente 164
Die Beziehung zwischen Geist und Körper 167

Schlußbetrachtung zum zweiten Teil 168

DRITTER TEIL
Wissenschaftliche Illusionen

Einleitung: Objektivitäts-Illusionen 171
  Paradigmen und Vorurteile 171
  Vorgetäuschte Objektivität 174
  Täuschung und Selbsttäuschung 176
  Kollegenbeurteilung, Wiederholbarkeit der Experimente
    und wissenschaftlicher Schwindel 180
  Experimente über Experimente 184

6. Die Varianz der «Grundkonstanten» 185
  Die Grundkonstanten der Physik und ihre Messung ... 185
  Der Glaube an ewige Wahrheiten 187
  Theorien der Konstantenveränderung 193
  Die Varianz der universalen Gravitationskonstante ... 195
  Die Abnahme der Lichtgeschwindigkeit von 1928 bis 1945 199
  Der Anstieg der Planckschen Konstante 204
  Verschiebungen in der Feinstrukturkonstante ... 207
  Keine Entscheidung? 209
  Ein Experiment, mit dem sich mögliche Schwankungen
    der universalen Gravitationskonstante aufdecken ließen . 211

Inhalt

7. Die Erwartungen des Experimentators und ihre
   Auswirkungen 214
   Prophezeiungen, die sich selbst erfüllen 214
   Der Experimentator-Effekt 215
   Erwartung und beobachtetes Verhalten 218
   Der Placebo-Effekt 221
   Der Einfluß der Erwartung auf Tiere 225
   Experimentator-Effekte in der Parapsychologie ... 227
   Wie paranormal ist die normale Wissenschaft? 230
   Experimente zur Frage des möglichen paranormalen
   Experimentator-Effekts 234
   Täuschung 240
   Wie es weitergehen könnte 241

Schlußbetrachtung zum dritten Teil 244

Zusammenfassung und Ausblick 248

Anhang

Praktische Details 255
Dank 261
Anmerkungen 263
Literaturverzeichnis 272
Register 282

Vorwort

Manche der in diesem Buch erörterten Fragen faszinieren mich schon viele Jahre, im Fall der Brieftauben sogar seit meiner Kindheit. Außerdem habe ich über fünfundzwanzig Jahre mit wissenschaftlicher Forschung zugebracht und große Hochachtung vor der Aussagekraft des experimentellen Ansatzes gewonnen. Ich habe für mich selbst bestätigt gefunden, daß man mit durchdacht angelegten Experimenten Fragen an die Natur richten kann und Antworten erhält. Beeindruckt hat mich aber auch, wie man mit geradezu lächerlichen Budgets Grundlagenforschung betreiben kann. Während meiner Ausbildung an der Universität von Cambridge begegneten mir viele Beispiele der «Schnur und Siegellack»-Tradition der britischen Naturwissenschaft. Diese Tradition konnte ich in lebendigem Vollzug erleben, als ich einige Jahre lang als Forschungsstipendiat der Royal Society in einem Labor des Biochemischen Instituts der Universität zu tun hatte, in dem der verstorbene Robin Hill arbeitete, der Doyen der Photosyntheseforschung; seine Experimente, die heute von anderen fortgesetzt werden, kosten weniger, als durchschnittlich für einen Studenten im ersten Jahr nach dem Vordiplom angesetzt wird.

In Indien, wo ich mich über fünf Jahre mit landwirtschaftlicher Forschung beschäftigt habe, stellte ich fest, daß die Kollegen dort aus schierer Geldnot geniale Methoden entwickelt haben, um mit geringsten Mitteln effektive Feldforschungsarbeit zu leisten. In dem internationalen Institut nahe Haiderabad, in dem ich arbeitete, übernahm und entwickelte ich diese Methoden; ich bezog vor allem die Leute aus den Dörfern ein und konnte erleben, daß diese Art des Forschens sehr produktiv ist. So haben meine Kollegen und ich zum Beispiel ein neues Mehrfachernte-System für Straucherbsen entwickelt, das von den Bauern Indiens gut aufgenommen wurde und jetzt zu einer verbesserten Versorgung mit Nahrungsmitteln beiträgt.

Vorwort

Später hat mich die Hypothese der Formbildungsursachen, die ich erstmals in meinem Buch *Das schöpferische Universum* formulierte, dazu bewogen, die experimentelle Methode auch auf ungewöhnliche wissenschaftliche Fragen anzuwenden, vor allem Fragen über die Gewohnheitsbildung in der Natur durch den Prozeß der morphischen Resonanz. Einige der frühen Experimente zur Überprüfung dieser Hypothese sind in meinem Buch *Das Gedächtnis der Natur* dargestellt, und viele weitere sind seitdem an europäischen, amerikanischen und australischen Universitäten durchgeführt worden. Die Resultate sind ermutigend. Vielfach war ich beeindruckt von der eleganten Einfachheit der von den Forschern entwickelten Versuchsanordnungen; manche dieser Forscher waren Studenten, und ihre Ideen für Forschungen von großer Tragweite, die aber mit geringen Mitteln auskommen, sind inspirierend.

Die Idee zum vorliegenden Buch entstand 1989 in London. Ich war zu einem Treffen mit dem Vorstand des Institute of Noetic Sciences, einer in Kalifornien beheimateten «Denkfabrik», eingeladen worden. Man plante hier ein Projekt zur Frage der Kausalität und wollte gern meine Ansichten zu diesem Gegenstand hören, insbesondere unter dem Gesichtspunkt meiner Hypothese der Formbildungsursachen. Im Lauf der Diskussion kamen wir auf künftige Forschungsprogramme ganz allgemein zu sprechen. Ich wurde gefragt, was ich tun würde, wenn ich Mitglied des Kollegiums wäre und, angesichts begrenzter Ressourcen, zu interessanten und produktiven Forschungen anregen wolle. Ich sagte, ich würde eine Liste einfacher und bezahlbarer Experimente zusammenstellen, die die Welt verändern könnten, und dann zu entsprechenden Forschungen aufrufen.

Beim Abendessen kamen einige Vorstandsmitglieder, darunter auch ein US-Senator, auf den Gedanken, ich solle doch selbst ein Buch zu diesem Thema schreiben. Das war eine neue Idee für mich, doch je mehr ich darüber nachdachte, desto besser gefiel sie mir. Immer mehr Experimente dieser neuen Art zeichneten sich mir in Umrissen ab, und aus der Vielzahl der Möglichkeiten, die ich erwog, habe ich schließlich die sieben ausgewählt, die den Inhalt dieses Buches bilden. Es ist also etwas mehr als nur ein Buch, nämlich ein breit angelegtes Forschungsprogramm mit einer nicht nur an einen bestimmten Kreis gerichteten Einladung zur Teilnahme.

Einführung

Weshalb große Fragen keinen großen wissenschaftlichen Aufwand erfordern

Ich möchte in diesem Buch sieben Experimente vorschlagen, die unsere Sicht der Wirklichkeit grundlegend verändern könnten. Sie würden uns weit über das Territorium derzeitiger Forschung hinausführen. Sie könnten uns weit mehr über die Welt offenbaren, als die Naturwissenschaft sich bisher auch nur vorzustellen wagte. Jedes dieser Experimente würde bei erfolgreichem Verlauf verblüffende neue Ausblicke eröffnen, und zusammen könnten sie unser Natur- und Selbstverständnis völlig umstürzen.

Es soll uns hier nicht nur um eine offenere Naturwissenschaft gehen, sondern auch um eine offenere Art, Naturwissenschaft zu *betreiben*, nämlich öffentlicher und zugänglicher und weniger als Monopol einer wissenschaftlichen Priesterschaft. Die vorgeschlagenen Experimente kosten sehr wenig und manche praktisch nichts. Damit steht die Forschung auf diesem Gebiet jedem offen.

Die Naturwissenschaft steht im Bann ihrer Konventionen und Paradigmen, sie ist konservativ. Aus diesem Grund werden einige der fundamentalen Probleme von ihr ignoriert oder tabuisiert oder ganz ans Ende des Katalogs wissenschaftlicher Vorhaben gesetzt – sie stellen Anomalien dar, sie passen nicht ins Bild. Rätselhaft ist beispielsweise der Richtungssinn von wandernden und heimfinden-

Einführung

den Tieren wie dem Chrysippusfalter und der Brieftaube. Dafür gibt es nach den Kriterien der Schulwissenschaft noch keine Erklärung, und vielleicht kann es keine geben. Jedenfalls ist der Richtungssinn der Tiere ein Forschungsfeld, das nicht mit Lorbeeren winkt – ganz anders als etwa die Molekularbiologie, zu der es folglich ungleich mehr Wissenschaftler hinzieht. Dennoch könnten relativ einfach durchzuführende Untersuchungen des Heimfindevermögens unsere Sicht der Natur der Tiere grundlegend wandeln und gleichzeitig zur Entdeckung von Feldern, Kräften oder Einflüssen führen, von denen die heutige Physik noch nichts weiß. Solche Experimente, wie gesagt, müssen nicht viel kosten. Sie sind durchaus auch für Menschen erschwinglich, die nicht im engeren Sinne in der naturwissenschaftlichen Forschung arbeiten. Am besten wären für diese Forschungen sogar Taubenliebhaber geeignet, von denen es auf der ganzen Welt über fünf Millionen gibt.

In früheren Zeiten wurde die wissenschaftliche Forschung größtenteils von Amateuren geleistet, von «Liebhabern», wie die ursprüngliche Bedeutung des Wortes lautet. Charles Darwin beispielsweise hat nie einen offiziellen Posten bekleidet; er arbeitete selbständig in seinem Haus in Kent, wo er Rankenfußkrebse studierte, schrieb, Tauben hielt und zusammen mit seinem Sohn Francis im Garten experimentierte. Doch seit der zweiten Hälfte des neunzehnten Jahrhunderts ist die Naturwissenschaft zunehmend professionalisiert worden.[1] Und seit den fünfziger Jahren unseres Jahrhunderts nimmt die institutionalisierte Forschung einen rasanten Aufschwung. Es gibt heute nur noch eine Handvoll selbständiger Naturwissenschaftler; einer der bekanntesten dürfte James Lovelock sein, der Schöpfer und führender Vertreter der Gaia-Hypothese, die davon ausgeht, daß die Erde ein lebendiger Organismus ist. Es gibt sie noch, die naturkundlichen Amateure und die freien Erfinder, aber sie werden den Randbereichen der «ernsthaften» Naturwissenschaft zugerechnet und gelten als bedeutungslos.

Nichtsdestoweniger ist das Erkunden von außerhalb der Schulwissenschaft gelegenem Gelände heute einfacher geworden, als manch einer denken mag. Wir treten erneut in eine Phase der wissenschaftlichen Entwicklung ein, in der bahnbrechende Forschungen auch von Nicht-Professionals geleistet werden können, ob sie

Einführung

eine naturwissenschaftliche Ausbildung absolviert haben oder nicht. Und sofern naturwissenschaftliche Bildung von Vorteil ist, kann man davon ausgehen, daß Millionen von Menschen auf der Welt heute diese Voraussetzung erfüllen. Computerkapazität, einst das Monopol großer Organisationen, ist heute fast überall zugänglich; unzählige Haushalte verfügen über Computer. Es gibt mehr Freizeit als je zuvor. Jahr für Jahr müssen Millionen von Studenten im Rahmen ihrer Ausbildung wissenschaftliche Forschungsarbeit leisten – manch einer würde sicherlich gern die Gelegenheit zu echten Pioniertaten ergreifen. Und es gibt viele informelle Zusammenschlüsse und Netzwerke, die als Modell für selbstorganisierte Forschungsgemeinschaften innerhalb und außerhalb naturwissenschaftlicher Institutionen dienen könnten. Ich stelle mir eine komplementäre Beziehung zwischen nichtprofessionellen und professionellen Forschern vor, wobei erstere mehr Freiheit zum Erschließen neuer Forschungsgebiete haben und letztere in ihren Verfahren rigoroser sind; damit stünde einerseits neuen Entdeckungen nichts im Wege, und andererseits wäre für exakte Verifikation gesorgt, Voraussetzung für die Eingliederung der Funde in den Bestand gesicherter Naturwissenschaft.

Das hätte zur Folge, daß die Naturwissenschaft wieder von den Wurzeln her gespeist würde, wie es in ihren kreativsten Entwicklungsphasen der Fall war. Forschung erwächst aus einem persönlichen Interesse an der Natur der Natur – einem Interesse, das viele Menschen zunächst die naturwissenschaftliche Laufbahn einschlagen läßt, dann aber häufig von institutionellen Zwängen erstickt wird. Glücklicherweise ist das Interesse an der Natur bei vielen Menschen, die keine professionellen Naturwissenschafter sind, genauso stark, wenn nicht stärker.

Wahrscheinlich werden die meisten Leser dieses Buches nicht die Zeit oder die Neigung haben, die vorgeschlagenen Experimente tatsächlich durchzuführen. Aber der bloße Gedanke, daß sie es *könnten*, ist schon ermutigend, und ich habe feststellen können, daß sowohl naturwissenschaftlich Gebildete als auch Laien diesen Umstand begrüßen. Außerdem sehe ich immer wieder, daß die Erörterung eines Gegenstands sich sofort zuspitzt und die Fragen präziser werden, sobald konkrete Experimente vorgeschlagen werden.

In den Naturwissenschaften wird die jeweils gültige Schulmeinung von Zeit zu Zeit durch Revolutionen gestürzt.² Was aber bleibt, während Paradigmen kommen und gehen, ist der Kernbestand der Naturwissenschaft, die experimentelle Methode. Auch ich glaube fest an die Bedeutung des Experiments, so sehr ich andererseits überzeugt bin, daß mit der Naturwissenschaft gegenwärtig einiges nicht stimmt. Wäre es anders, ich würde dieses Buch nicht schreiben.

An der experimentellen Methode ist nichts Geheimnisvolles. Sie ist der Spezialfall eines für alle menschlichen Gesellschaften, ja sogar für das Tierreich grundlegenden Geschehens, nämlich des Lernens durch Erfahrung. Das englische Wort für «Erfahrung», *experience*, hat die gleiche lateinische Wurzel wie «Experiment» (aber auch «Experte» und «Expertise»), nämlich *experire*, «erproben, versuchen, erfahren». Im Französischen bezeichnet *expérience* sowohl die Erfahrung als auch das Experiment, ähnlich dem griechischen *émpeiros*, «erfahren, kundig», von dem sich unser Wort «empirisch» ableitet.

Wissenschaftliche Experimente sind bewußt und gezielt so angelegt, daß sie Antworten auf Fragen geben können. Experimente sind also eine Art, die Natur zu befragen. Sie können beispielsweise der Entscheidung zwischen rivalisierenden Hypothesen dienen: Man läßt die Natur durch die ermittelten Daten selber sprechen. In diesem Sinn sind Experimente eine moderne Form des Orakels. Die Hellseher und Orakeldeuter waren früher unter den Schamanen, Wahrsagern, Weisen, Sehern, Propheten, Priestern, Hexen und Magiern zu finden. In unserer Zeit haben die Naturwissenschaftler viele dieser Rollen übernommen.

Wissenschaftliche Hypothesen werden anhand von Beobachtungen überprüft, und die beste Hypothese ist die, welche am besten zu den Beobachtungen paßt. Nur durch Experimente kann unser Naturverständnis Fortschritte machen; nur aufgrund von empirischen Beweisen kann sich ein neues wissenschaftliches Paradigma durchsetzen; und nur durch experimentelle Überprüfung kann die Wissenschaft weiterkommen. Dieser Glaube an die experimentelle Methode ist grundlegend für die naturwissenschaftliche Praxis, und so gut wie alle Naturwissenschaftler, ich selbst auch, bekennen sich zu ihm.

Selten war das öffentliche Interesse an Grundfragen der Wissenschaft – zum Beispiel Kosmologie, Quantentheorie, Chaos, Kom-

Einführung

plexität, Evolution, Bewußtsein – größer als heute, aber noch nie war auch die Entfremdung der Öffentlichkeit vom Forschungsgeschehen so groß wie heute. Dieses Buch will auf Forschungsgebiete aufmerksam machen, die aufgrund von Denkgewohnheiten vernachlässigt werden, wo aber durch simple Experimente viel zu erreichen wäre, vielleicht sogar Durchbrüche, die diesen Namen verdienen. Erschwingliche Experimente geben auch dem nichtprofessionellen Naturkundler die Möglichkeit, wegbereitende Forschungsarbeit zu leisten; sie kommen aber auch den Berufswissenschaftlern entgegen, die sich vor stetig wachsende Etatschwierigkeiten gestellt sehen, und den Studenten, die interessante Forschungsprojekte suchen.

In Großbritannien werden Forschungen zu den hier genannten Themen vom Scientific and Medical Network koordiniert, in den Vereinigten Staaten vom Institute of Noetic Sciences. Koordinationszentren sind außerdem in Frankreich, den Niederlanden und Spanien entstanden. Diese Zentren werden bemüht sein, den Kontakt der Forscher untereinander herzustellen, Ratschläge zu Fragen der experimentellen Methode und der statistischen Auswertung zu geben und alle Beteiligten durch Informationsblätter stets auf dem neuesten Stand zu halten. Einzelheiten dazu auf Seite 260.

Erster Teil

Die außergewöhnlichen Kräfte gewöhnlicher Tiere

Einleitung

Weshalb die rätselhaften Fähigkeiten von Tieren bisher so wenig beachtet wurden

Die institutionalisierte Biologie steht gegenwärtig ganz im Zeichen der mechanistischen Theorie des Lebens, der zufolge alle Tiere und Pflanzen letztlich komplexe Maschinen und daher mit den Mitteln der Physik und Chemie vollständig zu erklären sind. Das ist durchaus keine neue Theorie. Sie wurde im siebzehnten Jahrhundert erstmals von René Descartes als Teil einer mechanistischen Naturphilosophie vorgetragen: Der Kosmos ist eine Maschine, und daher muß auch alles, was in ihm ist, einschließlich des menschlichen Körpers, Maschine sein. Nur der bewußte, rationale Menschengeist ist etwas anderes, nämlich von spiritueller Natur. Dieser Geist, so nahm Descartes an, kann über eine kleine Region des Gehirns mit dem Mechanismus des Körpers in Wechselwirkung treten.

Die mechanistische Sicht des Lebens hat sich in mancher Hinsicht als effektiv erwiesen. Fabrikmäßig betriebene Landwirtschaft und Agrarindustrie, Gentechnik, Biotechnologie und moderne Medizin – sie alle zeugen vom Nutzeffekt dieses Ansatzes. Aber auch was das Grundlagenwissen angeht, verdanken wir ihm einiges: die molekulare Basis des Lebens, die Natur des genetischen Materials (DNS), das chemoelektrische Geschehen im Nervensystem, die physiologische Rolle der Hormone und manches andere.

Die Schulbiologie hat von der Naturwissenschaft des siebzehnten Jahrhunderts auch den starken Glauben an das reduktionistische Verfahren geerbt: Komplexe Systeme sind anhand kleinerer und einfacherer Teile zu erklären. Lange Zeit glaubte man, das Atom sei die nicht mehr zu unterschreitende Grundlinie allen physikalischen Erklärens. Heute, da wir wissen, daß Atome komplexe Aktivitätsstrukturen sind, zusammengesetzt aus subatomaren «Teilchen», die selbst wiederum Schwingungsmuster in Feldern darstellen, haben sich die scheinbar so sicheren Fundamente der materialistischen Naturwissenschaft in so gut wie nichts aufgelöst. Oder wie der Wissenschaftsphilosoph Karl Popper sagt: «Durch die moderne Physik hat der Materialismus sich selbst transzendiert.»[1] Trotzdem ist der reduktionistische Geist nach wie vor stark in der akademischen Biologie, wo man die Phänomene des Lebens immer noch auf Vorgänge im molekularen Bereich zu reduzieren versucht. Man glaubt hier, daß Biologie letztlich Chemie ist, und das allerletzte Wort hat die Physik, die alles auf die Eigenschaften von Atomen und schließlich der subatomaren Teilchen zurückführen kann. Deshalb ist die Molekularbiologie eine der prestigeträchtigsten und am besten mit Finanzmitteln ausgestatteten Biowissenschaften. Forschungsbereiche von eher ganzheitlichem Charakter – zum Beispiel die Ethologie oder Verhaltensforschung und die Morphologie oder Formenlehre der Organismen – stehen dagegen in der Hierarchie der Naturwissenschaften ziemlich weit unten.

Seit der Zeit Descartes' ist die mechanistische Theorie des Lebens jedoch umstritten gewesen, und bis in die zwanziger Jahre unseres Jahrhunderts gab es eine Gegenschule der Biologie, den sogenannten Vitalismus.[2] Der Vitalismus lehrt, daß lebendige Organismen wahrhaft lebendig sind, während die mechanistische Theorie besagt, daß sie buchstäblich leblos und seelenlos sind. Mehr als zwei Jahrhunderte lang verteidigten die Vitalisten ihre Auffassung, daß in den Organismen Lebensprinzipien wirken, die den Physikern und Chemikern aufgrund ihrer Erforschung der unbelebten Materie nicht bekannt sein können. Die Mechanisten dagegen blieben unbeirrbar bei ihrer Behauptung, daß es so etwas wie Vitalfaktoren oder Lebenskraft nicht gibt. Das war ein Akt des Glaubens, denn sie sagten im Grunde: Auch wenn es einstweilen noch nicht möglich ist, alles an

Einleitung

den Lebewesen physikalisch und chemisch zu erklären, so wird es doch irgendwann in nicht allzu ferner Zukunft sicherlich gelingen.

Die Vitalisten, da sie die Existenz unbekannter Lebensprinzipien annahmen, waren auch gegenüber der Möglichkeit anderer, nicht mechanistisch zu erklärender Phänomene wie der medialen Begabungen beim Menschen oder der paranormalen Fähigkeiten von Tieren aufgeschlossen.[3] Die Mechanisten dagegen verschlossen sich prinzipiell der Möglichkeit, daß es Dinge geben könnte, die nicht mit den Mitteln der Physik und Chemie zu erklären sind.

Sie bedienten sich dabei gern einer Argumentation, die «Occams Rasierklinge» genannt wird. Dieses Schneidewerkzeug geht auf den aus Oxford stammenden mittelalterlichen Philosophen Wilhelm von Ockham zurück, der – da theoretische Konstruktionen seiner Überzeugung nach ohnehin keinerlei Realität außerhalb des menschlichen Bewußtseins haben – den Wildwuchs der Hypothesen zu beschneiden suchte: Um irgendein Ding zu erklären, soll man nicht mehr Annahmen machen, als wirklich notwendig sind. Wenn jedoch die Mechanisten sich dieser Klinge bedienen, geschieht das nicht in einem strikt philosophischen Sinne, sondern ist mehr ein Vorwand, der ihnen das Festhalten an der jeweils gerade gültigen naturwissenschaftlichen Orthodoxie erleichtern soll.[4] Sie gehen einfach davon aus, daß mechanistische Erklärungen in jedem Fall die einfachsten sind, wenngleich ihre Anwendung auf praktische Probleme – etwa das Verhalten einer Ameise aufgrund der Struktur ihrer DNS vorauszusagen – ungeheuer komplexe Berechnungen erforderlich machen würde, die praktisch nicht durchführbar sind. Wo irgendwo nichtmaterielle Felder, Kräfte oder Prinzipien postuliert werden, muß man dergleichen sofort zurückweisen – es sei denn, sie hätten bereits Eingang in die Physik gefunden. Mechanisten haben sich stets und bis heute gescheut, irgend etwas «Mysteriöses» oder «Mystisches» im Bereich des Lebendigen zuzulassen, denn sie fürchten, daß sie die mühsam errungenen Gewißheiten der Naturwissenschaft dann preisgeben müßten.[5]

Wer außerhalb der etablierten Naturwissenschaft steht, dem mögen diese alten Kontroversen verstaubt und entlegen vorkommen. Doch leider, sie spielen heute noch eine Rolle. Die meisten Biologen, Agrarwissenschaftler und Ärzte sind zu dem Glauben erzogen, die mechanistische Theorie stelle den Sieg der Vernunft über den Aberglauben dar, gegen den die wahre Wissenschaft mit allen Mittel zu verteidigen ist. Doch paranormale Phänomene sind dadurch nicht zum Abzug zu bewegen, und manche unerklärliche Verhaltensweisen der Tiere bestehen nach wie vor. Nichtmechanistische Formen der Heilkunst blühen außerhalb der Schulmedizin. Und die Zweifel der Öffentlichkeit an der Anwendung mechanistischer Prinzipien, etwa in Land- und Forstwirtschaft oder bei Tierversuchen, nehmen eher zu als ab. Die Aussichten, die uns die Möglichkeit der Genmanipulation eröffnet, geben eher zu Ängsten und Bedenken Anlaß als zu Bewunderung. Und die mechanistische Theorie der Evolution durch blinden Zufall und natürliche Auslese spricht Herz und Verstand der meisten Menschen nicht an, obwohl die neodarwinistischen Verkünder sich die größte Mühe geben.

Das wissen auch die Biologen, und es drängt sie in die Defensive, wo sie dann gar nicht mehr bereit sind, sich der Möglichkeit zu nähern, daß das Leben wunderlicher sein könnte, als sich die alte Wissenschaft je träumen ließ. Damit ist, zumindest teilweise, zu erklären, weshalb die verblüffenden Phänomene, die ich in den folgenden drei Kapiteln erörtern möchte, bei den Berufswissenschaftlern so wenig Beachtung gefunden haben.

Die alte Vitalismus-Mechanismus-Kontroverse prägt also auch die heutigen Biologen noch sehr weitgehend, aber sie ist, wie ich glaube, kein tauglicher Ausgangspunkt mehr für die Erforschung des Lebens. Seit den zwanziger Jahren ist eine andere Alternative zur mechanistischen Theorie herangewachsen, eine holistische oder organismische Naturphilosophie. Eine ihrer Hauptaussagen lautet, daß das Ganze mehr als die Summe seiner Teile ist. Nicht nur lebendige Organismen, sondern auch nichtbiologische Systeme wie Moleküle, Kristalle und Galaxien besitzen holistische Eigenschaften, die nicht auf die Teile dieser Systeme zurückzuführen sind. Die Natur besteht aus Organismen, nicht aus Maschinen.[6]

Während die Schulbiologie immer noch im Bann einer alten Denkungsart steht und sich einem über dreihundert Jahre alten Paradigma verpflichtet fühlt, haben andere Wissenschaftszweige das mechanistische Weltbild schon in mancher Hinsicht überwunden. Seit den sechziger Jahren bietet uns der Kosmos in seiner Gesamtheit immer weniger das Bild einer gewaltigen Maschine und immer mehr das eines sich entwickelnden Organismus – eines Organismus, der wächst und dabei neue Organisationsmuster hervorbringt. Der starre Determinismus der alten Physik hat dem Unbestimmtheitsprinzip auf der Quantenebene, der Ungleichgewichts-Thermodynamik und den neuen Erkenntnissen der Chaos- und Komplexitätstheorien nicht standhalten können und ist der Einsicht gewichen, daß in der Natur selbst ein Spontaneitätsprinzip waltet.[7] In der Kosmologie hat man eine Art kosmisches Unbewußtes aufgefunden, nämlich in Gestalt der «dunklen Materie», deren Natur völlig unerklärlich ist, die aber trotzdem neunzig bis neunundneunzig Prozent der gesamten Materie im Kosmos auszumachen scheint. Unterdessen hat die Quantentheorie sehr merkwürdige und paradoxe Seiten der Natur aufgedeckt, etwa das Prinzip der Nichtlokalität oder Untrennbarkeit, demzufolge Systeme, die einmal Teile eines größeren Ganzen waren, auch dann auf geheimnisvolle Weise verbunden bleiben, wenn große Abstände zwischen ihnen entstehen.[8]

Biologen hängen im allgemeinen einer veralteten Sicht der physikalischen Wirklichkeit an. Sie haben sich nun mal auf Biologie spezialisiert, und die meisten wissen wenig oder nichts von Quantenmechanik und anderen Neuerungen der heutigen Physik. Nach wie vor setzen sie alles auf die Hoffnung, die Phänomene des Lebens auf Prinzipien der Physik zurückführen zu können, aber sie haben dabei eine obsolete Physik im Auge, und die Physik selbst ist längst woanders.

Durch diesen ideologischen Hintergrund läßt sich verstehen, weshalb die außergewöhnlichen Kräfte von Tieren bisher von den Berufswissenschaftlern vernachlässigt wurden und fundamentale Fragen infolgedessen offen blieben. Ich selbst möchte zur Zeit auch noch keiner bestimmten Theorie oder Erklärung das Wort reden. Ich glaube, daß die gegenwärtige Schulwissenschaft zu begrenzt, zu beschränkt ist. Und ich glaube, daß wir für den weiteren Weg erst einmal auf das hören müssen, was die Natur selbst uns sagt. Wir brauchen jetzt einfach mehr Fakten, und ich hoffe, daß die folgenden Experimente uns Forschungsbereiche erschließen werden, die zu lange Sperrgebiet waren.

1. Wenn Haustiere spüren, daß ihre Besitzer heimkommen

Verbindungen zwischen Haustieren und Menschen

In meinem Heimatort Newark-on-Trent hatte ich eine Nachbarin, eine Witwe, die eine Katze hielt. Ihr Sohn war bei der Handelsmarine. Einmal erzählte sie mir, sie wisse immer, wann ihr Sohn nach Hause komme, auch wenn er sich nicht ankündige. Die Katze setze sich dann auf die Fußmatte an der Eingangstür und miaue, bis er endlich da sei. «So weiß ich immer, wann ich anfangen kann, ihm seinen Tee zu machen», sagte meine Nachbarin.

Sie gehörte nicht zu den Frauen, die sich so etwas ausdenken, wenn sie die Geschichte vielleicht auch ein wenig ausgeschmückt hat. Ihre selbstverständliche Art des Umgangs mit diesem «paranormalen» Phänomen gab mir jedenfalls zu denken. Ging hier vielleicht wirklich etwas Seltsames vor? Oder war das alles nur Einbildung, Produkt eines abergläubischen, wunschgeleiteten, unwissenschaftlichen Denkens? Ich merkte bald, daß viele Haustierhalter ähnliche Geschichten zu erzählen haben. In manchen Fällen schienen die Tiere Stunden im voraus zu wissen, wann ein Familienmitglied nach längerer Abwesenheit nach Hause kommen würde. In anderen, eher normal anmutenden Fällen gerieten die Tiere, kurz bevor Herrchen oder Frauchen von der Arbeit kam, in Aufregung.

1919 veröffentliche der amerikanische Naturkundler William Long ein faszinierendes Buch mit dem Titel *How Animals Talk* («Wie Tiere sprechen»). Darin erzählt er, wie der Hund, den er als Junge hatte, ein alter Setter namens Don, auf seine Internatszeit reagierte.

Ich ließ Don sehr ungern zurück, wenn ich wieder zur Schule mußte; und er schien immer zu wissen, wann ich wieder einmal auf dem Weg nach Hause war. Monatelang hielt er sich beim Haus auf und gehorchte meiner Mutter, die eigentlich nie einen Hund hatte haben wollen, aufs Wort. Aber an dem Tag, wo man mich erwartete, verließ er das Grundstück, auch wenn es ihm verboten wurde, und suchte eine kleine Anhöhe hinter dem Heckenweg auf, von wo aus er die Hauptstraße überblicken konnte. Und um welche Zeit ich auch ankommen mochte, mittags oder um Mitternacht, immer traf ich ihn dort wartend an. Einmal brach ich von meinem Schulort auf, ohne mich daheim anzukündigen. An dem Tag konnte meine Mutter Don nicht finden und rief ihn vergeblich. Einige Stunden später, als er nach vielem Rufen immer noch nicht erschienen war und sogar sein Mittagessen versäumte, ging meine Mutter auf die Suche und fand ihn erwartungsvoll an seinem Aussichtspunkt ausharrend... Ohne den geringsten Zweifel, daß mein Zimmer bald gebraucht würde, ging sie wieder ins Haus und traf die Vorbereitungen. Hätte der Hund sich öfter dort oben herumgetrieben, so hätte man einen Zufallstreffer in der Sache sehen können; aber er hielt sich dort nur an Tagen auf, an denen man mich erwartete. Einmal wurde beobachtet, daß er seinen Posten wenige Minuten nach der Abfahrt meines Zuges in der fernen Stadt einnahm. Anscheinend wußte er, wann ich nach Hause aufbrach.[1]

Solche Geschichten gibt es viele. Aber wie ernst können wir sie nehmen? Der Skeptiker innen und außen ist immer schnell bei der Hand mit Erklärungen wie: Zufall, subtile Hinweise, scharfer Geruchs- und Gehörsinn, Routine oder eben die Leichtgläubigkeit, das Wunschdenken, der Selbstbetrug derer, die an so etwas gern glauben möchten.

Diese wohlfeilen Standardeinwände sind nicht das Ergebnis detaillierter empirischer Studien. Man muß sogar sagen, daß zu diesen Fragen noch so gut wie gar keine Forschung stattgefunden hat. Und das liegt gewiß nicht am allgemeinen Desinteresse. Im Gegenteil, es gibt ein sehr breites Interesse an den rätselhaften Kräften der Haustiere. Die Kosten dürften auch kaum das Problem sein. Die grundlegenden Experimente kosten praktisch nichts. Die wissenschaftliche Forschung wird vielmehr durch drei sehr wirkungsvolle Tabus verhindert (die ich am Ende dieses Kapitels genauer betrachten möchte): das Tabu gegen die Erforschung des Paranormalen, das Tabu gegen das Ernstnehmen von Haustieren und das Tabu gegen das Experimentieren mit Haustieren. Einstweilen werde ich diese Tabus noch übergehen und mich direkt einem möglichen Experiment zuwenden.

Experimente mit Tieren, die wissen, wann ihre Besitzer heimkommen

Die Idee zu einem einfachen und wenig Aufwand erfordernden Experiment, mit dem man diese Möglichkeit prüfen kann, kam mir bei einem Gespräch mit einem skeptischen Freund, Nicholas Humphrey. Ich stieß immer wieder auf Geschichten über dieses fesselnde Phänomen und fragte ihn, was seiner Meinung nach hier vorging. Zu meiner Überraschung stellte er das Phänomen selbst nicht in Frage; er sagte sogar, sein eigener Hund scheine solche paranormalen Fähigkeiten zu besitzen. Doch dann fügte er gleich hinzu, daß an diesen Dingen eigentlich nichts Geheimnisvolles sei; Haustiere reagierten einfach auf sehr subtile Hinweise und besäßen häufig erstaunlich scharfe Sinne.

Zweifellos hat manch einer schon solche Gespräche geführt. Dieses jedoch verlief nicht im Sande, wie es sonst meist der Fall ist, sondern führte plötzlich zur Idee eines simplen Experiments. Wenn ein Haustier schon einige Zeit vor der Ankunft seines Besitzeres Erwartungsverhalten zeigt, kann man die Möglichkeit, daß hier einfach Gewohnheit oder subtile Sinnesreize im Spiel sind, dadurch ausschließen, daß man die Ankunft auf ungewöhnliche Zeiten verlegt und unter ungewöhnlichen Umständen stattfinden läßt. Und um auch noch auszuschließen, daß das Tier die Erwartung einer anderen im Haus anwesenden Person spürt, sollte diese Person die Ankunftszeit ebenfalls nicht kennen.

Damit soll nicht gesagt sein, daß Gewohnheiten, vertraute Sinnesreize und das Verhalten der Menschen im Haus für das Tier keine Bedeutung haben. Der Sinn des Experiments besteht lediglich darin, die verschiedenen Einflüsse, die normalerweise zusammenwirken mögen, so zu isolieren, daß sich beurteilen läßt, ob es noch eine unerklärliche Komponente gibt oder nicht. Wenn alle erdenklichen sinnlichen Anhaltspunkte ausgeschlossen sind, weiß das Tier dann immer noch, wann der Betreffende nach Hause kommt? Darin ähnelt das Experiment der Erforschung des Heimfindevermögens von Tauben, von dem im nächsten Kapitel die Rede sein soll. Selbst wenn man einen möglichen Anhaltspunkt nach dem anderen ausschaltet, finden die Tauben doch noch heim.

Der einzige mir bekannte Forschungsbericht zu dieser Frage stammt von einem «wissenschaftlichen Freund», William Long, dessen Geschichte von seinem Hund Don ich bereits zitiert habe:

Dieser zweite Hund, Watch von Namen und Natur, war es gewohnt, auf sein Herrchen zu warten, wie Don es bei mir zu tun pflegte. Sein Besitzer, ein sehr beschäftigter Zimmermann und Bauunternehmer, hatte ein Büro in der Stadt und kam zu sehr unregelmäßigen Zeiten nach Hause, mal am frühen Nachmittag, mal spät am Abend. Doch zu welcher Stunde auch immer der Mann sich heimwärts wandte, Watch schien seine Bewegungen zu verfolgen, als könnte er ihn direkt sehen; er wurde unruhig, fing an zu bellen, wenn er gerade im Haus war, und trabte dann los, um seinem Herrn ungefähr auf halbem Wege zu begegnen... Seine seltsame «Begabung» war in der Nachbarschaft allgemein bekannt, und es gab da einen Zweifler, der gelegentlich Experimente anstellte: Der Besitzer des Hundes erklärte sich bereit, die Zeit zu notieren, zu der er sich auf den Heimweg machte, und ein oder zwei interessierte Beobachter behielten den Hund im Auge. So wurde Watch von meinem wissenschaftlichen Freund wiederholt auf die Probe gestellt, und die Zeitvergleiche ergaben, daß Watch sich wenige Augenblicke, nachdem sein Herrchen in drei oder vier Meilen Entfernung das Büro oder die Baustelle verließ, auf den Weg machte.[2]

Ich würde hier natürlich gern noch Näheres über Watch und sein Verhalten wissen, aber der Hund und die Menschen leben nicht mehr. Das einzige, was uns hier weiterführt, sind Experimente mit lebenden Tieren und genaues Beobachten.

1992 schrieb ich einen Artikel zu diesem Thema, in dem ich interessierte Haustierbesitzer aufforderte, sich mit mir in Verbindung zu setzen, falls sie interessante Beobachtungen gemacht hatten und sich an den Forschungen beteiligen wollten. Der Artikel erschien im *Bulletin of the Institute of Noetic Sciences* und erreichte so die Mitglieder des Instituts in Nordamerika und anderswo.

Ich erhielt daraufhin über hundert Antwortbriefe, von denen etliche voller faszinierender Informationen waren. Manche Beobachtungen schienen die Deutung als Gewohnheitsreaktionen auszuschließen. Hier zum Beispiel der Bericht von Ms. Louise Gavit aus Morrow in Georgia:

> Bei uns ist es so, daß mein Kommen und Gehen keinem Gewohnheitsmuster oder festen Zeitplan folgt, aber mein Mann sagt mir (und das war auch schon bei zwei früheren Katzen und einem Hund so), daß unser Hund immer auf mein Heimkommen reagiert. Es scheint sogar so zu sein, daß er schon auf meinen *Beschluß zur Heimfahrt und die entsprechenden Schritte* reagiert. Soweit ich die Übereinstimmung zwischen meinem Tun und dem des Hundes ermessen kann, sieht seine Reaktion auf meine Gedanken und mein äußeres Handeln so aus: Wenn ich den Ort, an dem ich mich aufgehalten habe, verlasse und mit der Absicht, nach Hause zu fahren, zu meinem Wagen gehe, wacht unser Hund «BJ» auf, geht zur Tür und legt sich dort mit der Nase zur Tür hin. Dort wartet er. Wenn ich mich der Einfahrt nähere, wird er lebhafter, läuft auf und ab und wird um so aufgeregter, je näher ich komme. Wenn ich die Tür öffne, ist er unweigerlich da und steckt die Nase durch den Spalt, um mich zu begrüßen. Die Entfernung scheint für dieses Gespür keine Rolle zu spielen. Er scheint nicht zu reagieren, wenn ich einen Ort verlasse, um einen anderen aufzusuchen, aber sobald ich den Gedanken fasse, nach Hause zu fahren, und dann zu meinem Wagen gehe, setzt offenbar sein Erwartungsverhalten ein.

Das sind faszinierende Beobachtungen. Ich schlug Ms. Gavit vor, sie solle es einmal mit ungewöhnlichen Methoden der Heimfahrt versuchen und sich etwa von jemand anderem in einem fremden Auto heimfahren lassen. Ihre Antwort:

Meine Fortbewegungsmittel sind sehr unterschiedlich: Mal benutze ich meinen eigenen Wagen, mal den meines Mannes, mal einen Lastwagen; vielfach werde ich auch von Leuten, die BJ nicht kennen, in deren Auto gefahren oder gehe zu Fuß. Irgendwie reagiert BJ doch immer in gleicher Weise auf mein Denken und Handeln, sogar wenn er meinen Wagen in der Garage stehen sieht, die sich im Untergeschoß meines Hauses befindet.

Hier ein weiteres Beispiel, diesmal von Mr. Starfire aus Kahului, Hawaii:

Mein Hund Debbie bezog stets etwa eine halbe Stunde vor der Heimkehr meines Vaters seine Wartestellung an der Tür. Mein Vater war beim Militär und hatte immer sehr unregelmäßige Arbeitszeiten. Er pflegte sich telefonisch anzukündigen, doch davon hing das Verhalten des Hundes offenbar nicht ab. Eine Weile hegte ich diesen Verdacht. Aber es kam auch vor, daß mein Vater am Telefon sagte, er werde früh kommen, und dann doch länger bleiben mußte; dadurch war der Verdacht entkräftet. Manchmal rief er auch gar nicht an. Der Hund war durch nichts zu beirren, und so ließ ich die Telefontheorie fallen. Meine Mutter war die erste, der dieses Verhalten auffiel. Sie begann immer mit den Vorbereitungen zum Abendessen, wenn der Hund zur Tür ging. Ging er nicht zur Tür, dann wußten wir, daß unser Vater spät kommen würde. Auch wenn es sehr spät wurde, bezog der Hund seinen Warteposten, aber erst dann, wenn mein Vater auf dem Heimweg war.

Einen weiteren Fall, der nicht mit Gewohnheitserwartungen zu erklären ist, teilt Mrs. Jan Woody aus Dallas in Texas mit:

Unsere Hündin Cayce wußte offenbar immer, wann mein Mann oder ich von irgendwo aufbrachen, um nach Hause zu kommen. Sie unterbrach dann, was sie gerade tat, sei es im Garten (dann wollte sie ins Haus gelassen werden) oder im Haus, und setzte sich vor die Eingangstür – genau in der Minute, in der mein Mann oder ich unsere jeweilige Tätigkeit beendeten. Manchmal rief mein Mann mich an, wenn er das Gerichtsgebäude verließ, und fragte, ob Cayce sich vor die Tür gesetzt habe. Manchmal teilten wir einander nur bei der Ankunft mit, wann wir irgendwo aufgebrochen waren, und stellten dann fest, ob Cayce sich genau in dieser Minute vor die Tür gesetzt hatte. Sie nahm das wohl als eine ihrer Aufgaben, wie das Bellen, mit dem sie sagte, daß eben die Post gekommen war. An ihrem Verhalten änderte sich auch dann nichts, wenn sie im Haus meiner Eltern oder in einem Hotel war. Sie wird wohl kaum das Losfahren unserer Wagen in einer anderen Stadt gehört haben. Und ich wüßte auch nicht, was für sensorische Anhaltspunkte wir ihr hätten geben können, wenn (außer nach vorherigen Anrufen) weder ich noch mein Mann wußten, wann der andere nach Hause kommen würde. Manchmal dauerte eine meiner Besprechunngen länger als geplant. Und die Verhandlungen meines Mannes konnten je nach den Umständen eine Stunde oder auch den ganzen Tag in Anspruch nehmen.

Cayce ist leider 1992 gestorben, und so lassen sich keine weiteren Experimente mehr anstellen, um diese erstaunlich scharfen Beobachtungen von Mr. und Mrs. Woody abzurunden.

Ms. Vida Bayliss lebt im ländlichen Oregon auf sechzehn Hektar Waldland, drei Meilen vom Highway entfernt. Ihr Hund Orion, ein siebenjähriger Mischlingsrüde aus Boxer und Dobermann, durchstreift die Gegend in weitem Umkreis. Aber wenn Ms. Bayliss nach Hause kommt, ist er fast immer zur Stelle, um sie zu begrüßen, obgleich ihre Arbeitszeiten «ziemlich unregelmäßig» sind. Ich habe viele andere Geschichten von freilaufenden Hunden und Katzen gehört, die ebenfalls immer zu wissen schienen, wann sie zu Hause sein mußten, um ihre Besitzer zu begrüßen. Wenn jemand anders kommt, vermag Orion außerdem schon von weitem zu unterscheiden, ob es sich um Familienangehörige oder Fremde handelt. Er bellt, wenn Fremde sich nähern, und bleibt still, wenn es sich um Angehörige handelt.

Orion unterscheidet für sich selbst offenbar sehr genau, wen er als «Familie» anerkennt und wen nicht. Seit meiner Scheidung ist mein Ex, obgleich er noch dasselbe Auto fährt, Anlaß zu Gebell, während meine Eltern, die selten zu Besuch kommen, immer mit dem freundlichen, stillen Empfang rechnen können. Einmal kam ein Familienmitglied in einem Mietwagen und wurde angebellt, bis das Fenster geöffnet wurde und man sich direkt begrüßen konnte. Aber wenn mein Wagen in der Werkstatt ist und ich einen Leihwagen fahre, werde ich nicht angebellt. Meine Zufahrt ist ziemlich uneben und hat drei scharfe Kehren. Erkennt Orion mich vielleicht daran, daß ich diese bekannte Strecke immer recht forsch fahre, egal in welchem Auto?

Um diese Frage zu beantworten, könnte Ms. Bayliss sich einmal von einem Fremden in einem unbekannten Wagen nach Hause fahren lassen.

Dutzende andere Fälle sind mir aus den Vereinigten Staaten brieflich mitgeteilt worden, und in Gesprächen habe ich noch von über dreißig Fällen von Erwartungsverhalten bei Tieren in Großbritannien und Deutschland erfahren. Sogar ein Papagei war unter diesen Tieren. In allen Fällen waren simple Tests denkbar, die man durchführen konnte, um noch mehr zu erfahren. Die geschilderten Beispiele machen die Grundprinzipien erkennbar.

Es gibt vermutlich Millionen von Menschen auf der Welt, deren Haustiere zu wissen scheinen, wann sie nach Hause kommen. Wenn nur ein paar Handvoll von ihnen interessiert genug wären, um die grundlegenden Forschungsarbeiten durchzuführen, könnte man bald mit einiger Gewißheit sagen, ob dieses Phänomen sich den konventionellen wissenschaftlichen Erklärungsweisen entzieht. Sollte sich aufgrund der Arbeit einer ganzen Reihe von unabhängigen Forschern so etwas wie ein «paranormaler Effekt» abzeichnen, dann könnte man weitere Experimente durchführen, um dem Phänomen wirklich auf den Grund zu gehen. In diesem Stadium wäre die Hilfe professioneller Wissenschaftler wahrscheinlich hilfreich. Es wird zu erwarten sein, daß die Skeptiker sich dann immer subtilere Alternativerklärungen ausdenken werden, und so wird man raffiniertere Prüfungsmethoden entwickeln müssen, um alle vernünftigen Gegenhypothesen aufgreifen zu können. Man könnte da allerdings schnell an den Punkt kommen, wo die Hypothesen der

Skeptiker noch phantastischer werden als die Idee einer der Naturwissenschaft noch nicht bekannten Verbindung.

Die Forschung mit Haustieren, die den Zeitpunkt der Heimkehr ihrer Besitzer zu kennen scheinen, steht jedermann offen, der solch ein Haustier besitzt, vor allem dann, wenn sie oder er auf die Mithilfe von Angehörigen und Freunden und natürlich des Haustiers selbst zählen kann. Für Studenten aus Familien mit Haustieren könnte diese Forschung ein wissenschaftliches Projekt der denkbar interessantesten Art sein.

Der soziale und biologische Hintergrund

In der parapsychologischen Forschung mit Menschen werden die meisten Experimente schnell langweilig. Die Trefferquoten fallen ab, sobald die endlos wiederholten Tests den Probanden nicht mehr den Reiz des Neuen bieten. Die freudige Erregung von Haustieren, die vertraute Menschen zurückerwarten, bleibt dagegen immer gleich; den Tieren wird das Heimkommen ihrer Leute nie langweilig. Deshalb bin ich optimistisch, daß Experimente mit Haustieren, die den Zeitpunkt der Heimkehr ihrer Besitzer zu kennen scheinen, zuverlässige Resultate erbringen werden.

Die Begrüßung ist ein zentraler Aspekt vieler Beziehungen zwischen Menschen und Tieren. Bei einer Befragung in Cambridge (England) wurden Hundebesitzer aufgefordert, ihre Tiere nach zweiundzwanzig Aspekten des Hundeverhaltens – zum Beispiel Verspieltheit, Gehorsam und Zuneigung – einzustufen und bei jedem Aspekt auch die Einstufung eines hypothetischen Idealhundes zu vermerken. Dieser Ausbund von Hund liebte natürlich das Ausgehen und war gehorsam, intelligent, begrüßungsfreudig, mitteilsam und so weiter. Interessanter war aber die Übereinstimmung der Eigenschaften tatsächlicher Hunde mit den Idealerwartungen ihrer Halter:

Besonders ins Auge springend war die Tendenz zu deutlich gezeigter Zuneigung, zu ausgiebigem Begrüßungsüberschwang, wenn Herrchen oder Frauchen heimkam, zu beinahe menschlicher Mitteilsamkeit und zum aufmerksamen Verfolgen von allem, was der Eigentümer sagte oder tat ... Hunde und Katzen sind Experten für diese als Freundschaftsbezeigungen aufgefaßten Verhaltensweisen, und ihre Fähigkeit, sich Freunde zu machen und die Menschen in ihrem Sinne zu lenken, verdankt dieser Geschicklichkeit mehr als jedem anderen Faktor. Am deutlichsten signalisieren diese Tiere ihre Zuneigung wohl dadurch, daß sie unsere Gesellschaft suchen und gern in unserer Nähe oder sogar in physischem Kontakt mit uns bleiben. Der durchschnittliche Hund beispielsweise verhält sich so, als wäre er buchstäblich mit einem unsichtbaren Band an seinem Besitzer «festgebunden». Wenn man ihn läßt, folgt er ihm überallhin, setzt oder legt sich ihm zu Füßen und gibt sehr deutliche Zeichen von Herzeleid, wenn Herrchen oder Frauchen ausgeht und ihn zurückläßt oder ihn plötzlich aus dem Zimmer sperrt.[3]

Begrüßungen und Wiedersehen unter Menschen folgen ritualisierten Konventionen, und so ist es auch bei Hunden. Viele Hunde winseln und jiffen schier atemlos, ziehen die Lefzen zum sogenannten Unterwerfungsgrinsen zurück und versuchen an ihrem Besitzer hochzuspringen und ihm das Gesicht zu lecken, sofern sie nicht wohlerzogen sind. In dieser und manch anderer Hinsicht verhalten sie sich wie Welpen, die ihre Eltern begrüßen, so heftig schwanzwedelnd, daß es den ganzen Hund schüttelt. Bei den Wölfen bietet die Begrüßung ein ähnliches Bild. Sobald die Jungen nicht mehr gesäugt werden, fangen sie an, sich von den Eltern und anderen Tieren des Rudels Nahrung zu erbetteln. Wenn das erwachsene Tier sich mit Nahrung im Maul nähert, drängen die Kleinen sich aufgeregt um seinen Kopf, wedeln heftig mit dem Schwanz, machen Unterwerfungsgebärden und springen hoch, um die Mundwinkel des erwachsenen Tiers zu lecken. Dieselben Verhaltensmuster werden bei den heranwachsenden Tieren zu Begrüßungsritualen und Bekundungen des Rudelzusammenhalts. Die größte Aufmerksamkeit kommt den hochrangigen Rudeltieren zu, die die Elternrolle in ritualisierter Form weiterführen, indem sie mit Knochen, Stöcken oder anderen Dingen im Maul umherstolzieren.[4]

Auch die Katzenbegrüßung entwickelt sich aus dem Verhalten

der Kätzchen gegenüber der heimkehrenden Mutter. Es beginnt häufig mit einem weichen, vogelartigen Zirpen, dann nähert sich die Katze mit hocherhobenem Schwanz, um sich buckelnd und laut schnurrend an die Beine ihres Besitzers zu drängen und schließlich auf den Rücken zu werfen.

Über Millionen von Jahren sind bei den Vorfahren unserer Hunde und Katzen die Jungen allein zurückgeblieben, während die erwachsenen Tiere auf die Jagd gingen. Das gilt für die wildlebenden Verwandten heute noch. Die Rückkehr der Jäger mit Beute ist ein Ereignis von lebensentscheidender Bedeutung. Hinter dem Begrüßungsverhalten unserer Haustiere steht eine lange Evolutionsgeschichte.

Die enge Beziehung zwischen Menschen und Hunden ist für die letzten 10 000 Jahre belegt. Die Domestikation der Katzen begann dagegen erst vor etwa 4000 Jahren in Ägypten. Sollte sich zeigen, daß es eine «paranormale» Verbindung zwischen Haustieren und ihren Besitzern gibt, dann wäre sehr wahrscheinlich, daß es solche Verbindungen auch bei verwandten – und nicht verwandten – wildlebenden Arten gibt. Und niemand kennt die Natur der sozialen Bindungen in Tier-(oder Menschen-)Gesellschaften. Ich komme auf diese Frage im dritten Kapitel zurück.

Drei Tabus gegen das Forschen mit Haustieren

Die oben vorgeschlagenen einfachen Experimente mit Haustieren, die den Zeitpunkt der Heimkehr ihrer Besitzer zu kennen scheinen, machen deutlich, daß es sehr wohl möglich wäre, wegweisende Untersuchungen praktisch kostenlos anzustellen. Warum ist das nicht längst geschehen? Weil es hier starke Tabus gibt, die für gewöhnlich unbewußt wirksam sind. Ich werde diese Tabus kurz erörtern, weil jeder, der mit Haustieren forschen möchte, sich ihrer bewußt sein sollte. Diese Tabus besitzen nicht mehr viel Macht, wenn sie einmal bewußt geworden sind, und so müssen sie den in diesem Kapitel vorgeschlagenen Forschungen nicht im Wege stehen.

«Tabu» ist die europäisierte Form eines polynesischen Wortes für «das, was zu heilig oder zu böse ist, als daß man es berühren, nennen oder gebrauchen dürfte», kurzum, für das, was verboten ist.[5] Hier nun die drei Haupttabus, die das Erforschen unerklärlicher Kräfte von Haustieren verhindern.

Das Tabu gegen die Erforschung des Paranormalen

Nichtphysikalische oder paranormale Phänomene darf man auf keinen Fall ernst nehmen – damit fängt alles an. Gäbe es sie, so geriete das mechanistische Weltbild ins Wanken, und das kann nicht hingenommen werden, da es nach wie vor die allein seligmachende Lehre der Schulwissenschaft ist. Deshalb werden sie für gewöhnlich ignoriert, zumindest nach außen hin.

Dieses Tabu wird von Leuten gehegt und gepflegt, die ich hier «Skeptisten» nennen möchte, um sie von anderen zu unterscheiden, die einfach eine normale, gesunde und durchaus vernünftige Skepsis wahren. Die Skeptisten bilden organisierte Gruppen und verstehen sich als intellektuelle Wächter, stets bereit, jede öffentliche Aussage zugunsten des Paranormalen sofort unter Beschuß zu nehmen.[6] Eingeschworene Skeptisten setzen das mechanistische Weltbild mit der Vernunft schlechthin gleich und verteidigen es leidenschaftlich. Sie sind wissenschaftliche Fundamentalisten. Wenn man dem Paranormalen auch nur einen Fußbreit Boden einräumt, so befürchten sie, wird die ganze wissenschaftliche Kultur in einem Sumpf von Aberglauben und Religion versinken. Deshalb sind paranormale Phänomen in ihren Augen von vornherein unsinnig, und der Glaube an sie ist eine Verirrung aufgrund von Unwissenheit oder Wunschdenken oder – bei denen, die es besser wissen sollten – Zeichen von intellektueller Schwäche.

Unter respektablen, gebildeten Leuten gilt das Interesse am Paranormalen als eine Art intellektuelle Pornographie. Es blüht im Privatbereich und in leicht anrüchigen Zonen der Medienwelt, hat aber keinen Platz im Bildungssystem, in wissenschaftlichen und medizinischen Institutionen und in der ernsthaften öffentlichen Diskussion.

Nur leider, viele eifrige und eifernde Skeptisten verwechseln den Schutz der Wissenschaft mit der Verteidigung eines bestimmten

Weltbilds. Forschungsvorschläge, wie ich sie in diesem Buch mache, könnten durchaus die Grenzen des mechanistischen Paradigmas sprengen und trotzdem wissenschaftlich sein. Sie könnten zu einem breiteren und umfassenderen wissenschaftlichen Verständnis der Welt führen. Sollten wir dabei andererseits feststellen, daß scheinbar paranormale Phänomene doch anhand geltender wissenschaftlicher Prinzipien zu erklären sind, dann hätten die Skeptisten damit etwas an der Hand, was ihre Überzeugungen bestätigen könnte.

Es gibt keinen Grund, die Skeptisten zu fürchten. Wenn sie sich aus doktrinärer Befangenheit der empirischen Forschung in den Weg stellen, berauben sie sich damit selbst aller wissenschaftlichen Glaubwürdigkeit. Wenn sie aber wirklich an die vorurteilsfreie Anwendung der experimentellen Methode glauben, wie sie behaupten, dann sollten sie eher eine Hilfe als ein Hindernis sein.

Das Tabu gegen das Ernstnehmen von Haustieren

Mit den Haustieren selbst ist ein weitgehend unbewußtes, aber durchgängiges und schwerwiegendes Tabu verbunden. Das Wesensmerkmal dieses Tabus besteht in der verschwommenen Vorstellung, daß Tierliebe etwas von sinnloser Verschwendung und etwas Abwegiges, wenn nicht Perverses hat.

Diesem Tabu hat sich James Serpell, Verhaltensforscher an der Cambridge University, eingehend gewidmet. Während seines Doktorandenstudiums in den siebziger Jahren begann er sich für das Gebiet der Beziehungen zwischen Menschen und ihren Haustieren zu interessieren. Zu seiner Überraschung mußte er sehen, daß es hier noch so gut wie gar keine wissenschaftlichen Studien gab, obwohl es in jedem zweiten westeuropäischen und nordamerikanischen Haushalt mindestens ein Haustier gibt (Vögel und Fische einbezogen). In der Europäischen Union existieren laut einer Schätzung 26 Millionen Haushunde und 23 Millionen Katzen. In den Vereinigten Staaten sind es um die 48 Millionen Hunde und 27 Millionen Katzen, deren Halter jährlich etwa zehn Milliarden Dollar für Futter und Tierarzt ausgeben.[7] Nicholas Humphrey macht in diesem Zusammenhang auf ein merkwürdiges Mißverhältnis aufmerksam:

«In den Vereinigten Staaten gibt es ungefähr so viele Hunde und Katzen wie Fernsehgeräte. Die Auswirkungen des Fernsehens sind minuziös erforscht und dokumentiert worden, aber zur Bedeutung der Tiere finden sich praktisch keine Analysen.»[8] Woher mag dieser blinde Fleck der wissenschaftlichen Forschung kommen?

Serpells Analyse ist faszinierend. Er verdeutlicht den Zusammenhang dieses Tabus mit einer tiefen Kluft in unserer Haltung gegenüber den Haustieren im engeren Sinne einerseits und den sogenanten Nutztieren andererseits. Hunde, Katzen und Pferde werden vielfach geliebt und umhegt und sogar betrauert, wenn sie sterben. Aber die Schweine, Hühner, Kälber und anderen Tiere, die wir in unseren Zucht- und Mastbetrieben produzieren, werden in größtmöglicher Lieblosigkeit und Roheit gnadenlos ausgebeutet. Sie sind lediglich Produktionseinheiten und haben nichts weiter zu tun, als möglichst viel Nahrung zu möglichst geringen Kosten zu liefern. Unsere Agrarfabriken sind der Inbegriff des mechanistischen Bewußtseins. Gleiches gilt für unseren Umgang mit Labortieren: Sie sind nur das Material eines kaltblütigen Experimentierens, austauschbare Verbrauchsartikel.

Damit das alles ohne Gewissensbisse geschehen kann, muß man die Tiere, die sich keiner so großen Wertschätzung erfreuen, als minderwertig und menschlicher Gefühlsbindungen unwürdig erachten. Ein furchtbarer Konflikt entsteht, sobald man ausgebeuteten Tieren einen eigenen Wert zuerkennt. Deshalb teilen wir die privilegierten und die ausgebeuteten Tiere lieber in zwei strikt getrennte Kategorien ein: Die eine verzehrt Haustierfutter, die andere wird dazu verarbeitet. Aber sobald Gefühle in den Nutztierbereich einsickern, kommt man in Schwierigkeiten. Dann werden die Leute zu Vegetariern oder sogar zu Kämpfern für die Rechte der Tiere. Die einfachste Lösung besteht darin, die Beziehungen der Menschen zu ihren Haustieren zu diffamieren.

Vorurteile gegen enge Beziehungen zu Haustieren sind nicht neu. Zur Zeit der Hexenverfolgungen in England beispielsweise galt die Beziehung der Hexen zu ihren «tierischen Vertrauten», insbesondere zu Katzen, als verderbt und böse. Doch erst die moderne Industriegesellschaft hat eine tiefe Kluft zwischen Haustieren und Nutztieren entstehen lassen: Der allgemeine Wohlstand erlaubt die

Haltung nie dagewesener Massen wohlgenährter, in Luxus lebender, keinem ökonomischen Zweck dienender Haustiere aus rein «subjektiven» Gründen; dem stehen in der «objektiven» Welt unzählige weniger begünstigte Tiere gegenüber, die in Agrarfabriken und Laboratorien so mechanistisch wie möglich herangezogen werden.

Aus dieser Analyse geht hervor, weshalb Haustiere für das herkömmliche mechanistische Experimentieren ungeeignet sind. Die institutionalisierte Wissenschaft operiert auf der «objektiven» Seite, und Haustiere sind dem mechanistischen Bewußtsein völlig fremd. Sie sind keine austauschbaren Einheiten, sondern besitzen individuelle Persönlichkeit und gehen langfristige Gefühlsbeziehungen zu Menschen ein. Sie entsprechen nicht den vom Laborbetrieb geforderten Normen, und sie sind «objektive» Behandlung durch nüchterne Experimentatoren, die weder Gefühle zeigen noch ihre Besitzer sind, nicht gewohnt. Ihr Lebensraum ist die «subjektive» Welt des Privaten, nicht die «objektive» Welt der Wissenschaft.

Populäre Bücher über Haustiere setzen die Wichtigkeit der Bindungen zwischen Mensch und Tier voraus. Hier ein Beispiel für diese Selbstverständlichkeit, aus einem Buch von Barbara Woodhouse, einer erfolgreichen Autorin auf dem Gebiet der Tiererziehung:

> Ich glaube, daß wir den Tieren viel von uns selbst geben müssen, wenn wir ihr Potential voll entwickeln wollen. Außerdem ist es wichtig, sie so zu behandeln, wie man selbst gern behandelt werden möchte. Wenn wir aus unserem Hund wirklich das machen wollen, was er seinen Anlagen nach sein kann, hat es wenig Sinn, ihn den größten Teil seines Lebens im Zwinger zu halten und dann Intelligenz von ihm zu erwarten, wenn er herauskommt. Meiner Ansicht nach müssen Tiere, wenn sie echte Gefährten werden sollen, ständig mit uns leben und die Wörter und Gedanken aufnehmen lernen, die wir übermitteln.[9]

In den Vereinigten Staaten kann man mit seinem Haustier inzwischen sogar schon zu Workshops gehen, um an der Beziehung zu arbeiten. Es gibt Haustierberater, Haustiertherapeuten, Haustierheiler, zum Teil mit der Möglichkeit der telefonischen Konsultation. In vorderster Linie steht Penelope Smith aus Marin County in Kalifornien, die ein Schulungsprogramm anbietet, in dem man Schritt für Schritt die telepathische Kommunikation mit Haustieren erlernen kann. In ihren Grundaussagen stimmt sie mit Barbara Woodhouse überein:

> Tiere verstehen, was Sie ihnen sagen oder gedanklich mitteilen, sofern sie Ihnen ihre Aufmerksamkeit zuwenden und zuzuhören bereit sind (aber das ist bei Menschen nicht anders) . . . Interessanterweise werden die Reaktionen der Tiere um so intelligenter und herzlicher, je mehr wir ihre Intelligenz achten, in normalem Gesprächston mit ihnen reden, sie in unser Leben einbeziehen und als Freunde betrachten.[10]

Hier gibt es natürlich keinerlei Spielraum für Experimente *an* Tieren, wohl aber die Möglichkeit einer Art Forschungsgemeinschaft *mit* Tieren; die emotionalen Beziehungen zwischen Mensch und Tier werden nicht verleugnet, sondern die Beziehung ist sogar das tragende Prinzip der Forschung.

Das Tabu gegen das Experimentieren mit Tieren

Dieses dritte Tabu hängt mit dem zweiten zusammen. Die meisten Haustierbesitzer hängen sehr an ihren Tieren und möchten sie vor Schaden bewahren. Die Wissenschaft mit ihren Tierexperimenten und Vivisektionen wird, was Tiere angeht, generell negativ gesehen. Jedes Jahr werden Millionen von Tieren auf dem Altar der Wissenschaft geopfert – Kaninchen, Meerschweinchen, Hunde, Katzen, Affen und andere. (Kurioserweise ist *sacrifice*, «Opfer», der in der wissenschaftlichen Literatur verwendete Begriff für die Tötung von Tieren.) Die Naturwissenschaft hat bei vielen tierlieben Menschen auch deshalb einen schlechten Ruf, weil sie die treibende Kraft hinter der industriell betriebenen landwirtschaftlichen Tierproduktion ist.

Der bloße Gedanke, die Wissenschaft könnte in den geheiligten

Freiraum des häuslichen Bereichs eindringen, um sich über unsere kleinen Lieblinge herzumachen, ist höchst beunruhigend. Hände weg von den Haustieren, sie sind tabu!

Diese Reaktion ist durchaus verständlich, aber den Experimenten, die ich hier vorschlagen möchte, nicht angemessen. Mit diesen Experimenten ist keinerlei Grausamkeit und kein Leiden verbunden. Sie sollten Spaß machen, und nicht nur den Menschen, sondern auch den Tieren. Sie werden die Tiere und ihre Beziehungen zu Menschen auf keinen Fall herabsetzen, sondern eher dafür sorgen, daß unsere Achtung vor den Tieren und ihren Fähigkeiten wächst. Ich glaube, daß diese Art der Forschung die Welt dadurch verändern könnte, daß sie uns ein neues Bild der sichtbaren und unsichtbaren Beziehungen zwischen Mensch und Tier vermittelt.

Weitere erstaunliche Fähigkeiten von Haustieren

Das Wissen um den Zeitpunkt der Heimkehr ihrer Besitzer ist nur eine der überraschenden Fähigkeiten, die wir bei Haustieren finden können. Es gibt noch etliche andere, die sich ebenfalls zum Gegenstand nahezu kostenloser Forschungen machen lassen:

1. Das Heimfindevermögen (siehe nächstes Kapitel).
2. Die Fähigkeit, verschwundene Besitzer wieder aufzufinden (ebenfalls im nächsten Kapitel).
3. Verhaltensweisen, die auf die Befähigung zu telepathischer Kommunikation schließen lassen. Es sind viele Fälle bekannt, wo Tiere offenbar spürten, daß ihr Besitzer irgendwo anders in Gefahr war, und mit Zeichen höchster Aufregung reagierten.[11] Aber denken wir auch an ganz alltägliche Dinge: Viele Hunde scheinen beispielsweise mit untrüglicher Sicherheit zu spüren, wann der Spaziergang bevorsteht. Manche Haustiere ahnen offenbar, daß die Familie bald Urlaub machen wird, auch wenn noch keine äußeren Aktivitäten darauf hindeuten. Es gibt viele Geschichten von telepathischen Pferden, und sogar von telepathisch begabten Schildkröten wird berichtet. Erst kürzlich erhielt ich folgenden Bericht von Ms. Sharon Ronsse aus Snohomish, Washington State:

Wir haben noch nicht feststellen können, ob die Schildkröte über unser Kommen und Gehen Bescheid weiß (oder sich überhaupt dafür interessiert). Ich kann aber mit Bestimmtheit sagen, daß sie telepathisch reagiert, wenn es um die Fütterung geht. Dieses Verhalten ist nicht mit feststehenden Fütterungszeiten zu erklären, weil ich das Fressen tagsüber und abends häufig zu sehr unterschiedlichen Zeiten bringe. Als mir auffiel, daß sie zum Futterplatz kam, wenn ich nur ans Füttern *dachte*, fing ich an mit dem gezielten Experimentieren. Wenn sie sich ganz in ihren Panzer zurückgezogen hatte und offenbar schlief, brauchte ich nur daran zu denken, ihr das Fressen zu bringen. Wenn ich dann mit dem Futter aus der Küche zurückkomme, hat sie bereits ihren Futterplatz aufgesucht.

Haustiere sind ganz offensichtlich empfänglich für subtile «Stichwörter», die von den Menschen in ihrer Umgebung gegeben werden; sie nehmen leiseste Hinweise wahr, die ihren Besitzern entgehen. Experimente zur Frage der telepathischen Kommunikation müßten diese gewöhnlichen Kommunikationswege zunächst einmal abschneiden und alle Anhaltspunkte, die durch die bekannten Körpersinne gegeben sein könnten, ausschließen. In dem vom Ms. Ronsse beschriebenen Fall könnte man die Schildkröte von einer anderen Person (oder sogar einer Videokamera) beobachten lassen, während Ms. Ronsse selbst im Haus, unsichtbar und unhörbar für die Schildkröte, nach einem vorher festgelegten Zufallsmuster an die Fütterung denkt und sie dann auch vornimmt. Wacht die schlafende Schildkröte auf, bevor mit der Vorbereitung der Fütterung begonnen wird und bevor irgendwelche Geräusche oder Bewegungen zu erkennen sind?

4. Sensibilität für bevorstehende Katastrophen. Viele Geschichten erzählen von Haustieren, die ihre Besitzer von Reisen abzuhalten versuchen, auf denen dann ein Unglück geschieht. Noch auffälliger ist das Verhalten von Tieren vor einem Erdbeben:

Vor dem Erdbeben in Agadir (Marokko, 1960) sah man Tiere in großer Zahl, darunter auch Hunde, aus der Stadt flüchten, in der kurz darauf 15 000 Menschen ums Leben kamen. Ähnliches wurde drei Jahre später vor dem Beben beobachtet, das die Stadt Skopje in Jugoslawien in einen Trümmerhaufen verwandelte. Die meisten Tiere scheinen vor dem Beben das Weite gesucht zu haben. Auch in Taschkent beobachtete man vor dem Beben von 1966, daß die Tiere die Flucht ergriffen.[12]

Eine genaue Untersuchung solcher Fälle wäre sicherlich von großem praktischem Nutzen, und in China achtet man ja seit Jahrhunderten auf solche Verhaltensweisen der Tiere als Anzeichen auf bevorstehende Katastrophen. Allerdings ist dies kein Gebiet, auf dem sich ohne weiteres einfache, harmlose Experimente durchführen ließen.

5. Manche Tiere scheinen bei der Heimfahrt nach einer Reise zu spüren, wann sie sich der Heimat nähern, und zwar auch nach einer langen Autofahrt oder nach Einbruch der Dunkelheit, wenn sie schlafen. Meine Frau und ich hatten eine Katze namens Remedy, die auch nach stundenlangem Schlaf zuverlässig dann aufwachte, wenn wir noch ungefähr eine Meile von unserem Haus entfernt waren. Das könnte auf eine direkte Verbindung zwischen dem Tier und seinem Heimatbereich hindeuten, ähnlich vielleicht dem Heimfindevermögen, das wir im nächsten Kapitel erörtern werden. Es könnte natürlich auch einfach eine Reaktion auf wohlbekannte Bewegungs- und Geruchsmuster während des letzten Teils der Heimfahrt sein, vielleicht auch auf das veränderte Verhalten der Menschen im Wagen.

Auch hier könnten einfache Experimente manchen Aufschluß bringen. Die Hypothese, daß das Tier auf vertraute Reize reagiert, kann man dadurch überprüfen, daß man eine ungewohnte Strecke nach Hause fährt, am besten einen Weg, den das Tier noch überhaupt nicht kennt. Den möglichen Einfluß von Außenreizen kann man dadurch verringern, daß man für das Tier einen Transportkorb benutzt, nach Einbruch der Dunkelheit fährt, die Fenster geschlossen hält, die Klimaanlage einschaltet und Musik spielen läßt. Zeigt das Tier dann keine Reaktionen, würde das die Erklärung seines Verhaltens aufgrund von vertrauten Reizen stützen.

Sollte das Tier aber auch unter diesen Umständen noch zu erkennen geben, daß es die Nähe der Heimat spürt, müßte man im nächsten Schritt den Einfluß der Personen im Wagen auszuschließen versuchen. Man könnte es zum Beispiel in einem Lieferwagen mit abgeschlossener Fahrerkabine transportieren, wo es seinen Besitzer am Steuer weder sehen noch hören, noch riechen könnte. Man könnte es von einer Person, die den Bestimmungsort der Fahrt nicht kennt, beobachten lassen beziehungsweise eine Videokamera und ein Tonbandgerät oder andere Überwachungsapparaturen einbauen. Am besten wäre es, den Wagen von jemandem fahren zu lassen, der nicht weiß, wo das Tier zu Hause ist, und daher auch keine subtilen Auslösereize geben kann. Man würde den Fahrer einfach bitten, eine bestimmte Strecke zu fahren, an der auch das Haus liegt, in dem das Tier lebt, ohne ihm jedoch mitzuteilen, in welcher Straße das ist.

Sollte das Tier dann immer noch erkennen lassen, daß es weiß, wann es sich seinem Zuhause nähert, so würde das für die Hypothese einer direkten Verbindung zwischen dem Tier und seinem Heimatort sprechen. Von welcher Art diese Verbindung ist und ob ein Zusammenhang mit dem Heimfindeverhalten besteht, wäre dann durch weitere Forschungen zu klären. Komplizierte und teure Experimente sind jedoch erst dann sinnvoll, wenn man überzeugende Anhaltspunkte für die tatsächliche Existenz des Phänomens gewonnen hat.

In diesem Kapitel ging es noch nicht darum, Theorien und Erklärungen vorzulegen; wir wollten zunächst einmal aufzeigen, daß die genannten Phänomene praktisch noch unerforscht sind. Eine wissenschaftliche Partnerschaft mit Haustieren könnte unser Verständnis erheblich erweitern und uns sogar zu einer vertieften Sicht unseres eigenen Erkenntnisvermögens führen.

2. Wie finden Tauben nach Hause?

Eine persönliche Einleitung

Als ich noch sehr klein war, nahm mein Vater mich im Frühling und Sommer am Samstag vormittag zum großen Taubenabflug mit. An einer kleinen Bahnstation warteten unzählige Wettkampftauben aus ganz Großbritannien in ihren aufeinandergestapelten Körben. Zur festgesetzten Zeit öffneten die Träger die Klappen, und dann flogen in aufeinanderfolgenden Wellen und einem Wirbel von Wind und Federn Hunderte von Tauben auf. Sie gewannen rasch an Höhe, zogen ein paar Kreise und machten sich dann auf den Weg in ihre fernen, weit verstreuten Heimatorte.

Diese Vögel faszinierten und begeisterten mich immer aufs neue. Bald freundete ich mich mit den Trägern an, und sie ließen mich beim Freilassen der Tauben helfen. Als ich dann auf der Grundschule war, hielt ich selbst ein paar Tauben, aber sie fielen einer Katze zum Opfer, und als ich später ein Internat besuchte, gab es keine Gelegenheit mehr, Vögel zu halten.

Viel später, Anfang der siebziger Jahre, als ich als Forschungsstipendiat am Clare College der Universität von Cambridge arbeitete, erwachte mein Interesse an den Brieftauben wieder, und ich fragte meine Kollegen in der Zoologie, auf welche Weise diese Tiere nach Hause fanden. Es stellte sich heraus, daß keiner es so recht wußte, und dieser Eindruck verstärkte sich, als ich in der wissenschaftlichen Literatur die speziell zu diesem Thema verfaßten Arbeiten studierte. Jede als halbwegs zumutbar empfundene Hypothese war erprobt worden und hatte offenbar versagt. Dann sah ich, daß dieses fesselnde Geheimnis nicht nur das Heimfindevermögen, sondern auch das Wanderverhalten betraf. Wie können englische Schwalben im Herbst nach Südafrika fliegen und dann im Frühling nach England zurückfinden, sogar zu dem Gebäude, das im Vorjahr ihr Nistplatz gewesen war? Auch das wußte niemand.

Mir kam der Verdacht, das Heimfinde- und Zugverhalten müsse etwas mit einem der Wissenschaft noch nicht bekannten Sinn oder Vermögen zu tun haben. Mir kam auch der Gedanke, es könne eine direkte Verbindung zwischen den Vögeln und ihrer Heimat geben, eine Art unsichtbares Gummiband. Ich dachte mir ein einfaches und billiges Experiment aus, um diese Möglichkeit zu testen, und stellte 1973 meine ersten Versuche in Irland an. Ich konnte sie jedoch nicht abschließen, weil ich mich ab 1974 an den Forschungsvorhaben eines internationalen Landwirtschaftsinstituts in Indien beteiligte. Erst in den achtziger Jahren, als ich selbst wieder heim fand, konnte ich meine Arbeit mit Tauben fortsetzen, diesmal in Ostengland.

In diesem Kapitel möchte ich zuerst darstellen, was man bisher über Heimfinde- und Wanderverhalten ganz allgemein und über die Tauben im besonderen herausgefunden hat. Alle bisherigen Erklärungen anhand der bekannten Sinne und physikalischen Kräfte sind eingehend überprüft worden und dürfen als widerlegt gelten – unsere Unwissenheit ist größer denn je. Dann möchte ich eine zusammenfassende Darstellung meiner eigenen Forschungen geben und schließlich ein Experiment skizzieren, das Licht in die Sache bringen könnte und für viele Taubenliebhaber, Taubenzüchterclubs, Schüler und Studenten durchführbar sein dürfte.

Heimfinde- und Wanderverhalten

Der Brieftaube hat sich der Mensch jahrtausendelang bedient. Im ersten Buch der Bibel lesen wir, daß eine Taube mit einem Ölblatt im Schnabel zu Noahs Arche zurückkehrte und ihm damit zeigte, daß die Wasser zurückwichen.[1] Im alten Ägypten gab es ein regelrechtes Postsystem, das mit Brieftauben betrieben wurde, und die Taube ist auch im modernen Ägypten das Emblem der Post. Noch in unserem Jahrhundert wurden Tauben zur Beförderung von Nachrichten verwendet, nicht zuletzt – während der beiden Weltkriege – zu militärischen Zwecken. Weltweit gibt es heute über fünf Millionen Taubenliebhaber, die regelmäßig Wettflüge über Distanzen von achthundert und mehr Kilometern durchführen. Dieser Sport ist besonders in Belgien, Großbritannien, den Niederlanden, Deutschland und Polen populär. Tauben können aus Entfernungen bis zu gut tausend Kilometern an einem Tag nach Hause finden und erzielen dabei eine Durchschnittsgeschwindigkeit von an die hundert Kilometer pro Stunde.

Tauben stehen mit diesem Heimfindevermögen keineswegs allein da.[2] Es gibt unzählige Anekdoten von Haustieren, sogar von Kühen, die über Entfernungen von vielen Kilometern nach Hause fanden. Am häufigsten hören wir dergleichen von Hunden und Katzen. So ging etwa ein Collie namens Bobby in Indiana verloren und tauchte im nächsten Jahr in seiner über dreitausend Kilometer entfernten Heimat in Oregon auf.[3] Solche Fälle bilden den Stoff der von Walt Disney verfilmten Abenteuergeschichte *Die unglaubliche Reise*,[4] in der ein Siamkater, ein alter Bullterrier und ein Neufundländer sich durch vierhundert Kilometer Wildnis im nördlichen Ontario nach Hause durchschlagen. Der Neufundländer war der Anführer:

> Es war, als könne er sein Vorhaben, sein letztes Ziel keinen Augenblick vergessen – nach Hause; nach Hause zu seinem Herrn, wohin er gehörte, und nichts anderes war von Bedeutung. Dieser Magnet der Sehnsucht, diese Gewißheit, ließ ihn die Gefährten durch wildes, unbekanntes Land und mit der Sicherheit einer Brieftaube immer weiter westwärts führen.[5]

Das menschliche Heimfindevermögen ist am besten bei Nomadenvölkern entwickelt, wo der Richtungssinn für das Überleben entscheidend ist – etwa bei den australischen Aborigines, den Buschmännern der Kalahariwüste in Südafrika und den Seefahrern Polynesiens.

Der Entfernungsrekord wird von Vögeln gehalten. Adeliepinguine, Schwalbensturmvögel, Nordische Sturmtaucher, Laysanalbatrosse, Störche, Seeschwalben, Schwalben und Stare können, wie man herausgefunden hat, über Entfernungen von an die zweitausend Kilometern nach Hause finden.[6] Als man Laysanalbatrosse von den Midway-Inseln im Zentralpazifik an der über fünftausend Kilometer entfernten amerikanischen Westküste (Washington

State) aussetzte, war der eine nach zehn Tagen wieder da, der andere nach zwölf. Ein dritter fand in etwas mehr als einem Monat von den 6500 Kilometer entfernten Philippinen nach Hause.[7] Bei einem Experiment mit Nordischen Sturmtauchern holte man die Vögel aus ihren Nisthöhlen auf der Insel Skokholm vor der Küste von Wales. Einer wurde in Venedig freigelassen und war nach vierzehn Tagen wieder auf der Insel. Ein zweiter war nach zwölfeinhalb Tagen aus Boston zurück, eine Reise von fast fünftausend Kilometern quer über den Atlantik![8]

Ohne Zweifel ist dieses erstaunliche Heimfindevermögen eng mit dem normalen Zugverhalten zwischen zwei Heimatgebieten verwandt. In vielen Fällen, etwa bei den Schwalben, ist der Vogelzug ein zweiseitiges Heimfindesystem. Die britischen Schwalben suchen im Herbst ihre Winterquartiere im östlichen Südafrika auf (wo dann Frühling ist), um im nördlichen Frühling wieder in ihre britische Heimat zu fliegen.[9]

Noch verblüffender ist das instinktive Vermögen von Jungvögeln, ohne die Führung älterer Artgenossen, die den Weg schon kennen, ihre angestammten Winterquartiere zu finden. Die europäischen Kuckucke beispielsweise werden bekanntlich von Vögeln anderer Arten großgezogen und kennen ihre Eltern nicht. Diese Eltern brechen im Juli oder August nach Südafrika auf, etwa einen Monat bevor die neue Generation reisefertig ist. Die jungen Kuckucke finden sich zusammen und fliegen in Schwärmen nach Afrika, wo sie wieder zu den älteren Vögeln stoßen.

Sogar wandernde Insekten bewältigen ungeheure Entfernungen und finden Orte auf, an denen sie nie zuvor gewesen sind. Die berühmteste Art ist der Chrysippusfalter, der zwischen den Vereinigten Staaten und Mexiko hin und her wandert. Im Herbst, wenn die Tiere der älteren Generation gestorben sind, fliegt die neue Generation südwärts. Falter, die beispielsweise im Bereich der Great Lakes im Nordosten der Vereinigten Staaten geboren sind, müssen über dreitausend Kilometer zurücklegen und überwintern auf dem mexikanischen Hochland zu Millionen in bestimmten «Schmetterlingsbäumen». Hier in ihrer südlichen Heimat vermehren sie sich und sterben. Die nächste Generation wandert im Frühling nordwärts.[10]

Woher wissen wandernde Tiere, wohin sie sich wenden müssen?

Im Hinblick auf die Zugvögel lautet die populärste Hypothese, daß sie sich an den Sternen orientieren und vielleicht auch eine sehr fein abgestimmte Sensibilität für das Magnetfeld der Erde besitzen. Es wird auch angenommen, daß sie ein angeborenes Navigationsprogramm samt Sternenkarte und Magnetkarte haben, das den Vogelzug steuert. In der wissenschaftlichen Literatur spricht man von einem «vererbten raumzeitlichen Vektornavigationsprogramm».[11] Aber verstanden haben wir damit noch nicht viel; dieser imposante Begriff stellt eher eine Benennung des Problems als seine Lösung dar.

Der wichtigste Anhaltspunkt für die Rolle der Sterne liegt darin, daß Zugvögel, wenn man sie zu Beginn ihrer Zugzeiten in Käfigen in einem Planetarium hält, einen Drang in die Richtung erkennen lassen, die unter diesem rotierenden künstlichen Sternenhimmel die richtige für ihre normalen Zielorte wäre. Vielleicht sind also die Sterne wirklich eine Art Kompaß, aber wie wir wissen, können Zugvögel ihr Ziel auch bei Tage und bedecktem Himmel finden.[12] Zum Beispiel hat man von Albany County im Staat New York aus durch Radarbeobachtung feststellen können, daß zur Nacht fliegende Zugvögel sogar unter tagelang ununterbrochen bedecktem Himmel die Orientierung nicht verlieren; es gab «nicht einmal geringfügige Änderungen des Flugverhaltens».[13]

Auch Fische können über Hunderte und Tausende von Kilometern wandern, und hier kommen die Sterne als Erklärung nicht in Frage. Sie müssen andere Orientierungsmittel haben. Der Geruchssinn dürfte eine bedeutende Rolle spielen, wenn sie sich ihrem Zielort nähern. Bei Lachsen deutet vieles darauf hin, daß sie ihren Heimatfluß «riechen» können, wenn sie in die Nähe der Mündung kommen.[14]

Erklärt ist damit aber noch nicht, wie sie aus einer Entfernung von Tausenden von Kilometern den richtigen Küstenstreifen finden. Vor ähnlichen Problemen stehen wir bei den Wanderungen der Meeresschildkröten und bei anderen unter Wasser wandernden Tieren.

Über das Heimfinde- und Wanderverhalten wissen wir in Wahrheit noch nicht viel, und wenn wir über das eine etwas herausfinden könnten, würde uns damit sicher auch das andere klarer werden. Die

Erforschung des Wanderverhaltens ist schwierig; leichter läßt sich mit dem Heimfindevermögen, vor allem bei Vögeln, experimentieren. Da ist es naheliegend, sich an die Wettkampftauben zu halten: Sie besitzen ein stark entwickeltes Heimfindevermögen und sind über viele Generationen auf diese Eigenschaft hin gezüchtet worden; die Techniken der Taubenhaltung, Taubenzucht und Taubenabrichtung sind bestens bekannt, und der finanzielle Aufwand ist relativ gering.

Unzählige solcher Experimente mit Tauben sind bereits durchgeführt worden. Dennoch weiß man nach fast hundert Jahren eifrigen Forschens immer noch nicht, wie Tauben nach Hause finden, und alle Versuche, dieses Navigationsvermögen anhand der bekannten Sinne und physikalischen Kräfte zu erklären, sind fehlgeschlagen. Die Forscher auf diesem Gebiet geben das auch zu: «Die erstaunliche Flexibilität der heimfindenden Vögel und Zugvögel ist seit Jahren ein Rätsel. Man kann alle erdenklichen Anhaltspunkte einen nach dem anderen ausschließen, und die Vögel haben doch immer noch irgendein Reservesystem, mit dem sie die Flugrichtung ermitteln.»[15] «Das Problem der Navigation bleibt im wesentlichen ungelöst.»[16]

Ich möchte jetzt die Erklärungsversuche für das Heimfindevermögen der Tauben nacheinander vorstellen und aufzeigen, weshalb sie unhaltbar sind.

Prägen Tauben sich alle Richtungsänderungen der Anfahrt ein?

Woher wissen Tauben, die über Hunderte von Kilometern an einen unbekannten Ort gebracht wurden, wo ihr Zuhause ist? Woher wissen sie, in welche Richtung sie fliegen müssen?

Charles Darwin war ein begeisterter Taubenzüchter und hielt selbst die verschiedensten Züchtungen.[17] 1873 veröffentlichte er in der Zeitschrift *Nature* eine vorläufige Hypothese für das Heimfindevermögen der Tauben. Er glaubte, daß die Tiere sich einer Navigationsmethode bedienten, die man «Koppeln» nennt, das würde bedeuten, daß sie sich alle Richtungsänderungen der Anfahrt zum

Abflugort einprägen, selbst in einer geschlossenen Kiste.[18] In einem weiteren Artikel im gleichen Band von *Nature* stellte J. J. Murphy eine mechanische Analogie zur Diskussion: eine Kugel, die am Dach eines Eisenbahnwaggons hängend angebracht ist und auf Richtungs- und Geschwindigkeitsänderungen reagiert.

Es ließe sich eine Maschine konstruieren, die, in Verbindung mit einem Chronometer, die Stärke und Richtung all dieser Anstöße und dazu jeweils den Zeitpunkt verzeichnet. Anhand dieser Daten wäre die Position des Waggongs jederzeit aus zurückgelegter Entfernung und Richtung zu errechnen ... Des weiteren ließe sich ein Apparat denken, welcher diese Ergebnisse so zu einem Gesamtwert verknüpft ... daß man sie ablesen kann, ohne Berechnungen anstellen zu müssen.[19]

In unserer Zeit gibt es diese technische Entsprechung tatsächlich in Gestalt des computergestützten Trägheitsnavigationssystems. Doch trotz dieser technischen Metaphern wird es uns wohl nicht so ohne weiteres einleuchten, wie Wettkampftauben, die in ihren Körben über Hunderte von Kilometern mit der Eisenbahn, in Lastwagen, Schiffen oder Flugzeugen transportiert werden und dabei zahllosen Richtungs- und Geschwindigkeitsänderungen ausgesetzt sind, unentwegt ihren Heimatkurs mit höchster Präzision berechnen sollen.

Doch davon abgesehen ist die Hypothese auch tatsächlich überprüft und für unhaltbar befunden worden. 1893 demonstrierte S. Exner, daß Tauben auch dann ohne Schwierigkeiten nach Hause finden, wenn sie für die Fahrt zum Abflugort narkotisiert wurden. Neuere Untersuchungen an anderen Arten, zum Beispiel der Silbermöwe, haben Exners Feststellungen bestätigt.[20] Die Tauben lassen sich auch nicht durch höchst verschlungene Anfahrtswege beirren. Und selbst wenn man sie in einer hermetisch abgeschlossenen rotierenden Trommel transportiert, finden sie anschließend ohne Schwierigkeiten nach Hause:

Die Konstruktion war instabil, so daß Geschwindigkeits- und Richtungsänderungen des Transportfahrzeugs eine vorübergehende Verlangsamung der Trommel bewirkten. Die Anfahrt wurde also erheblich komplexer durch die unregelmäßig schwankenden Rotationen, etwa 1200 Rotationen bei der längsten Anfahrt. Dennoch waren die Leistungen dieser Vögel, was Orientierung und Heimfindevermögen angeht, so gut wie die der normal transportierten Tiere.[21]

Bei einer anderen, in Deutschland durchgeführten Experimentalreihe setzte man die Vögel bei der Anfahrt ziemlich schnellen Drehungen aus, bis zu neunzig in der Minute, und dies in einem variablen Magnetfeld; sie konnten die Gegend, durch die sie transportiert wurden, weder optisch noch mit dem Geruchssinn wahrnehmen. «Dennoch waren diese Tauben, was ihre Abflugrichtung und die Heimfindeleistung anging, alles in allem so gut wie die Kontrollvögel, die in offenen Lattenverschlägen auf einem Auto transportiert worden waren.»[22]

Und schließlich: Sollten die Vögel wirklich alle Richtungsänderungen der Anfahrt registrieren und computerisieren können, dann wäre das Organ, von dem diese Fähigkeit abhinge, in den Bogengängen des Mittelohrs zu suchen, wo Beschleunigungen und Rotationen registriert werden. Nach der völligen Zerstörung dieses Organs können Vögel nicht mehr richtig fliegen, aber Tauben, denen für Experimentalzwecke die horizontalen Bogengänge durchtrennt wurden, fanden aus einer Entfernung von über dreihundert Kilometern genausogut nach Hause wie Kontrolltiere mit intakten Bogengängen.[23] Bei anderen Experimenten «zeigen Tauben mit verschiedensten chirurgischen Läsionen der Bogengänge ein unbeeinträchtigtes Orientierungsvermögen, unabhängig davon, ob sie bei Sonnenschein oder bedecktem Himmel getestet werden».[24] Die Hypothese der Trägheitsnavigation kann daher als widerlegt gelten, und sie wird auch von den Forschern auf diesem Gebiet nicht mehr ernsthaft vertreten.[25]

Hängt das Heimfinden von Orientierungspunkten ab?

Es wird manchmal vermutet, daß vertraute Orientierungspunkte für das Heimfindevermögen ausschlaggebend sind. Das trifft vermutlich zu, wenn die Tauben ein paar Kilometer von ihrem Schlag entfernt freigelassen werden oder immer wieder über dasselbe Terrain nach Hause fliegen. Bei einer Versuchsreihe ließ man die Vögel immer wieder vom selben Ort auffliegen, und schon beim viertenmal fingen sie offenbar an, sich nach Orientierungspunkten ihrer Flugstrecke zu richten. «Beim siebtenmal kannten sie die örtlichen Orientierungspunkte so gut, daß sie gleichsam wie bei einem Hindernisrennen nach Hause zu finden vermochten: Sie verhielten sich so, als wüßten sie, daß man, um nach Hause zu kommen, zuerst Orientierungspunkt A, dann Orientierungspunkt B und so weiter anfliegt.»[26] Das ist bei uns ganz ähnlich. Wenn wir mit einer neuen Umgebung oder Strecke allmählich vertraut werden, finden wir uns anhand bereits eingeprägter Orientierungspunkte zurecht. Aber so finden wir uns nicht von Anfang an zurecht, *bevor* die Orientierungspunkte uns vertraut geworden sind.

Jedenfalls können Tauben von völlig unbekannten Orten, Hunderte von Kiometern von jedem vertrauten Gelände entfernt, nach Hause finden. Nachdem sie dort freigelassen werden, drehen sie zunächst ein paar Kreise, manchmal auch nicht, und schlagen dann im allgemeinen die Richtung zu ihrem heimatlichen Schlag ein.[27] Und wie die verblüffenden Leistungen mancher der im Zweiten Weltkrieg von der Royal Air Force (RAF) benutzten Tauben zeigen, finden sie sogar auf See, auch nachts oder bei Nebel, ihren Heimweg. Erfahrene Wettkampftauben, häufig von zivilen Taubenzüchtern angeboten, waren bei den Feindflügen gegen Deutschland über der Nordsee mit an Bord. Wurde das Flugzeug abgeschossen oder mußte aus irgendeinem anderen Grund notwassern, dann befestigte man, sofern genügend Zeit blieb, Zettel mit Positionsangaben an den Beinen einer oder mehrerer Tauben und ließ sie frei in der Hoffnung, daß die Nachricht ankommen würde.

Hunderte solcher außerordentlichen «Heldentaten» sind in der Pigeon Roll of Honour als «Liste verdienstvoller Leistungen» ver-

Wie finden Tauben nach Hause?

Abbildung 1 «Winkie» und ihre Preise. Der Bericht in der Liste verdienstvoller Leistungen lautet: «Am 23. Februar 1942, bei der Rückkehr von einem Angriff vor der norwegischen Küste, sackte eine beschädigte Beaufort plötzlich ab und zerbrach beim Aufschlag ca. 200 Kilometer vor der schottischen Küste. Durch Zufall fiel diese Taube dabei aus ihrem Behälter ins ölige Wasser, konnte sich aber freikämpfen. Entfernung zur Basis 208 Kilometer, kürzeste Entfernung zum Land 194 Kilometer, noch 1½ Stunden Tageslicht. Taube kam kurz nach Tagesanbruch am 24. Februar bei der Basis an, erschöpft, naß und veröit. Suche nach Besatzung aufgrund schlechter Funkverbindung bis dahin erfolglos. Sergeant Davidson, RAF Pigeon Service, schloß aus der Ankunft der Taube, ihrem Zustand und anderen Umständen, daß im falschen Gebiet gesucht wurde. Die Suche wurde nach seinen Angaben fortgesetzt, und 15 Minuten später wurde die Besatzung gesichtet und die Rettungsaktion eingeleitet. Die gerettete Besatzung gab zu Ehren der Taube und ihres Ausbilders ein Dinner.»
(Aus Osman und Osman.)

zeichnet, und manche Tauben erhielten sogar Tapferkeitsauszeichnungen. Hier der offizielle Bericht über eine dieser dekorierten Tauben, eine Henne namens White Vision von einem Züchter in Motherwell, Schottland, die auf der RAF-Basis Sollum Voe auf den Shetland-Inseln stationiert war:

Diese Taube befand sich an Bord eines Catalina-Flugbootes, das aufgrund eines Maschinenschadens gegen 8.20 Uhr am 11. Oktober 1943 in nördlichen Gewässern notwassern mußte. Da auch das Funkgerät versagte, konnte kein SOS-Ruf empfangen werden, und es existierte keine Positionsangabe... Um 17.00 Uhr traf «White Vision» mit einer Nachricht ein, der die Position und

andere Angaben über Flugzeug und Besatzung zu entnehmen waren. Die Suche wurde folglich in der angegebenen Richtung fortgesetzt, und um 5.00 Uhr am nächsten Morgen wurde das Flugzeug gesichtet und die Besatzung geborgen.
Das Flugzeug mußte aufgegeben werden und sank. Wetterbedingungen: Sichtweite bei Abflug der Taube ca. 100 Meter; Sichtweite bei der Basis zur Ankunftszeit der Taube ca. 300 Meter. Gegenwind für Taube 40 Kilometer pro Stunde. Schwere See, sehr niedrige Wolkendecke, Entfernung knapp hundert Kilometer. Zahl der Geretteten 11.[28]

Es sieht so aus, als würden Orientierungspunkte oder überhaupt visuelle Anhaltspunkte für solche Heimfindeleistungen keine überragende Rolle spielen. Trotzdem waren bis in die siebziger Jahre alle Erklärungsversuche auf den Gesichtssinn der Tauben fixiert und unterstellten entweder die Navigation nach Orientierungspunkten oder nach der Sonne, wenn nicht sogar nach den Sternen. Alle diese Hypothesen wurden durch Experimente widerlegt, die an der Duke University in North Carolina und in Göttingen durchgeführt wurden. Die Tauben bekamen bei diesen Experimenten Milchglas-Kontaktlinsen eingesetzt, die ihr Sehvermögen so stark beeinträchtigten, daß sie vertraute Objekte in sechs Metern Entfernung nicht mehr erkennen konnten. Die Kontrollvögel erhielten klare Linsen, die keine optischen Veränderungen bewirkten.

Als die Tauben mit den Milchglaslinsen freigelassen wurden, «wollten viele gar nicht fliegen, flatterten oder kamen ganz in der Nähe unsanft zu Boden; andere flogen gegen Drähte, Bäume und andere Hindernisse. Ein gewisser Prozentsatz erhob sich sehr hoch in die Luft, und diese Vögel verschwanden in ungewöhnlicher Höhe.» Sie flogen auch in ungewöhnlicher Haltung, mit aufgerichtetem Körper. Dieser Ausdruck von «Unsicherheit» wurde von Falken erkannt, die solche Tauben mit Leichtigkeit schlugen.[29] Manche Tauben flogen ein Stück weit in Richtung Heimat, blieben dann aber für längere oder kürzere Zeit irgendwo sitzen, um zu rasten.[30] Manche jedoch fanden aus einer Entfernung von hundertdreißig Kilometern nach Hause. «Die Vögel mit den Milchglaslinsen kamen meist ziemlich hoch in der Luft beim Schlag an und flatterten vorsichtig tiefer, wobei einige den Schlag trafen, die meisten ihn jedoch verfehlten. Die Vögel waren leicht mit der Hand einzufangen.»[31] Die Tauben hatten Schwierigkeiten, den Schlag genau auszumachen; offenbar benötigten sie für den Landeanflug ihren Gesichtssinn, was nicht weiter verwunderlich ist. Erstaunlich ist hingegen, daß sie mit so drastisch reduziertem Sehvermögen überhaupt bis zum Schlag kamen.

Klaus Schmidt-Koenig, der Teamleiter bei den Göttinger Experimenten, faßt eine lange Versuchsreihe, bei der die Tauben mit Milchglaslinsen ausgerüstet und über Funk genau verfolgt wurden, so zusammen:

Für den Navigationsteil des Heimflugs, das heißt für die Bestimmung der richtigen Richtung, erwiesen sich visuelle Anhaltspunkte als nebensächlich. Das Navigationssystem arbeitet weitgehend nichtvisuell und führt die Tauben mit verblüffender Treffsicherheit in die Nähe des Schlags. Offenbar wissen die Vögel auch, wann sie angekommen sind und wann sie am Schlag vorbeigeflogen sind und die Entfernung wieder größer wird.[32]

Navigieren Tauben nach der Sonne?

Die vorherrschende Hypothese für das Heimfindevermögen der Tauben war in den fünfziger Jahren die «Sonnenbahn»-Theorie von G. V. T. Matthews. Seiner Ansicht nach können die Vögel die Sonnenhöhe zu ihrer Bahn, die sie aus der Beobachtung ihrer Bewegung extrapolieren, in Beziehung setzen und verfügen außerdem über ein inneres «Chronometer». Eine von ihrem Heimatschlag aus nach Südosten transportierte Taube beispielsweise würde den Stand der Sonne als für die Tageszeit zu hoch und zu östlich empfinden, und die von ihr empfundene Differenz würde genau ihrer Position, relativ zum Schlag, entsprechen. Im Prinzip könnte sie danach die Position des Schlags «berechnen».[33]

Es gibt ein paar gute Argumente gegen diese Hypothese. Tauben finden auch unter bedecktem Himmel, mit Milchglas-Kontaktlinsen und nachts nach Hause.[34] Es gelingt ihnen auch dann noch, wenn ihr

Zeitsinn durcheinandergebracht wird, und zudem setzt Matthews' Hypothese einen wirklich sehr genauen inneren Zeitsinn voraus.

Bei einer langen Versuchsreihe wurde die «innere Uhr» der Tauben verstellt, indem man die Tiere tagsüber im Dunkeln und nachts bei künstlichem Licht hielt. Schaltet man beispielsweise sechs Stunden vor dem Morgengrauen das Licht ein und bringt die Tauben sechs Stunden vor dem Tagesende ins Dunkle, so geht ihre innere Uhr bereits nach zwei Wochen sechs Stunden vor. Wenn solche Vögel freigelassen werden, fliegen sie in einem Winkel von etwa 90° links von ihrer Heimatrichtung ab. Andere Vögel, deren innere Uhr um sechs Stunden nachgestellt wurde, flogen nach rechts im rechten Winkel zu ihrer Heimatrichtung ab. Und wo die Zeitverschiebung zwölf Stunden betrug, flogen die Tiere in der ihrem Heimatschlag entgegengesetzten Richtung ab.[35]

Auf den ersten Blick schienen diese Resultate Matthews' Theorie zu bestätigen. Tatsächlich zeigen sie aber nur, daß die Tiere die Sonne als eine Art Kompaß zu benutzen verstehen. Ein Kompaß erklärt aber noch nicht das Heimfindevermögen. Stellen Sie sich vor, Sie werden mit einem Fallschirm in unbekanntem Gelände abgesetzt, mit einer Uhr ausgerüstet, aber ohne Karte. Aus der Position der Sonne zu verschiedenen Tageszeiten könnten Sie schließlich die Himmelsrichtungen ableiten, aber damit wüßten Sie noch nicht, wohin Sie sich wenden müssen, um nach Hause zu kommen.

Matthews behauptete, daß die Vögel ihre innere Uhr in Verbindung mit Stand und Bahn der Sonne nicht nur als Kompaß, sondern als eine Art Karte benutzen, nach der sie an ihrem Freilassungsort Lage und Entfernung ihres Heimatschlags bestimmen können. Diese Hypothese versagt nicht nur, wenn erklärt werden soll, wie die Vögel nachts und bei bedecktem Himmel nach Hause finden. Es gibt noch etwas sehr Wichtiges, was sie nicht erklärt: Die Tauben, bei denen eine künstliche Zeitverschiebung erzeugt worden war, konnten, nachdem sie durch die Mißweisung ihres Sonnenkompasses zunächst irregeführt worden waren, schließlich doch nach Hause finden.[36] Und wenn sie an bedeckten Tagen freigelassen wurden, unterlagen sie keinerlei Irrtum, sondern machten sich sofort in die richtige Richtung auf den Weg und erreichten den Schlag so schnell wie nichtmanipulierte Kontrolltauben.[37]

Es mag also sein, daß der Sonnenkompaß der Tauben an klaren Tagen eine Rolle für den generellen Richtungssinn spielt, aber das Heimfindevermögen erklärt er nicht.

Beruht das Heimfinden auf polarisiertem Licht oder Infraschall?

Als die Sonnenbahn-Theorie *en vogue* war, wurde hier und da versucht, das Heimfindevermögen der Tauben an bewölkten Tagen anhand einer hypothetischen Sensibilität der Tiere für Muster polarisierten Lichts am Himmel zu erklären. Von manchen Insekten, vor allem den Bienen, weiß man, daß sie diese Sensibilität besitzen und sich orientieren können, wenn sie nur hier und da blauen Himmel sehen, die Sonne selbst aber verdeckt ist.

Diese Hypothese besitzt jedoch zwei entscheidende Mängel. Erstens würde die Fähigkeit, aus Mustern von polarisiertem Licht zwischen den Wolken den Sonnenstrand zu bestimmen, noch nicht das Heimfindevermögen erklären, denn dazu reichen Stand und Bewegung der Sonne allein nicht aus, wie wir eben gesehen haben. Zweitens hat sich gezeigt, daß Tauben diese Fähigkeit nicht haben, weil sie anders als Bienen keine Sensibilität für polarisiertes Licht besitzen.[38]

Aus Laborexperimenten weiß man, daß Tauben sehr empfänglich für besonders niederfrequenten Schall oder Infraschall sind, und auch damit hat man ihr Heimfindevermögen zu erklären versucht. Aber wie sollen sie ihr Zuhause aus Hunderten von Kilometern Entfernung oder auch nur aus ein paar Kilometern Entfernung hören? Diese Idee der Infraschall-Orientierung ist nicht einmal eine Hypothese, sondern nur eine vage und kaum einleuchtende Vermutung. Es gibt nichts, womit sich eine solche Annahme stützen ließe.

Hängt das Heimfinden vom Geruchssinn ab?

Geheimnisvolle Fähigkeiten von Tieren werden häufig mit einem sehr hochentwickelten Geruchssinn erklärt – oder wegerklärt. Das ist bei den Tauben nicht anders, und während der letzten zweihundert Jahre hat es viele Versuche gegeben, ihr Heimfindevermögen anhand des Geruchssinns zu erklären. Doch schon nach kurzem Nachdenken erweist sich diese Idee als nicht sehr plausibel.[39] Zum Beispiel: In Spanien freigelassene Wettkampftauben finden ihre Heimat in England wieder. Sollen die Vögel vielleicht in Barcelona anhand der örtlichen Gerüche – oder indem sie ihre Heimat in Suffolk erschnüffeln – erkennen, wo sie sind? Und könnten sie wohl die Heimatrichtung durch den Geruchssinn herausfinden, wenn der Wind in Richtung Heimat weht und nicht der Flugrichtung entgegen? Ganz sicher nicht. Es ist erwiesen, daß die Vögel mit dem Wind von Spanien nach England heimfinden können, und so kann der Geruchssinn hier keine Rolle spielen. Das zeigt sich besonders im nordöstlichen Brasilien, wo das ganze Jahr über ziemlich gleichmäßige Passatwinde aus Südost wehen. Die Taubenzüchter veranstalten dort regelmäßig und mit Erfolg Wettflüge von Süden her.[40]

Eine frühe Version der Geruchshypothese nahm an, daß Tauben ein besonderes chemisches Sinnesorgan in ihren Luftsäcken haben. Doch dann stellte man fest, daß Tauben mit punktierten Luftsäcken nach wie vor ohne weiteres nach Hause fanden. Als nächstes wandte man sich den Nasenhöhlen zu und verschloß sie mit Wachs. Auch das hatte keinerlei Einfluß auf das Heimfindevermögen. Soviel war bereits 1915 bekannt.[41]

Die Geruchshypothese wie auch die magnetische Hypothese wurde in den siebziger Jahren wiederbelebt, als alle anderen Versuche offenbar fehlgeschlagen waren. In Italien vertraten Floriano Papi und seine Kollegen die Auffassung, daß Tauben Geruchseindrücke mit der Windrichtung verknüpfen können und so eine Art Geruchslandkarte ihrer heimatlichen Umgebung anlegen. Wenn etwa im Norden ein Pinienwald liegt, lernen sie, einen Zusammenhang zwischen Piniengeruch und Nordwind herzustellen. Läßt man sie dann in einiger Entfernung von ihrem Heimatort frei, können sie anhand der Gerüche ermitteln, wohin sie fliegen müssen. Bei größeren Entfernungen, wo regionale Geruchskarten nicht weiterhelfen, nahm Papi an, daß die Tiere alle Gerüche während der Anreise registrierten.

Papi und seine Gruppe gewannen ein auf den ersten Blick beeindruckendes Datenmaterial, das zu belegen schien, daß ihre Tauben sich tatsächlich nach Gerüchen in Zusammenhang mit der Windrichtung orientierten.[42] Zum Beispiel wurden Tauben unter dem Einfluß zweier Gerüche aufgezogen, mit denen man den Wind anreicherte: Olivenöl von Süden und synthetisches Terpentin von Norden. Dann wurden die Tiere in einiger Entfernung freigelassen, nachdem man zuvor einen der beiden Gerüche direkt an den Nasenöffnungen appliziert hatte. Sie wurden dann zunächst irregeführt und schlugen die Richtung ein, die sie im heimatlichen Schlag mit dem entsprechenden Duft zu assoziieren gelernt hatten.[43]

In Deutschland und den Vereinigten Staaten wurden Papis Experimente wiederholt, doch die meisten Versuche führten zu ganz anderen Resultaten und ließen keinen Einfluß von Gerüchen erkennen.[44] Aber sogar in Italien könnte der Geruchssinn allein noch nicht das Heimfindeverhalten der Tauben erklären. Nachdem sie nämlich von den italienischen Wissenschaftlern irregeführt worden waren und sich in die falsche Richtung aufgemacht hatten, korrigierten sie ihren Kurs früher oder später und fanden doch heim. Manche kamen sogar fast so schnell an wie die Kontrollvögel. Auch Vögel mit verstopften Nasenöffnungen, durchtrennten Geruchsnerven oder in die Nasenöffnungen eingeführten Röhren, die das Geruchsepithel überbrückten, konnten trotzdem nach Hause fliegen, wenn sie auch in der Regel länger brauchten als die nichtmanipulierten Kontrollvögel.

Die Italiener meinten, diese verzögerte Heimkehr der manipulierten Tiere spreche für die Geruchshypothese.[45] Skeptische Kollegen in Deutschland und Amerika vermuteten, daß die Verzögerung wohl eher etwas mit der Traumatisierung zu tun habe. Um diese Idee zu überprüfen, hat man in Deutschland das Geruchsepithel von Tauben mit einem starken Lokalanästhetikum auf nichttraumatische Weise vorübergehend lahmgelegt – und siehe da, diese Tauben flogen sofort in Richtung Heimat und fanden so schnell wie die Kontrollvögel zurück.[46] Bei anderen Experimenten reduzierte diese lokale Betäubung das Heimfindevermögen, schaltete es jedoch nicht aus.[47]

Aus diesen Forschungen ist zu schließen, daß der Geruchssinn, vor allem in Italien, für die Orientierung eine Rolle spielt; aber für sich allein erklärt er nicht, wie Tauben nach Hause finden.

Beruht das Heimfinden auf Magnetismus?

In den siebziger und achtziger Jahren war die Magnetismus-Hypothese bei den professionellen Forschern besonders beliebt (außer in Italien, wo die Geruchshypothese führend blieb und es bis heute ist). Man nahm an, daß Tauben sich beim Heimflug nach einer magnetischen Landkarte orientieren. Das würde einen außerordentlich feinen Magnetsinn bei den Tauben voraussetzen, mit dem sie nicht nur die Himmelsrichtungen ermitteln können, sondern auch die Schwankungen, die das Magnetfeld der Erde von Ort zu Ort aufweist.

Der Theorie nach kann das Magnetfeld der Erde auf zweierlei Art richtungweisend sein: Erstens nimmt die Feld*stärke* von den Polen zum Äquator hin ab. Zweitens ist auch die Feld*neigung* veränderlich; an den Polen weist die Kompaßnadel nach unten, am Äquator liegt sie waagerecht, und dazwischen zeigt sie Neigungswinkel, die der geographischen Breite entsprechen – größere in Polnähe, kleinere in Äquatornähe. Sollten Tauben also Veränderungen in Stärke und Neigung des Feldes feststellen können, dann wüßten sie, wie weit sie sich in Richtung des magnetischen Nordens oder Südens bewegt haben.

Schon auf der rein theoretischen Ebene ist diese Hypothese mit drei ernsten Problemen behaftet. Zunächst einmal sind die durchschnittlichen Veränderungen von Feldstärke und Feldneigung sehr gering. Im Norden der Vereinigten Staaten beispielsweise macht eine Entfernung von gut hundertfünfzig Kilometern in Nord-Süd-Richtung weniger als ein Prozent Feldstärkedifferenz aus, und der Neigungswinkel ändert sich um weniger als ein Grad. Zweitens ist das Magnetfeld der Erde durchaus nicht homogen, sondern ändert sich je nach den geologischen Bedingungen von Ort zu Ort. Manche dieser «Anomalien» sind klein, nur ein paar hundert Meter im Durchmesser; andere erstrecken sich über Hunderte von Kilometern. In extremen Fällen kann die magnetische Feldstärke im Bereich einer Anomalie bis zu achtmal größer sein als das sonstige Magnetfeld der Erde. Außerdem unterliegt dieses Magnetfeld Schwankungen; das können geringe Variationen mit dem Tagesrhythmus sein, aber auch starke Veränderungen durch magnetische Stürme in Zeiten vermehrter Sonnenfleckenaktivität. Solche Schwankungen können bei der Positionsbestimmung in der Nord-Süd-Dimension einer magnetischen Landkarte zu Fehlern von einigen -zig bis zu Hunderten von Kilometern führen.[48]

Und drittens: Selbst wenn Tauben genügend magnetische Sensibilität besäßen, um zu bestimmen, wie weit sie nach Norden oder Süden transportiert worden sind, und selbst wenn sie in der Lage wären, magnetische Anomalien und Feldfluktuationen irgendwie auszugleichen, wüßten sie eben doch nur über die Nord-Süd-Dimension Bescheid; das Magnetfeld der Erde sagt ihnen nichts über Bewegungen in Ost-West-Richtung. Wenn man eine Taube von ihrem Heimatort aus nach Westen oder Osten bringt, ist dort die magnetische Feldstärke etwa die gleiche wie zu Hause und würde keinerlei Informationen über die einzuschlagende Richtung geben. Dennoch finden Tauben ohne weiteres von Osten oder Westen, ja aus jeder Himmelsrichtung nach Hause. Auch wenn es so wäre, daß Tauben aus Stärke und Neigung des erdmagnetischen Feldes Informationen über Nord-Süd-Bewegungen gewinnen können, brauchten sie noch irgendeine andere Informationsquelle für Ost-West-Bewegungen. Der Magnetismus kann, schon theoretisch, nicht mehr als eine partielle Erklärung des Heimfindevermögens liefern.

Was aber, wenn die Vögel vielleicht eine Art magnetischen Kompaß anstelle einer magnetischen «Landkarte» besitzen? Der würde ihnen nicht viel helfen, wie wir schon im Fall des «Sonnenkompasses» gesehen haben. Ein Kompaß allein genügt nicht, um die Richtung zum heimatlichen Schlag zu bestimmen.

Die Idee, daß das Magnetfeld der Erde das Navigationsvermögen der Vögel erklären könne, wurde bereits 1855 vorgetragen und hat trotz der genannten theoretischen Probleme immer mal wieder Konjunktur gehabt.[49] Bis in die siebziger Jahre unseres Jahrhunderts freilich begegnete ihr die Wissenschaft mit größter Skepsis, und sei es auch nur, weil niemand sich vorstellen konnte, daß ein biologischer Organismus für ein so schwaches Magnetfeld wie das der Erde empfänglich sein kann. Dann zeigten sehr genaue Experimente, die in den sechziger Jahren in Deutschland durchgeführt wurden, daß Vögel doch auf Magnetfelder reagieren. Man hielt Zugvögel um die Zeit ihres alljährlichen Aufbruchs in Käfigen innerhalb von Gebäuden. Solche Vögel zeigen, wie nicht anders zu erwarten ist, die von den Wissenschaftlern so genannte «Migrationsunruhe», sie hüpfen in ihren Käfigen und zeigen eine deutliche Tendenz in die Richtung, die sie jetzt normalerweise im Flug einschlagen würden. Wenn das Magnetfeld in der Umgebung dieser Vögel umgekehrt wurde, hüpften sie in die entgegengesetzte Richtung; bei einer Drehung des Magnetfeldes um 90° änderte sich die Hüpfrichtung der Vögel ebenfalls um 90°.[50] In den Siebzigern gab es dann schon etliche Gruppen begeisterter Forscher auf dem Gebiet der magnetischen Orientierung. Man stellte sogar fest, daß auch der Richtungssinn des Menschen dem Einfluß schwacher Magnetfelder unterliegt.[51]

Der Magnetismus, bis dahin als abwegig zurückgewiesen, wurde nun begierig als Erklärungsmodell für die Navigation der Vögel angenommen – damit man nicht noch abwegigere Ideen ins Auge fassen mußte. Und der Magnetismus erfreut sich immer noch der allgemeinen Gunst, wie jeder leicht selbst feststellen kann. Man braucht nur bei irgendeinem Gespräch das Thema des Vogelzugs oder des Heimfindevermögens der Tauben anzuschneiden, und schon wird man von naturwissenschaftlich einigermaßen informierten Gesprächsteilnehmern zu hören bekommen, das sei alles längst durch den Magnetismus erklärt, wenn man sich auch im Moment «nicht an alle Einzelheiten erinnern» könne.

Hier die Einzelheiten: Es gibt drei Typen empirischer Daten, die für den Einfluß des Magnetismus auf den Richtungssinn der Tauben sprechen, aber noch nicht dafür, daß der Magnetismus das Heimfindevermögen erklärt. Zunächst einmal zeigen Tauben sich manchmal desorientiert, wenn sie an Orten freigelassen werden, wo das Magnetfeld der Erde Anomalien aufweist. Eine dieser Stelle ist Iron Mine Hill, Rhode Island (USA).[52] Sie finden jedoch trotz dieser anfänglichen Desorientierung nach Hause. Außerdem lassen sich längst nicht alle Tauben von magnetischen Anomalien irreführen. Vögel aus Lincoln, Massachusetts, beispielsweise, zeigen am Iron Mine Hill zunächst ein vermindertes Orientierungsvermögen, während Vögel aus Ithaca, New York, sich nicht beeindrucken lassen und gleich die richtige Richtung nach Hause einschlagen.[53]

Zweitens werden Tauben offenbar von Magnetstürmen aufgrund von Sonnenfleckenaktivität beeinflußt. Die Zeit, in der die Tauben bei Wettflügen nach Hause finden, ist in Perioden verstärkter Sonnenfleckenaktivität etwas länger.[54] Magnetstürme können auch dafür sorgen, daß die Vögel in einer etwas anderen Richtung abfliegen, doch die Abweichung von der direkten Heimatrichtung beträgt nur wenige Grad; und trotz dieser anfänglichen Abweichung finden die Tauben dann nach Hause.[55]

Drittens wurden Tauben gezielt Magnetfeldern ausgesetzt, um zu sehen, ob sie dadurch irregeführt werden. Seit den zwanziger Jahren hat man die verschiedensten Experimente mit Tauben und Zugvögeln angestellt, aber es waren keine signifikanten Einflüsse festzustellen. Unter den ersten, die zu positiven Resultaten kamen, war William Keeton von der Cornell University in Ithaca, New York. Er und seine Kollegen befestigten 1969 kleine Stabmagnete am Kopf oder Rücken der Tiere. Die Kontrolltauben wurden mit gleich großen Messingstäben ausgerüstet. An klaren Tagen war kein signifikanter Einfluß der Magnete auf das Heimfindevermögen der Tiere zu erkennen. An bedeckten Tagen jedoch schienen die Magnete die Tauben während dieser Experimentalreihe (1969/70) beim Abflug zunächst irrezuführen, wenngleich sie dann später doch nach Hause fanden. Bei weiteren Experimenten, die Anfang der siebziger Jahre von anderen Forschern durchgeführt wurden, brachte man am Kopf oder Hals der Tauben Helmholtz-Spulen an; bei den Testvögeln durchfloß ein Strom die Spule, so daß ein Magnetfeld entstand. An sonnigen Tagen zeigte sich keine signifikante Wirkung; an bewölkten Tagen wurde wie bei Keetons Experimenten eine anfängliche Desorientierung bemerkt, aber die Vögel fanden trotzdem ihren Schlag.[56]

Die Demonstration dieses Magneteffekts an bewölkten Tagen erwies sich jedoch als nicht wiederholbar, auch nicht durch Keeton.[57] Schon bei seinen frühen Experimenten hatte er sich über «die unerfreuliche Varianz der Resultate» beklagt.[58] Zwischen 1971 und 1979 mühte er sich vergeblich, die Ergebnisse seiner ersten Experimente noch einmal zu erzielen. Über die negativen Resultate dieser Bemühungen war bei seinem Tod 1980 noch nichts veröffentlicht. Eine postume Analyse aller seiner Daten aus fünfunddreißig verschiedenen Experimenten an bedeckten Tagen wurde 1988 von Bruce Moore veröffentlicht. Der 1969/70 festgestellte Einfluß auf das Orientierungsvermögen beim Abflug zeigte sich bei den späteren Experimenten nicht mehr. Und schon in den frühen Experimenten hatten die Magnete keinen signifikanten Einfluß auf das Heimfindevermögen der Tauben gehabt.

Die Vögel mit den Magneten verschwanden 1969/70 eine Spur langsamer als die Vögel mit den Messingstäben, und 1971–79 waren sie eine Spur schneller. Die Effekte waren gleich groß, aber entgegengesetzt und weit von einem signifikanten Ausmaß entfernt. Die Heimfindegeschwindigkeit war mit Magneten in beiden Datenreihen geringfügig höher und wiederum von Signifikanz weit entfernt. Drei Viertel aller Experimental- und Kontrollvögel erreichten ihren Schlag noch am Tag des Abflugs ... Auch die Ausfälle – 26 Vögel oder 9 % – waren in beiden Gruppen gleich groß.[59]

Die magnetische Sensibilität der Tauben ist auch im Labor untersucht worden. Die meisten der veröffentlichten Resultate konnten keinen signifikanten Effekt von Magnetfeldern nachweisen, und viele negative Forschungsergebnisse blieben unveröffentlicht.[60] Einer der führenden Forscher auf diesem Gebiet, Charles Walcott, kam zu folgendem Schluß: «Angesichts des Gewichts all dieser negativen Befunde und der wenig beweiskräftigen Natur der positiven Ergebnisse wird es sehr schwer zu glauben, daß Tauben sich für ihre ‹Landkarten› wirklich magnetischer Anhaltspunkte bedienen.»[61]

Die magnetische Hypothese war der letzte noch vielversprechende Versuch, eine mechanistische Erklärung des Heimfindevermögens zu finden. Viele haben sich daran geklammert wie Ertrinkende an einen Strohhalm. Aber die Hypothese ist untergegangen.

Heute haben sich die meisten Forscher auf den Standpunkt zurückgezogen, daß für das Heimfindevermögen der Tauben ein ganzer Komplex von «Zusatz- oder Reservesystemen» verantwortlich ist; manche sprechen auch von einem «Mehrfaktorensystem», womit eine subtile Verflechtung von Mechanismen gemeint ist, etwa von Sonnenkompaß, Geruchssinn und Magnetismus; oder es heißt, daß Tauben nur Informationen eines bestimmten (nicht näher bezeichneten) Typs nutzen, diese aber «mit mehreren Sinnessystemen abtasten».[62] Doch diese wissenschaftlich klingenden Phrasen kaschieren nur eine profunde Unwissenheit. Das Paradigma der Schulwissenschaft hat versagt.

Gibt es einen unbekannten Richtungssinn?

Seit vielen Jahren weiß man, daß es schwierig ist, die Navigation der Vögel nach herkömmlichen naturwissenschaftlichen Begriffen zu erklären, und heute wissen wir es besser als je zuvor. Seit Jahrzehnten gibt es eine Unterströmung von Spekulationen über die Möglichkeit eines unbekannten «Richtungssinns» oder «Orientierungsvermögens» oder «Ortssinns» oder «sechsten Sinns», ja sogar der «außersinnlichen Wahrnehmung» (ASW). Anfang der fünfziger Jahre wurde die ASW-Hypothese von etlichen Parapsychologen vertreten, insbesondere von J. B. Rhine[63] und J. G. Pratt[64] vom Parapsychology Laboratory der Duke University von North Carolina. Doch die Advokaten der Schulwissenschaft wiesen dergleichen rundweg zurück und behaupteten selbstbewußt, eine Deutung anhand der normalen wissenschaftlichen Prinzipien sei schon fast in Sicht. In den fünfziger Jahren war die jetzt nicht mehr haltbare Sonnenbahn-Theorie der Hoffnungsträger. Ihr Hauptvertreter, G. V. T. Matthews, befleißigt sich eines fast schon anmaßenden Tonfalls:

> Wunderliche Theorien, die «Strahlungen» von nicht näher bezeichneter Natur aus dem Heimatgebiet postulieren, tauchen in der populären Literatur immer wieder auf ... Rhine (1951) und Pratt (1953, 1956) vermuten, daß hinter dem Heimfindevermögen irgendeine außersinnliche Fähigkeit steht. Wie das jedoch funktionieren soll, ist von den Parapsychologen noch in keiner

Weise dargelegt worden, und sie interessierten sich eigentlich nur deshalb für die Navigation der Vögel, weil die bekannten Fakten noch nicht hinreichend durch die Sinnesphysiologie erklärt werden konnten. Diese Art des Interesses ist durch Matthews (1956) zurückgewiesen worden, und es scheint auf diesem Gebiet heute nicht mehr viel zu geschehen. Erwähnen – und als unbrauchbar verwerfen – könnten wir hier auch noch vage Theorien von einem besonderen «Raumsinn», die keinerlei Inhalt haben und noch weniger erklären.[65]

Die Konservativen in der Naturwissenschaft halten nach wie vor an dem Glauben fest, man werde früher oder später eine schulwissenschaftliche Erklärung finden. Es erscheint heute jedoch nicht nur möglich, sondern sogar wahrscheinlich, daß es Einflüsse einer Art gibt, die der Wissenschaft bis jetzt noch unbekannt sind.

Eine direkte Verbindung zwischen Tauben und ihrem heimatlichen Schlag

Ich möchte die Auffassung zur Diskussion stellen, daß der Richtungssinn der Brieftauben auf etwas beruht, das – bildlich gesprochen – wie eine Art unsichtbares Gummiband ist, das sie mit ihrem Zuhause verbindet und sie dorthin zurückzieht. Entfernt man sie von dort, so spannt sich das Band. Und wenn sie beim Heimflug über das Ziel hinausfliegen, wie es bei den Tauben mit Milchglas-Kontaktlinsen manchmal zu beobachten war, zieht diese Verbindung sie wieder zurück.

Ich weiß nicht, von welcher Art diese Verbundenheit ist. Sie könnte etwas mit den nichtlokalen Verbindungen der modernen Quantenphysik zu tun haben, auf die erstmals das Einstein-Podolsky-Rosen-Paradox aufmerksam machte. Einstein betrachtete die nichtlokalen Implikationen der Quantentheorie als absurd; ganz entschieden verneinte er die Möglichkeit einer ohne Zeitverzug wirksamen Verbindung zwischen zwei getrennten Quantensystemen, die zuvor einmal zusammen waren. Später konnte John Bell jedoch in einem nach ihm benannten Theorem nachweisen, daß es die Nichtlokalität auf der Quantenebene tatsächlich gibt; Alain Aspect konnte diese Anschauung 1982 experimentell bestätigen, und damit war Einstein widerlegt.

Wenn man die Übertragung von Signalen mit Überlichtgeschwindigkeit ausschließt, impliziert [dieses Ergebnis], daß zwei Teilchen, die einmal in direkter Interaktion standen, irgendwie als Teile ein und desselben unteilbaren Systems miteinander verbunden bleiben. Diese Eigenschaft der «Nichtlokalität» besitzt sehr weitreichende Implikationen. Wir können uns das Universum als ein ungeheures Geflecht interagierender Teilchen denken, und jede Verknüpfung bindet die beteiligten Teilchen in ein einziges Quantensystem ein ... In der Praxis ist zwar der Kosmos viel zu komplex, als daß wir diese subtile Verbundenheit wahrnehmen könnten, es sei denn in speziellen Experimenten wie den von Aspect ersonnenen; auf jeden Fall aber hat die Quantenbeschreibung des Universums einen stark holistischen Geschmack.[66]

Vielleicht hat die Verbundenheit der Tauben mit ihrem Zuhause etwas mit solchen nichtlokalen Quantenphänomenen zu tun. Vielleicht stecken aber auch Arten von Feldern und Verbindungen dahinter, die der Physik noch nicht bekannt sind. Ich lasse diese Frage einfach offen.

Man kann die Idee einer Verbindung zwischen Tauben und ihrem Zuhause auch in den Begriffen der modernen Dynamik formulieren. In mathematischen Modellen dynamischer Systeme bewegen solche Systeme sich in Feld-Räumen auf sogenannte Attraktoren zu.[67] Man könnte sich eine Taube also als einen Körper vorstellen, der sich in einem Vektorfeld auf einen Attraktor zubewegt, in diesem Fall den heimatlichen Schlag.

Um die Sache so einfach wie möglich zu halten, werde ich mich der schlichtesten und gröbsten Metapher für diese Idee bedienen, der eines unsichtbaren Gummibands zwischen der Taube und ihrem Zuhause. Diese Verbindung macht auch den Richtungssinn der Tauben aus, so daß sie den Heimweg auch dann finden, wenn sie sich nicht mehr an die Anfahrt erinnern, keine Orientierungspunkte erkennen und auch nicht nach Sonnenkompaß, Geruchssinn oder dem Magnetfeld der Erde navigieren können. Es läßt sie über die teuflischen Verwirrspiele der Experimentatoren obsiegen, die sie unter einer dichten Wolkendecke oder bei Nacht losschicken, ihnen Zeitverschiebungen antrainieren und die Nasenöffnungen verstopfen, sie mit Gerüchen irreführen, mit Magneten behängen, in Trommeln kreisen lassen, mit Narkotika traktieren und mit Milchglaslinsen blenden oder ihnen sogar Nerven durchtrennen.

Dieses Band wird gedehnt, wenn man die Tauben von Zuhause entfernt. Es sollte aber auch dann gestreckt werden, wenn man das Zuhause von ihnen entfernt. Das ist die Grundlage des Experiments, das ich vorschlagen möchte. Anstatt die Tauben vom Schlag zu entfernen, entfernt man den Schlag von den Tauben. Können sie ihn dann noch wiederfinden?

Wir brauchen zu diesem Experiment also einen mobilen Taubenschlag. Man weiß, daß Tauben zu mobilen Schlägen zurückfinden können, und solche Schläge sind in unserem Jahrhundert ausgiebig zu militärischen Zwecken genutzt worden.

Die militärische Nutzung mobiler Taubenschläge

Beim Ausbruch des Ersten Weltkriegs 1914 waren die belgischen, französischen, italienischen und deutschen Truppen bestens mit militärischen Taubenabteilungen versehen, die über viele Taubenhäuser mit abgerichteten Vögeln verfügten, darunter auch mobile Schläge, die beim Vormarsch oder Rückzug der Truppen eingesetzt wurden. Die Briten waren in dieser Beziehung unvorbereitet, aber dann wurde – mit der Hilfe vieler Amateurtaubenzüchter und unter Leitung von Colonel A. H. Osman – sehr schnell ein militärischer Brieftaubendienst aufgezogen. Vor und nach dem Krieg war Osman Herausgeber der Zeitschrift *The Racing Pigeon*, die immer noch das führende britische Organ für diesen Bereich ist. Sein Buch *Pigeons in the Great War* («Tauben im großen Krieg»)[68] bietet eine überzeugende Darstellung dieser erstaunlichen Art der Kriegführung. Hier erzählt Osman, wie der Naval Pigeon Service Schleppnetzboote, die zur Minenräumung eingesetzt wurden, mit Tauben ausrüstete; die

Tiere kamen mit Berichten zu ihren Schlägen zurück, die von ihren Besitzern sofort an die Admiralität weitergeleitet wurden. Die ersten Meldungen von einem Zeppelinangriff auf die Minensuchflotte waren Taubenpost. Das British Intelligence Corps schickte unterdessen Tauben in Ballons in den Luftraum über dem von Deutschen besetzten Belgien; diese Ballons besaßen von Uhren gesteuerte Vorrichtungen, die von Zeit zu Zeit kleine Körbe mit Tauben abwarfen. Diese Körbe schwebten an kleinen Fallschirmen zu Boden und enthielten außer den Tauben einen Aufruf an die Belgier, den Vögeln militärisch bedeutsame Informationen mitzugeben. Viele taten es trotz der von den Besatzern angedrohten Todesstrafe. Der British Intelligence Service setzte außerdem Spione mit Fallschirmen hinter den feindlichen Linien ab; sie trugen beim Absprung mit Stroh ausgepolsterte Taubenkörbe mit besonders erfahrenen Vögeln, die dann Meldungen überbringen sollten.

Bald wurden auch mobile Taubenschläge eingesetzt, und bei Kriegsende verfügten die Briten bereits über mehr als 150 dieser Horchposten. Der American Army Pigeon Service besaß fünfzig. Manche wurden von Pferden gezogen, andere waren motorisiert. Die Tauben wurden von Kradmeldern oder Meldereitern in Körben zu den Truppen in den Gräben gebracht und dort eingesetzt, wo Funk- oder andere Verbindungen nicht bestanden. Die Tiere flogen sogar durch schweres Artilleriefeuer zu ihren mobilen Schlägen, und viele erhielten Tapferkeitsauszeichnungen. Eine britische Taube erhielt das Victoria Cross und eine französische das Kreuz der Légion d'honneur. Die amerikanische Heldin war eine blauscheckige Henne:

> Ihr letzter Flug in den Argonnen war beinahe aussichtslos, doch sie schlug sich tapfer durch und überbrachte ihre Nachricht, obgleich ein Bein verletzt war und heftig blutete. Es war eine wichtige Meldung von einem in Bedrängnis geratenen Infanteriezug. Durch Verstärkung konnte die Lage gerettet werden, und die Männer dieses Zugs haben Grund, sie für diese mutige Tat gebührend zu feiern.[69]

Im Zweiten Weltkrieg wurden mobile Taubenschläge von den Briten in Nordafrika und von den Indern in Birma eingesetzt.[70] Der

Die außergewöhnlichen Kräfte gewöhnlicher Tiere

Abbildung 2
Mobile Taubenschläge, wie sie im Ersten Weltkrieg verwendet wurden. (Aus Osman und Osman.)

Motorisierter mobiler Schlag.

Deutscher Schlag, erbeutet und im Londoner Zoo ausgestellt.

Getarnter mobiler Schlag, irgendwo in Frankreich.

Indian Pigeon Service entwickelte auch ein «Bumerang»-Flugsystem, bei dem die Tauben darauf abgerichtet wurden, am Tag einen mobilen Schlag anzufliegen und nachts einen stationären Schlag aufzusuchen. So konnte man von denselben Vögeln Nachrichten in beiden Richtungen übermitteln lassen.[71] Ein ähnliches System verwendeten die Briten mit Erfolg in Algerien und Tunesien.[72] Heute werden solche Zweiwegesysteme mit mobilen Schlägen vom militärischen Taubendienst der Schweiz entwickelt,[73] die neben China einen der letzten militärischen Taubendienste unterhält.

Unter Kriegsbedingungen stellten die Tauben sich sehr gut auf die ständigen Verlegungen ihrer Schläge ein. Im Ersten Weltkrieg, so erfahren wir von Colonel Osman, «fanden die Vögel ihr Zuhause überall». Leider konnte ich nicht herausfinden, wie der Einsatz solcher mobiler Taubenhäuser im einzelnen ausgesehen hat. In den meisten Fällen hat man die Schläge vermutlich mitsamt den Tauben verlegt. Man wird ihnen wohl, sofern es möglich war, Gelegenheit gegeben haben, sich an eine neue Umgebung zu gewöhnen, bevor man sie für Kurierdienste einsetzte. In dem Fall wäre am Heimfinden der Vögel zu ihrem mobilen Schlag nichts besonders Ungewöhnliches.

Mobile Schläge wurden auch auf Schiffen eingesetzt. Im Ersten Weltkrieg verwendete die italienische Marine sie, um Nachrichten von Schiff zu Schiff zu überbringen, wenn beide Schiffe in Bewegung waren. «Aus Entfernungen von über 100 km fanden die Vögel ihren Heimatschlag auf den Schiffen, auch wenn sie ständig in Bewegung waren. Sogar unter sehr gleich aussehenden Schiffen fanden sie das ihre heraus.»[74] Das ist wirklich erstaunlich, und ich wünschte nur, es wären mehr Einzelheiten in Erfahrung zu bringen.

Ein Experiment mit mobilen Taubenschlägen

Das Experiment, zu dem ich anregen möchte, arbeitet mit einem mobilen Taubenschlag, zum Beispiel mit einem Schlag, den man auf einen alten landwirtschaftlichen Anhänger montiert. Die Vögel werden zunächst in der üblichen Weise darauf trainiert, zu ihrem Schlag zurückzukehren. Danach werden sie auf die Rückkehr zum mobilen

Schlag abgerichtet. Das Verfahren sieht in den Grundzügen so aus: Man nimmt einige der Tauben aus dem Schlag und hält sie in Taubenkörben. Dann wird der Schlag verlegt, und zwar mit einigen der anderen Tauben, darunter auch die Paarungspartner und Nachkommen der ausgesonderten Tauben. Die Körbe bleiben an der Stelle, wo der Schlag zuerst stand, und nun läßt man die Vögel aus den Körben auffliegen. Daß ihr Schlag weg ist, sehen sie sofort. Finden sie ihn wieder?

Sollten die Tauben ihren Schlag wiederholt schnell und auch über größere Entfernung in beliebiger Richtung oder sogar mit dem Wind (um den Geruchssinn als Richtungsweiser auszuschließen) finden können, so würde das für eine direkte Verbindung zwischen den Vögeln und ihrem Schlag sprechen. Können sie den mobilen Schlag mit den anderen, vertrauten Tauben jedoch nicht finden, dann gäbe es leider kein eindeutiges Ergebnis. Es könnte bedeuten, daß es keine Verbindung zwischen den Tauben und ihrem Zuhause gibt. Oder daß diese Verbindung zwar existiert, die Verlegung des Schlags jedoch allein nicht ausreicht. Man müßte mehr von der gewohnten Umgebung verlagern können – zum Beispiel durch Installierung des Schlags auf einem Schiff.

Interessant ist hierzu ein Bericht, den ich von Mijnheer Egbert Gieskes aus den Niederlanden erhielt; er erzählt darin von einem mobilen Taubenschlag auf dem Rhein:

Ein holländischer Skipper, Besitzer eines Rheinkahns, beförderte in Rotterdam angelandete Güter nach Deutschland und in die Schweiz. Bei seinen Fahrten rheinaufwärts und rheinabwärts umkreisten alle Tage seine Tauben das Schiff. Einmal übergab er einem Freund in Rotterdam einen Korb mit drei Tauben und sagte: «Laß sie in fünf Tagen fliegen, beobachte, was sie tun, und schreib die Zeiten auf.» Einen halben Tag später trafen die Vögel bei ihrem Schlag in Basel ein, wo ihr Schiff zwischen vielen anderen lag.

Diese Geschichte ist nicht ganz so überraschend wie die Erfahrungen der italienischen Marine auf See, denn die Vögel kannten den Rhein und folgten vielleicht einfach seinem Lauf, bis sie ihr Schiff fanden. Aber sie enthält die Idee zu einem Experiment, das mit Hilfe dieses oder eines anderen taubenhaltenden Rheinschiffers durchgeführt werden könnte. Anstatt den Vogel an der Rheinmündung in Rotterdam freizulassen, von wo er ja nur in eine Richtung fliegen kann, müßte man irgendeine Stelle am Mittelrhein wählen, zum Beispiel Koblenz. Weder die Tauben selbst noch die Person, die sie freiläßt, wissen, ob das Schiff rheinaufwärts oder rheinabwärts fährt. Wenn die Tauben bei einer Reihe von Experimenten immer wieder sofort in die richtige Richtung fliegen und ihr Schiff finden, anstatt mal die richtige, mal die falsche Richtung einzuschlagen, wäre das ein Hinweis auf eine unsichtbare Verbindung zwischen den Vögeln und ihrem Schlag.

Wenn man allerdings keinen wohlgesonnenen Kapitän kennt, dürfte es einfacher sein, solche Forschungen mit landgestützten Taubenschlägen zu betreiben. Und der erste Schritt besteht darin, die Vögel auf das Zurückfinden zum Schlag über kurze Strecken abzurichten. Tauben rechnen – wie Menschen – zunächst einmal nicht damit, daß ihr Haus plötzlich woanders steht. Wenn das zum erstenmal geschieht, sind sie völlig durcheinander, wie es wohl auch Menschen ergehen würde, wenn sie nach Hause kämen und dort nur noch eine Baulücke vorfänden. Selbst wenn sie ihr Haus ein Stück die Straße hinunter sehen könnten, würden sie wohl nicht einfach hineingehen, als wäre nichts geschehen. Sollte das Haus aber immer wieder mal wandern, würden sie sich schließlich daran gewöhnen. So auch die Tauben.

Die Abrichtung von Tauben auf die Rückkehr zu mobilen Taubenschlägen

Ich habe in Irland und England Tauben auf die Rückkehr zu mobilen Schlägen abgerichtet und konnte sehen, daß sie sich an die Wanderbewegungen ihres Hauses schnell gewöhnen.

1973 hatte ich das erstemal Gelegenheit, mit einem mobilen Schlag zu arbeiten, als Marquis und Marchioness of Dufferin and Ava mir freundlicherweise erlaubten, auf ihrem Gut in Clandeboye,

County Down, in Nordirland zu experimentieren. Ich hatte dabei die Hilfe des Verwalters Donald Hoy und des Herdenaufsehers Bob Garvin, die sich täglich um die Vögel kümmerten.

Wir kauften einen ganz normalen hölzernen Taubenschlag mit zwei Abteilen und montierten ihn auf einen Anhänger, so daß wir ihn mit einem Traktor oder Geländewagen bewegen konnten. Im Sommer brachten wir zwölf ausgewachsene Tauben im Schlag unter und richteten sie auf die Rückkehr zu ihrem Schlag ab. Leider verloren wir die meisten Vögel, sie wurden abgeschossen oder von Sperbern geschlagen. Wir beschafften zehn weitere Tauben, diesmal Jungvögel, und brachten sie im anderen Abteil des Schlags unter.

Wir konnten mit den Experimenten erst im November beginnen, das heißt außerhalb der Brutzeit, wenn die Tauben am wenigsten an ihren Schlag gebunden sind. Inzwischen waren nur noch drei der ursprünglichen zwölf Vögel übrig, und von den neuen hatten wir auch schon fünf verloren. Außerdem war es überhaupt nicht die ideale Zeit zum Experimentieren, aber da ich im neuen Jahr nach Indien abreisen wollte, beschlossen wir, die älteren Vögel zu trainieren und zu sehen, was passieren würde.

Beim ersten Versuch bewegten wir den Schlag nur ungefähr 150 Meter und ließen ihn noch auf derselben Wiese. Die Vögel blieben währenddessen im Schlag, und nach zwei Tagen wurden die drei älteren Tauben freigelassen. Eine halbe Stunde umflatterten sie den alten Standort des Schlags, bevor sie sich ihm an seinem neuen Standort näherten. Es dauerte nochmals eine halbe Stunde, bis sie wenigstens kurz auf dem Dach landeten, um jedoch gleich wieder aufzufliegen. Endlich, eineinhalb Stunden nachdem wir sie freigelassen hatten, verschwanden zwei von ihnen im Schlag und bekamen Futter. Die dritte war noch zu verängstigt und verbrachte die Nacht auf einem Baum in der Nähe, bevor sie sich am Morgen auch in den Schlag wagte.

Am nächsten Tag versetzten wir den Schlag um fünfzig Meter auf derselben Wiese und ließen die alten Vögel frei. Sie umrundeten ein paarmal den vorherigen Standort, landeten aber bald wieder auf dem Schlag und suchten schon nach fünfzehn Minuten drinnen die Futterstelle auf. Am folgenden Tag zogen wir den Schlag dreihundert Meter weiter auf eine andere Wiese und ließen die alten Vögel frei. Diesmal umrundeten sie den alten Standort nur kurz und waren nach zehn Minuten wieder im Schlag. Sie hatten sie eindeutig daran gewöhnt, daß ihr Zuhause wanderte.

Nach dieser kurzen Trainingszeit versuchten wir es mit dem eigentlichen Experiment. Am Morgen setzten wir die alten Vögel in eine gutbelüftete Kiste. Den Schlag mit den fünf jungen Tauben zogen wir gut dreißig Kilometer südwärts auf ein Feld in der Nähe von Downpatrick. Dann ließen wir die Testtauben genau an der Stelle frei, wo zuvor der Schlag gestanden hatte.

Ich beobachtete sie gespannt. Sie kreisten über allen vier bisherigen Standorten des Schlags, landeten dort auch oder blieben kurz auf Baumästen in unmittelbarer Nähe sitzen, und mehrmals verschwanden sie für vielleicht zehn Minuten, um dann jedoch wieder aufzutauchen. Nach mehreren Stunden dieses fruchtlosen Tuns begannen sie sich an mich zu heften; sie landeten neben meinen Füßen und pickten mitleiderregend an den Grashalmen. Die Botschaft war klar: Sie hatten Hunger. Wieder übernachteten sie in einem Baum, und auch am nächsten Tag hielten sie sich noch auf dem Gelände auf, wo zuvor der Schlag gestanden hate. Den ganzen Tag folgten sie mir, und in der Nacht schliefen sie wieder in einem Baum. Am nächsten Morgen gab ich schließlich nach. Wir holten den Schlag zurück, und als wir ankamen, saßen die Tauben genau da, wo wir ihn aufstellen wollten. Schon wenige Minuten später waren sie drinnen und fielen heißhungrig über das Futter her.

In diesem vorläufigen Experiment war also nichts von einem geheimnisvollen Navigationsvermögen zu erkennen. Aber ich war nicht allzusehr entmutigt. Zu dieser Jahreszeit ist der Heimkehrtrieb nicht sehr stark; wir hatten nur wenig Zeit für die Abrichtung gehabt, und die fünf jungen Tauben im Schlag waren nicht mit den Testvögeln verwandt und hatten von ihnen abgesondert gelebt.

Ich nahm mir vor, das Experiment in der Brutsaison zu wiederholen, zu einer Zeit also, in der die Heimkehrmotivation stark ist. Doch ach, es sollte anders kommen. Als ich eineinhalb Jahre später für einige Zeit aus Indien zurückkehrte, hatten die Sperber unsere neu angeschafften Tauben bis auf zwei geschlagen, und wir mußten unser Vorhaben aufgeben.

Eine neue Gelegenheit, mit einem mobilen Taubenschlag zu arbeiten, ergab sich 1986 dank des Entgegenkommens von David Hart, dessen Gut Coldham Hall sich in Suffolk, England, befindet. Um den Schlag, den wir hier aufstellten, kümmerte sich Robbie Robson aus Bury St. Edmunds, Vorsitzender der örtlichen Pigeon Racing Association und ein Züchter mit langjähriger Erfahrung. Ich bin ihm sehr dankbar für seine großzügige Hilfsbereitschaft.

Wie in Clandeboye kauften wir einen Bausatz für einen gewöhnlichen Schlag mit zwei Abteilen, zimmerten ihn zusammen und montierten ihn auf einen landwirtschaftlichen Anhänger. Wir malten breite gelbe Streifen aufs Dach, damit man ihn aus der Luft gut erkennen konnte. Die Gesamtkosten beliefen sich auf weniger als 400 Pfund Sterling. Wir konnten den Schlag mit Jungvögeln belegen, die uns freundlicherweise von örtlichen Züchtern kostenlos überlassen wurden.

Zunächst stellten wir den Schlag auf dem Stallauslauf hinter Coldham Hall auf. Die Vögel gewöhnten sich an ihre Umgebung, besaßen Erfahrung mit dem Heimfinden aus Entfernungen von bis zu fünfzig Kilometern und hatten angefangen, im Schlag zu brüten. Als wir den Schlag im Juli 1987 das erstemal verlegten, nahmen wir die acht ausgewachsenen Tauben heraus und hielten sie in Taubenkörben, während wir den Schlag ans andere Ende des Stallauslaufs verlegten. Sechs halbflügge Junge und ein paar Küken blieben im Schlag. Bei diesem und allen weiteren Versuchen ließen wir die ausgewachsenen Vögel genau an der Stelle frei, wo der Schlag zuvor gestanden hatte.

Wie in Irland zeigten sich die Vögel anfangs stark verunsichert, als ihr vorher stationäres Heim plötzlich woanders stand, obgleich wir den Schlag nur knapp hundert Meter bewegt hatten und er klar zu sehen war. Sie umflogen die Stelle, wo er gestanden hatte, und landeten dort mehrmals auf dem Boden. Aber nach einer Viertelstunde flog einer der Vögel, ein noch ungepaarter roter Hahn, über den Schlag an seinem neuen Standort. Nach einer weiteren Viertelstunde wiederholte er das, und die anderen folgten ihm. Während der nächsten halben Stunde flogen sie alle mehrmals über den Schlag, wie um den besten Anflugweg zu finden, und dann ging der rote Hahn kurz auf dem Dach nieder. Zehn Minuten später (achtzig Minuten nach dem Freilassen) verschwand er im Innern und erhielt

Wie finden Tauben nach Hause?

Futter. Nach gut zehn Minuten flog er wieder auf und schloß sich den anderen an, um mit ihnen den Schlag zu überfliegen und manchmal zu landen. Es dauerte jedoch noch weitere viereinhalb Stunden, bis fünf weitere Tauben sich zur Futterstelle im Innern des Schlags wagten, sechs Stunden nach ihrer Freilassung. Die letzten beiden folgten erst am nächsten Morgen, nachdem sie die Nacht in einer Eiche in der Nähe verbracht hatten.

Am nächsten Nachmittag nahmen wir alle bis auf einen der ausgewachsenen Vögel aus dem Schlag und verschoben ihn wieder ungefähr hundert Meter. Schon zwei Minuten nach dem Freilassen fingen die Vögel an, über den Schlag zu fliegen, und nach eineinviertel Stunden war auch der letzte zur Fütterung in ihm verschwunden.

Wir verlegten den Schlag in diesem Sommer noch mehrmals und nahmen dann im Frühjahr 1988 unsere Arbeit wieder auf. Immer wenn der Schlag wochen- oder gar monatelang an ein und derselben Stelle gestanden hatte und dann verlegt wurde, vor allem wenn es eine ganz neue Stelle war, fanden die Vögel ihn zwar schnell, brauchten aber lange, um zu landen oder gar ins Innere zu gehen; lieber hielten sie sich dann erst einmal in den Bäumen auf. Waren sie aber an häufigere Bewegungen des Schlags gewöhnt, nahm ihre Furcht ab. Im Sommer 1988 waren wir so weit, daß wir die Tauben in ihre Körbe setzen und den Schlag zwei oder drei Kilometer weiter an einen neuen Standort ziehen konnten. Wenn wir zurückkamen, um die Tauben aus den Körben zu lassen, und dann wieder zum neuen Standort fuhren, saßen sie schon auf dem Dach und warteten auf die Fütterung.

Alles ging gut, bis wir den Schlag einmal in etwa fünfzehnhundert Metern Entfernung neben einer Scheune aufstellten. Die Tauben fanden ihn zwar, wagten sich aber nicht hinein – eine ganze Woche lang, bis wir den Schlag von der Scheune weg auf ein Feld zogen. Im nachhinein ist mir klar, daß die Vögel nicht vor der Scheune Angst hatten, vielmehr vor den fremden Leuten, die dort arbeiteten, und vor den Maschinen. Als unser Trainingsprogramm dann wieder wie zuvor weiterlief, zogen wir den Schlag abermals drei Kilometer weiter und stellten ihn neben der Scheune eines Nachbarbauern auf. Das erwies sich als katastrophaler Fehler. Hier ging es nämlich noch geschäftiger zu, und noch mehr Maschinen waren in Gebrauch, so daß die Vögel, obwohl sie ihren Schlag bald fanden, nicht einmal mehr landen mochten. Sie machten die umliegenden Felder, wo es genügend Futter gab, zu ihrem neuen Zuhause und verwilderten.

Wir stellten den Schlag auf einem dieser Felder auf, aber es dauerte drei Wochen, bis wir die Tauben wieder hineinlocken konnten. Diese Verzögerung und die anschließende Phase, in der wir sie wieder im Schlag heimisch machen mußten, führten dazu, daß wir in diesem Jahr keine weiteren Experimente mehr durchführen konnten. 1989, so dachten wir, würden solche Fehler nicht mehr vorkommen, so daß wir dann ein schnelles Trainingsprogramm durchführen konnten, um endlich zu unserem großen Experiment zu kommen: Verlegung des Schlags um mindestens dreißig Kilometer.

Doch es sollte wieder anders kommen. Im Winter erkrankte Robbie Robson an Taubenzüchterlunge. Das machte ihm sehr zu schaffen und bedeutete überdies, daß er nicht mehr mit Tauben arbeiten durfte, da die Krankheit durch ihren Federstaub verschlimmert wird. Und sobald Robbie sich nicht mehr täglich um die Vögel kümmerte, verwilderten sie.

Wie man beim Experimentieren vorgeht

Soweit also ist die Forschung mit mobilen Taubenschlägen gediehen. Hier bleibt ein weites Betätigungsfeld.

Jedem, der solche Experimente durchführen möchte, würde ich, sofern er nicht selbst ein erfahrener Taubenhalter ist, empfehlen, sich um Rat und Hilfe an einen Taubenzüchter zu wenden. Der Arbeit mit Tauben kann nur Erfolg beschieden sein, wenn man weiß, wie man mit den Tieren umgeht, sie abrichtet und versorgt und gute Beziehungen zu ihnen knüpft.

Im Abschnitt «Praktische Details» am Ende des Buches nenne ich Adressen von Taubenzüchterzeitschriften und Organisationen, wo man Informationen über örtliche Züchtervereinigungen, Bausätze für Taubenschläge, Taubenfutter und andere praktische Voraussetzungen erhalten kann. Jungvögel kann man bei örtlichen Züchtern kaufen, und manchmal bekommt man sie dort auch geschenkt. Nach meiner Erfahrung sind sich die meisten Züchter der Rätselhaftigkeit des Heimfindeinstinkts wohl bewußt, besitzen ein wohlwollendes Interesse an praktischen Forschungen auf diesem Gebiet und sind gern bereit, anderen bei der Einrichtung neuer Schläge zu helfen.

Sobald der Schlag fertig ist und die Vögel heimisch geworden sind, so daß sie immer wieder zurückkehren, muß man sie an die Verlegung des Schlags gewöhnen und dabei mit kurzen Entfernungen anfangen. Haben sie sich an diese Bewegungen erst einmal gewöhnt, kann man die Entfernungen allmählich immer größer machen. Je größer die Strecken werden, desto interessanter sind die Resultate.

Natürlich ist es dringend notwendig, sich über alle Einzelheiten der Aufbau- und Schulungsphase genaue Notizen zu machen; bei den Experimenten sind Witterungsbedingungen, Windrichtung, die genaue Abflugzeit der Vögel und die Zeit ihres Auftauchens beim mobilen Schlag festzuhalten.

Sollten die Tauben ihren Schlag sogar nach einer beträchtlichen Verlegung um sagen wir achtzig Kilometer wiederfinden, kommt es vor allem auf genaue Zeitnahme an. Wenn sie ihn erst nach Wochen finden, könnten sie auch zufällig beim Suchen auf ihn gestoßen sein, und dieses Ergebnis würde nicht unbedingt für eine direkte Verbindung zwischen den Vögeln und ihrem Zuhause sprechen. Falls sie den Schlag aber nach ein oder zwei Stunden finden, müssen sie ihn schon mehr oder weniger direkt angeflogen haben. Wenn sich das an wechselnden Standorten – vor allem bei einer Flugrichtung mit dem Wind – wiederholt, wäre damit die Existenz einer direkten Verbindung zwischen den Tauben und ihrem Schlag bewiesen.

Viele weitere Fragen ließen sich hier noch stellen. Zum Beispiel: Besteht diese Verbindung mehr zu den anderen Tauben oder zum Schlag selbst? Um das zu überprüfen, könnte man die anderen Tauben aus dem Schlag nehmen und an einen ganz anderen Ort bringen als den Schlag. Machen die Experimentaltauben sich jetzt zu den Angehörigen ihres Schwarms oder zum leeren Schlag auf?

Haustiere, die ihre Besitzer finden

Sollten Tauben tatsächlich ihr Zuhause und ihre Artgenossen widerfinden können, nachdem der Schlag in großer Entfernung einen neuen Standort bekommt, dann werden wir viele sehr seltsame Geschichten über Haustiere in einem neuen Licht sehen. Geschichten von Haustieren, die heimfinden, gibt es viele, wie wir schon gesehen haben; aber es gibt auch viele Geschichten von Haustieren, die daheim zurückgelassen wurden und ihre aus irgendeinem Grund verschwundenen Besitzer wiederfanden. Seit Jahrhunderten wird dergleichen immer wieder erzählt. Im sechzehnten Jahrhundert beispielsweise soll ein Windhund namens Cesar seinem Herrn aus der Schweiz nach Paris gefolgt sein. Er machte sich drei Tage nach der Abreise seines Herrn auf den Weg und spürte ihn irgendwie am Hof von König Henri III auf. Ein besonders eindrucksvoller Fall von Hundetreue wird aus dem Ersten Weltkrieg berichtet, wo ein britischer Hund namens Prince sogar den Kanal überwand und an der Seite seines an der französischen Front kämpfenden Herrn auftauchte.[75]

Heutzutage erfahren wir meist durch die Presse von solchen Dingen. Beim Umzug einer Familie von Kalifornien nach Oklahoma beispielsweise sprang die Perserkatze Sugar bei der Abfahrt aus dem Wagen und hielt sich ein paar Tage bei Nachbarn auf, bevor sie dann verschwand. Ein Jahr später tauchte sie bei ihrer Familie in Oklahoma auf, hatte also weit über fünfzehnhundert Kilometer durch unbekanntes Gebiet zurückgelegt.[76] Tony, der Mischlingshund der Familie Doolen aus Aurora, Illinois, blieb zurück, als die Familie nach East Lansing in Michigan umzog, das über dreihundert Kilometer nordöstlich von Aurora an der Südspitze des Lake Michigan liegt:

> Als die Doolens Aurora verließen, verschenkten sie Tony, doch sechs Wochen später tauchte er in Lansing auf und begrüßte Mr. Doolen freudig auf der Straße. Auch Mr. Doolen erkannte ihn, wollte aber sichergehen und probierte das Halsband an, das er in Aurora gekauft und für Tonys Halsumfang gekürzt und mit einem zusätzlichen Loch versehen hatte. Alle vier Mitglieder der

Familie Doolen und die Familie in Aurora, von der sie Tony als Welpen bekommen hatten, erkannten den Hund, und auch Tonys Verhalten bestätigte seine Identität.[77]

Es gibt sogar den Fall einer Haustaube, die ihren Besitzer wiederfand, den zwölfjährigen Sohn des County-Sheriffs von Summersville in West-Virginia. Diese Taube, eine Wettkampftaube mit der Nummer 167, hatte auf einem Flug im Garten der Familie gerastet; der Junge fütterte und versorgte sie, und so wurde sie sein Haustier.

Einige Zeit später mußte der Junge für eine Operation ins 170 Kilometer (Luftlinie 112 Kilometer) entfernte Myers Memorial Hospital in Phillipi, und die Taube blieb in Summersville zurück. Etwa eine Woche später, nachts und bei Schneetreiben, hörte der Junge ein Flattern am Fenster seines Krankenzimmers. Er rief die Schwester und bat sie, das Fenster hochzuschieben, und sie tat ihm den Gefallen. Die Taube kam herein. Der Junge erkannte seine Taube und bat die Schwester, nach der Nummer am Bein zu sehen. Es war die Nummer 167.[78]

Solche Geschichten findet natürlich jeder interessant, und sie werden von Zeitungen und Zeitschriften gern aufgegriffen. Skeptiker schieben dergleichen als Histörchen beiseite, wie sie es ja schon mit den Berichten von heimfindenden Tieren gemacht haben. Daß viele Tierarten diesen Heimfindeinstinkt besitzen, ist experimental bestätigt worden, wenn wir auch noch keine Erklärung dafür haben. Sollte sich nun experimentell nachweisen lassen, daß Tauben mobile Schläge aufzufinden vermögen, dann wird man Berichte von Haustieren, die ihre Besitzer wiederfinden, auch etwas ernsthafter betrachten müssen.

Die biologische Grundlage dieses Vermögens, wenn es denn nachzuweisen ist, könnte in dem Instinkt zu suchen sein, mit dem gesellig lebende Tiere in freier Wildbahn die Angehörigen ihrer Gruppe wiederfinden, nachdem sie freiwillig oder unfreiwillig von ihnen getrennt waren. Hierher scheinen einige der Beobachtungen des Naturkundlers William Long zu gehören:

Die außergewöhnlichen Kräfte gewöhnlicher Tiere

Im Winter, wenn die Wölfe für gewöhnlich in kleinen Rudeln leben, wissen Einzelgänger oder Versprengte anscheinend immer, wo ihre Gefährten gerade jagen oder umherstreifen oder in ihrem Tageslager ausruhen. Das Rudel besteht aus den jüngeren oder älteren Blutsverwandten des Einzelgängers, die alle von derselben Wölfin stammen; und aufgrund irgendeines Bandes, einer Anziehungskraft, einer stummen Kommunikation kann er zu jeder Tages- und Nachtzeit auf direktem Wege zu ihnen finden, auch wenn er sie wochenlang nicht gesehen hat und sie in dieser Zeit vielleicht Hunderte von Kilometern durch die Wildnis zurückgelegt haben.[79]

Nach Jahren der Beobachtung und Spurensuche kam Long zu dem Schluß, daß vordergründige Erklärungen – etwa daß Wölfe immer den gleichen Jagdwegen folgen oder der einzelne Wolf sich an Witterungsfährten hält beziehungsweise sich am Heulen der anderen oder an sonstigen Geräuschen orientiert – für diese Fähigkeit ausscheiden. So fand er einmal einen verletzten Wolf, der sich vom Rudel abgesondert und eine geschützte Stelle aufgesucht hatte, wo er tagelang in Ruhe blieb, damit die Verletzung heilte, während die übrigen weit umherstreiften. Long nahm die Fährte des jagenden Rudels auf und befand sich ganz in der Nähe, als die Wölfe einen Hirsch rissen:

Sie jagten, töteten und fraßen stumm, wie es für Wölfe typisch ist, denn ihr Heulen gehört nicht zum Jagdverhalten. Der verletzte Wolf befand sich zu dieser Zeit in großer Entfernung und war durch dichtbewaldete Hügel und Täler von seinem Rudel getrennt... Als ich zum Hirsch zurückging, um zu sehen, wie sie ihre Beute überrascht und gerissen hatten, bemerkte ich die frische Fährte eines einzelnen Wolfs, die im rechten Winkel auf die Fährte des Rudels traf. Wieder war es der Hinker... Ich verfolgte seine Fährte zurück bis zu seinem Unterschlupf, von wo aus er in schnurgerader Linie gekommen war, als hätte er genau gewußt, wohin er sich wenden müsse. Seine Fährte kam von Osten, und eine leichte Luftbewegung gab es allenfalls von Süden her; unmöglich konnte er also von seiner Nase zum Aas geführt worden sein, selbst wenn er in Riechweite gewesen wäre, was er sicherlich nicht war. Die Abdrücke im Schnee waren so deutlich, wie eine Fährte nur sein kann, und es ließ sich aus ihnen nur schließen, daß es bei Wölfen entweder einen stummen Nahrungsruf gibt oder daß der Einzelgänger mit seinen Rudelgenossen in so inniger Verbindung steht, daß er nicht nur weiß, wo sie sind, sondern im großen und ganzen auch, was sie tun.[80]

Solche Verbindungen könnten ein ganz normaler Zug von Tiergesellschaften sein; und daß wir bisher kaum auch nur ahnen, wie sie funktionieren, muß nicht gegen ihr Vorhandensein sprechen. Im nächsten Kapitel möchte ich ein ganz anderes Beispiel betrachten, nämlich Termitenkolonien, in denen die einzelnen Insekten auch zu wissen scheinen, wo die anderen sind und was sie tun. Wie bei den Wölfen und bei den Haustieren, die wissen, wann ihre Besitzer heimkommen, oder die ihre Besitzer wiederfinden, und beim Heimfindevermögen der Tauben oder beim Heimfindeverhalten überhaupt und beim Wanderverhalten können die angemessenen Erklärungen außerhalb der Reichweite der gegenwärtigen Naturwissenschaft liegen.

3. Die Organisation des Termitenlebens

Das Termitenorakel

Die staatenbildenden Insekten – Ameisen, Wespen, Bienen und Termiten – sind dem Menschen von jeher ein Anlaß zu fasziniertem Staunen. Sie erscheinen in zahlreichen Mythen, Legenden und Fabeln. In Europa waren die Bienen besonders interessant, Symbol des Todes, der Divination und der Erneuerung. In manchen der ältesten Göttinnenbilder Europas spielen Bienen eine Rolle:

> Die Bienenkönigin, der alle anderen während ihrer kurzen Lebensspannen dienen, war in der Jungsteinzeit die Manifestation der Göttin selbst... Viertausend Jahre später, im minoischen Kreta, sind die Göttin und ihre Priesterinnen auf einem goldenen Spiegel, einer Grabbeigabe, als Bienen gekleidet und tanzend dargestellt. Der Bienenstock war ihr Schoß – vielleicht auch ein Bild der Unterwelt –, und er tritt später in den Bienenstockgräbern von Mykene wieder auf... Das Summen der Biene wurde als die «Stimme» der Göttin, als der «Laut» der Schöpfung gehört... In den homerischen «Hymnen an Hermes» aus dem Griechenland des achten vorchristlichen Jahrhunderts spricht der Gott Apollon von drei Seherinnen als von drei Bienen oder Bienenmädchen, die wie er die Zukunftsschau praktizieren.[1]

In Europa regten Wespen und Hornissen die mythische Phantasie weniger an, und sie hatten einen schlechten Ruf; vor allem waren sie für ihre Stiche und ihren «wepsigen» Charakter bekannt.

Ameisen wiederum wurden für sehr interessant befunden. In der griechischen Mythologie waren sie der Göttin Demeter zugeordnet. In keltischen Gegenden sah man sie als Elfen im letzten Stadium ihres Daseins an. Ameisenhaufen wurden für die Divination und zur Wettervorhersage benutzt. Und in vielen traditionellen Erzählungen, etwa den Fabeln des Äsop, begegnen uns die Ameisen als sehr fleißige, kluge, ordnungsliebende, höfliche, demütige und bescheidene Wesen von sagenhaftem Kommunikationsvermögen.

In Europa ist es fast überall zu kalt für Termiten, und die einzigen, die bedauern, daß diese interessanten Wesen so weit entfernt leben, sind, wie der Biologe Karl von Frisch angemerkt hat, die europäischen Biologen.[2] In tropischen Gegenden können sie große Schäden anrichten; ganze Häuser oder andere Holzbauwerke stürzen urplötzlich in sich zusammen, nachdem die Termiten sie buchstäblich von innen zerfressen haben. Doch die Termiten werden nicht einfach als Schädlinge angesehen, sondern man begegnet ihnen mit Achtung und Ehrfurcht. Bei den Dogon des Sudan spielt der erste Termitenhügel eine Rolle in der Schöpfungsgeschichte. Zuerst macht der Gott Amma den Körper der Erde aus einem Lehmklumpen:

> Dieser Körper, von Norden nach Süden hingestreckt daliegend, das Gesicht nach oben, ist weiblich. Ihr Geschlechtsteil ist ein Ameisenhaufen, ihre Klitoris ein Termitenhügel. Amma, da er allein war, verlangte es nach geschlechtlicher Vereinigung mit diesem Wesen, und so näherte er sich. Das war der erste Bruch der kosmischen Ordnung ... Als der Gott sich nahte, erhob sich der Termitenhügel und versperrte ihm den Weg, indem er seine Männlichkeit zur Schau stellte. Er war so stark wie das Geschlechtsteil des Fremden, und so war der Geschlechtsakt nicht möglich. Doch Gott ist allmächtig. Er schlug den Termitenhügel ab und vereinigte sich mit der beschnittenen Erde. Und dieses anfängliche Geschehen sollte den Lauf der Dinge für immer bestimmen; aus dieser unzulänglichen Vereinigung ging statt der beabsichtigten Zwillinge nur ein Wesen hervor, ein Schakal, Inbegriff der Schwierigkeiten Gottes.[3]

In vielen Gegenden Afrikas und Australiens glaubt man seit jeher, daß Termiten ein erstaunliches Kommunikationsvermögen besitzen, vor allem die Gabe, um Dinge außerhalb ihrer unmittelbaren

Umgebung zu wissen. Sie werden deshalb als Orakel benutzt. Bei den Zande Westafrikas beispielsweise

gilt dieses Orakel als sehr zuverlässig. Die Zande sagen, daß die Termiten sich nicht alles anhören, was ringsum in den Behausungen geredet wird; sie hören nur die Fragen, die man ihnen stellt. Bei den am häufigsten befragten Termiten stehen die *Akedo* und *Anbatimongo* genannten in höchstem Ansehen, während es von den *Abio* heißt, sie lögen häufig.[4]

Das in diesem Kapitel vorgeschlagene Experiment nutzt die Termiten auch als Orakel, befragt sie jedoch über sich selbst. Niemand weiß, wie sie ihre Gesellschaften koordinieren. Ihr hoher Organisationsgrad zeigt aber, daß es bei ihnen ausgefeilte Kommunikationssysteme geben muß. Die Frage lautet, ob man das einfach als Nachrichtenübermittlung durch die bekannten Sinneskanäle erklären kann oder ob diese Staaten vielleicht durch eine der Wissenschaft noch nicht bekannte Art von Feldern organisiert werden.

Bevor wir überlegen, wie diese Frage sich experimentell stellen läßt, muß ich zunächst die biologischen Grundlagen darstellen und die bisher vorgebrachten Theorien der Organisation von Insektenstaaten erörtern.

Der biologische Hintergrund

Die Termiten werden häufig als weiße Ameisen bezeichnet, doch eigentlich sind sie gesellig lebende Schaben, die es seit über 200 Millionen Jahren gibt, also länger als die anderen staatenbildenden Insekten, die Bienen, Wespen und Ameisen.[5] Sie ernähren sich überwiegend von Zellulose, die sie mit Hilfe symbiotischer Mikroorganismen und Pilze verdauen. Die «primitiveren» Arten ernähren sich direkt von dem Holz, in dem sie wohnen. Die «höher entwickelten» Arten nisten im Boden und schwärmen aus, um Totholz, Gras, Samen und andere Zelluloseträger zu finden. Die meisten Arten sind weiß und besitzen eine weiche Haut; sie meiden das Licht und leben in vermoderndem Holz, in Nestern und Tunneln. Mit Ausnahme der geflügelten geschlechtlichen Formen sind sie blind.

Wie bei den Ameisen finden wir in Termitenstaaten wohlunterschiedene Kasten, zum Beispiel Soldaten, die auf die Verteidigung der Kolonie spezialisiert sind, und vielseitige Arbeiter. Anders jedoch als bei den Ameisen, Bienen und Wespen, wo die weiblichen Tiere dominieren, bilden Termiten partnerschaftliche Gesellschaften, in denen es männliche und weibliche Soldaten und Arbeiter gibt. Der Königin steht ein König zur Seite, und die beiden leben ganz im Herzen der Kolonie mitunter für Jahre zusammen.

Ein- oder zweimal im Jahr erscheinen junge geschlechtliche Formen und schwärmen wie die geflügelten Ameisen in großer Zahl, für Mensch und Tier eine Delikatesse. Man verzehrt sie für gewöhnlich roh, ohne die Flügel, aber geröstet sollen sie besonders köstlich sein.

Nach dem Hochzeitsflug werfen die Überlebenden ihre Flügel ab und bilden Paare, von denen allerdings nur wenige ihr Ziel erreichen: irgendwo eine verborgene Kammer zu bauen, die dann zum Kern einer neuen Kolonie werden kann. Erst dann gelangen sie zur geschlechtlichen Reife und treten in ihre lebenslange Ehe ein. Anfangs besorgen sie das Brutgeschäft selbst; später werden sie dann von der Brut versorgt und können sich ganz der Vermehrung widmen.

Die Larven der Ameisen, Bienen und Wespen schlüpfen als hilflose Maden, und eine aktive Rolle können sie erst spielen, wenn sie sich verpuppt und die Metamorphose überstanden haben. Bei den Termiten sieht die Entwicklung anders aus. Wie Schaben und Grashüpfer treten sie nicht in ein Puppenstadium ein, sondern häuten sich beim Heranwachsen wiederholt, bis sie der ausgewachsenen Form immer ähnlicher werden. Sie arbeiten schon, während sie noch Larven sind.

Die Nester der «primitiveren» Arten sind gut versteckt und bestehen aus einem scheinbar regellosen Gewirr von Gängen und Kammern im Holz oder im Boden. Die Königin kann relativ klein sein und sich sogar umherbewegen. Bei den «höher entwickelten» Arten sind die Nester viel komplexer und können von gewaltiger Größe sein, bis zu sechs Meter hoch (Abb. 3). Die Königin ist hier an die Königinnenzelle gefesselt, schwillt stark an und legt ungeheure

Mengen von Eiern. Bei der afrikanischen Art *Macrotermes bellicosus* beispielsweise kann die Königin dreizehn Zentimeter lang sein und 30 000 Eier am Tag legen und dabei viele Jahre leben. In solch einem Bau leben mitunter etliche Millionen Tiere; manche stehen jahrhundertelang, und hier werden die Könige und Königinnen ersetzt, wenn sie sterben.[6]

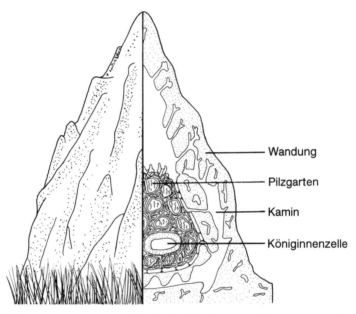

Abbildung 3   Das Nest der afrikanischen Termitenart *Bellicosotermes natalensis*. Der Bau ist über 2,40 Meter hoch. Der Mittelteil mit der Königinnenzelle und den Pilzkammern ist mit einem aufwendigen System von Röhren und Gängen umgeben, die der Belüftung und Kühlung dienen.
(Nach Dröscher; Noirot.)

Die Kammern von Termitenbauten können sich bis tief in den Boden erstrecken, verbunden durch ein Geflecht unterirdischer Gänge und oberirdischer Röhren, durch welche die Arbeiter in die Umgebung ausschwärmen, um Nahrung zu sammeln. Manche Wüstentermiten bringen Bohrungen von dreißig Metern Tiefe nieder, um Wasser zu erreichen. Die harte äußere Kruste des Hügels enthält bei vielen Arten Lufträume und Lüftungsschächte. Das eigentliche

Nest, von einem Luftraum umgeben, enthält die Königinnenzelle und etliche andere Zellen und Gänge sowie die Pilzgärten, wo die Arbeiter auf fein zerkautem Holz Pilze anbauen.

All das wird von den Arbeitern aus Erdkugeln erbaut, die sie zuerst mit ihren Ausscheidungen oder ihrem Speichel durchfeuchten und dann aushärten lassen. Doch woher wissen die Arbeiter, wohin sie diese Kugeln setzen müssen?

Es ist vollkommen undenkbar, daß ein einzelnes Mitglied des Staates mehr als einen winzigen Teil des Bauwerks überblicken oder gar dessen Gesamtanlage gegenwärtig haben könnte. Die Bauzeit mancher Nester zieht sich über viele Generationen von Arbeitern hin, und jeder neue Bauteil muß ja in genau der richtigen Beziehung zum bereits vorhandenen stehen. Die Existenz solcher Bauten läßt nur den einen Schluß zu, daß unter den Arbeitern eine sehr genau geregelte Kooperation herrscht. Doch wie verständigen sie sich über einen so langen Zeitraum? Und wer hat die Baupläne?[7]

Termiten führen uns auf besonders schlagende Weise ein Problem vor Augen, das uns bei allen Tiergesellschaften begegnet: Wie werden die Aktivitäten aller einzelnen Tiere so koordiniert, daß der Staat als Ganzes funktionieren kann? Das Ganze scheint mehr zu sein als die Summe seiner Teile; aber worin besteht eigentlich diese Ganzheit?

Die Natur der Insektenstaaten: Programme und Felder

In der Biologie gab es eine alte Tradition, Insektengesellschaften unter organismischen Gesichtspunkten zu betrachten. Der ganze Staat wurde als ein einziger Organismus oder besser Superorganismus angesehen. Edward O. Wilson, der sich lange mit Insektenstaaten befaßt hatte, bevor er der führende Vertreter der Soziobiologie wurde, beschreibt den Niedergang des Superorganismusbegriffs so:

In den Jahren von 1911 bis etwa 1950 bildete dieser Begriff eines der Hauptthemen in der Literatur über staatenbildende Insekten. Und hier, scheinbar auf dem Höhepunkt seiner Entwicklung und Reife, begann er zu verblassen; heute wird er kaum noch explizit erörtert. Doch dieser Niedergang ist nur *ein* Beispiel dafür, wie inspirierte ganzheitliche Ideen in der Biologie häufig sehr bald durch reduktionistische experimentelle Ansätze verdrängt werden. Für die heutige Generation, die sich der reduktionistischen Philosophie so ganz und gar verschrieben hat, war der Superorganismusbegriff eine verlockende *Fata morgana*. Sie zog uns an, auf einen Punkt am Horizont zu. Doch als wir uns heranarbeiteten, löste die Luftspiegelung sich auf – für einen Augenblick zumindest – und ließ uns in unbekanntem Gelände zurück, dessen Erkundung dann unsere ungeteilte Aufmerksamkeit verlangte ... Die Experimentalforscher sind vereint in dem Glauben (der für den reduktionistischen Geist in der Biologie überhaupt charakteristisch ist), daß all die Einzelanalysen irgendwann eine Rekonstruktion des Gesamtsystems *in vitro* erlauben werden.[8]

Aber, wie er selbst sagt, «die vollständige Simulation des Aufbaus komplexer Nester aus der Kenntnis aller Verhaltensweisen sämtlicher Einzelinsekten ist bisher noch nicht gelungen und bleibt als Herausforderung an die Biologen und Mathematiker bestehen».[9]

Das anhaltende Versagen des reduktionistischen Ansatzes hat neuerdings zu einer Wiederbelebung des Superorganismusbegriffs geführt.[10] Die Analyse des Verhaltens einzelner Insekten reicht nicht aus; man muß auch die ganzheitlichen Eigenschaften einer Kolonie berücksichtigen. Aber wie soll man sie erforschen?

Den beliebtesten Ansatz stellen zur Zeit Computermodelle solcher holistischer Eigenschaften dar, und man macht hier Anleihen bei Wissenschaftlern, die Computermodelle des Gehirns zu entwickeln versuchen. Man nimmt dann an, daß die holistischen Eigenschaften einer Kolonie aus den Interaktionen der einzelnen Insekten «emergieren» oder hervorgehen, wie die holistischen Eigenschaften des Gehirns, so jedenfalls die Vermutung, aus den Interaktionen der einzelnen Nervenzellen emergieren.[11] Demzufolge beruhen die heutigen Computermodelle von Insektengesellschaften auf Computer-

modellen des Gehirns, deren Funktionsweise durch Begriffe wie
«neuronale Netzwerke», «parallelverteilte Verarbeitung» und «zelluläre Automaten» charakterisiert ist.[12] Diese Computer-«Insekten»
erhalten ein paar einfache Reaktionen als Programm, und dann läßt
man sie nach übergeordneten Programmen so mit ihresgleichen interagieren, daß soziales Verhalten «emergiert».

Wie in neuronalen Systemen wird man Verhaltensprozesse zu
einem gewissen Anteil nach der Art der Verbundenheit zwischen
den mikroskopischen Teilen (Ameisen oder Neuronen) definieren. Man wird beobachten können, daß kollektiv emergierendes
Verhalten das Ergebnis lokaler Kopplungen ist ... In Ameisengesellschaften sind solche neuen Züge zum Beispiel der Nestbau, die
Anlage von Straßen und das Futtersuchverhalten.[13]

Diese Computermodelle sind soweit ganz interessant, aber sie lassen
die meisten Grundfragen unbeantwortet. Was entspricht in der äußeren Wirklichkeit den übergeordneten Programmen, mit denen der
Computer das Verhalten der einzelnen «Insekten» verfolgt und koordiniert? Programme haben eine Zielrichtung und sind geistiger
Natur; kein Wunder, schließlich hat der menschliche Geist sie ja zu
einem bestimmten Zweck hervorgebracht. Die Programme der
Computermodelle von Insektenkolonien spielen also die gleiche
Rolle wie die «Seele der Kolonie» oder der «Gruppengeist», wie er
vor langer Zeit von den Vitalisten vertreten, dann aber von den Mechanisten als «mystisch» verworfen wurden. Computermodelle beweisen nicht, daß geistartige Vermögen einer höheren Ordnung aus
den mechanischen Interaktionen von Nervenzellen oder Ameisen
«emergieren»; sie gehen vielmehr davon aus.

Computermodelle sagen uns auch wenig über die physische Basis
der Kommunikation in einer Insektenkolonie. Sie nehmen an, daß
die Interaktionen zwischen den Insekten sich ausschließlich auf die
bekannten Sinnesvermögen stützen, und das könnte ein Irrtum sein.

Die besten Aussichten sehe ich für den Ansatz, die übergreifende
Organisation von Termitenstaaten unter dem Gesichtspunkt von
Feldern zu betrachten. Das Tun der einzelnen Insekten wird von sozialen Feldern koordiniert, welche die Baupläne für die Anlage der

Kolonie enthalten. Wie die räumliche Verteilung von Eisenfeilspänen um einen Magneten durch das Magnetfeld bestimmt ist, so könnte die Organisation im Termitenstaat auf einem Koloniefeld beruhen. Modelle zu entwickeln, ohne an solche Felder zu denken, das ist, als wollte man das Verhalten von Eisenfeilspänen um einen Magneten so erklären, als «emergierte» das Muster irgendwie aus den Programmen der einzelnen Späne.

Der Begriff «Feld» wurde – im Zusammenhang mit Elektrizität und Magnetismus – in den vierziger Jahren des vorigen Jahrhunderts von Michael Faraday eingeführt. Sein Schlüsselgedanke war der, daß man den Raum um eine Energiequelle und nicht so sehr diese Energiequelle selbst betrachten müsse. Im neunzehnten Jahrhundert blieb der Feldbegriff noch auf elektromagnetische Phänomene wie zum Beispiel das Licht beschränkt. In den zwanziger Jahren unseres Jahrhunderts wurde er von Albert Einstein im Rahmen seiner allgemeinen Relativitätstheorie auf die Gravitation ausgedehnt. Nach Einstein ist das gesamte Universum in ein universales Gravitationsfeld eingeschlossen, das in der Umgebung von Materie gekrümmt ist. Seit der Entwicklung der Quantentheorie nimmt man darüber hinaus an, daß allen atomaren und subatomaren Strukturen Felder zugrunde liegen. Jedes Teilchen gilt als ein Quantum Schwingungsenergie in einem Feld: Elektronen sind Schwingungen im Elektronenfeld, Protonen sind Schwingungen im Protonenfeld und so weiter. Quantenmateriefelder, elektromagnetische Felder und Gravitationsfelder sind zwar von unterschiedlicher Art, aber gemeinsam ist ihnen der Feldcharakter, der sie als Kraft- oder Einflußzonen mit typischen räumlichen Mustern kennzeichnet.

Felder sind ihrer Natur nach ganzheitlich. Man kann sie nicht zerschneiden oder auf so etwas wie kleinste Einheiten, «Feld-Atome», zurückführen. Vielmehr glaubt man heute, daß Elementarteilchen aus Feldern hervorgehen. Die Physik ist durch die Ausdehnung des Feldbegriffs bereits grundlegend verändert worden, aber in der Biologie fängt diese Revolution gerade erst an. Der Ursprung liegt in den zwanziger Jahren, als einige Embryologen und Entwicklungsbiologen erstmals *morphogenetische Felder* postulierten, um besser erklären zu können, wie Pflanzen und Tiere sich entwickeln. Man dachte sich diese Felder als unsichtbare Baupläne, nach denen der sich entwickelnde Organismus seine Formen annimmt.[14]

Der Begriff des morphogenetischen Feldes wird heute von vielen Entwicklungsbiologen angewendet, um zu erklären, weshalb etwa Ihre Arme und Beine unterschiedlich geformt sind, obwohl sie die gleichen Gene und Proteine enthalten. Sie sind verschieden, weil Ihre Arme sich unter dem Einfluß eines morphogenetischen Armfeldes entwickeln und Ihre Beine unter dem Einfluß eines Beinfeldes. Die formative Bedeutung solcher Felder entspricht etwa der eines Bauplans für ein Gebäude. Aus den gleichen Baumaterialien können nach unterschiedlichen Plänen ganz verschiedene Häuser entstehen. Der Plan ist nicht materieller Bestandteil des Hauses, sondern gibt nur vor, wie die Materialien zusammengefügt werden. Ebenso liegt das morphogenetische Feld nicht in den materiellen Bestandteilen eines Organismus und auch nicht in der Interaktion zwischen diesen Bestandteilen. Die Form des Hauses «emergiert» nicht aus den Interaktionen seiner materiellen Bestandteile, sondern die Bestandteile bilden in ihrem Zusammenwirken das Haus, weil sie nach einem bestimmten Plan zusammengefügt wurden, der schon vor dem Bau des Hauses existierte.

Die Schwierigkeit liegt nun darin, daß niemand weiß, was morphogenetische Felder sind und wie sie wirken. Die meisten Biologen nehmen an, daß man früher oder später in der Lage sein wird, sie anhand der herkömmlichen Physik und Chemie zu deuten. Ich glaube dagegen, daß es Felder einer neuen Art sind, für die ich den Begriff *morphische Felder* vorgeschlagen habe. Und meine Hypothese der Formbildungsursachen besagt, daß der ganzheitliche, selbstorganisierende Charakter von Systemen, wie einfach oder komplex sie auch sein mögen, auf dem Einfluß solcher Felder beruht. Sie besitzen eine Art eingebautes Gedächtnis. Dieses Gedächtnis beruht auf dem Prozeß der morphischen Resonanz, des Einflusses von gleichem auf gleiches über Raum und Zeit.[15]

Es geht jedoch in dem weiter unten geschilderten Experiment nicht um die Überprüfung meiner ganz eigenen biologischen Feldtheorie, sondern um die Überprüfung des Feldansatzes überhaupt. Werden Termitenstaaten von Feldern einer der Physik noch nicht bekannten Art organisiert? An dieser Stelle können wir die Frage offenlassen, ob es sich dabei um morphische Felder, nichtlokale Quantenfelder oder irgendeine andere Art handelt.

Die Felder von Termitenkolonien

Wenn wir fragen, ob Termitenkolonien von Feldern organisiert werden, soll damit die Bedeutung der normalen Kommunikation über die Sinne nicht geschmälert werden. Man weiß, daß Termiten ebenso wie Ameisen die verschiedensten Kommunikationswege nutzen: durch Geräusche, durch gegenseitiges Berühren,[16] durch das Teilen der Nahrung und durch den Geruchssinn und hier besonders über spezifische chemische Signalstoffe, die Pheromone genannt werden.[17] Bei den Ameisen scheinen die Pheromone das wichtigste Kommunikationsmedium zu sein. «Im großen und ganzen scheint es, daß ein typischer Ameisenstaat mit etwa 10 bis 20 Signalarten operiert, und die meisten sind chemischer Natur.»[18] Am besten erforscht sind die «Alarm»-Signalstoffe, die über die Luftdiffusion in einem Umkreis von meist fünf bis acht Zentimetern wirken,[19] sowie die Pheromone, mit denen die Insekten ihre Straßen markieren, denen die anderen dann folgen.[20]

Bei Bau und Reparatur der Nester jedoch richten die Arbeiter sich nicht nur dem Tun der anderen, sondern auch nach bereits vorhandenen materiellen Strukturen. Beim Bau von Bögen in Termitennestern beispielsweise errichten die Arbeiter zunächst Säulen, die sich nach oben hin immer weiter zueinander hin neigen, bis sie sich in der Mitte treffen (Abb. 4). Wie machen die Tiere das? Die Arbeiter auf der einen Säule können die andere nicht sehen, denn sie sind blind. Sie laufen offenbar auch nicht auf dem Boden zwischen den Säulenfüßen hin und her, um den Abstand zu messen. Und «es ist unwahrscheinlich, daß sie inmitten all der hektischen Betriebsamkeit wohldefinierte Geräusche von der anderen Säule her wahrnehmen können, die sich durch den Boden übertragen».[21] Der Geruchssinn könnte eine gewisse Rolle spielen, wie er ja überhaupt bei Ameisen und anderen sozialen Insekten für die Kommunikation – etwa durch Duftspuren, Alarmsubstanzen oder den Austausch flüssiger Nähr-

Die Organisation des Termitenlebens

Abbildung 4   Der Bau eines Bogens durch Arbeiter der Termitenart *Macrotermes natalensis*. Die Säulen werden aus Kügelchen von Lehm und Exkrementen geformt, die die Tiere in den Mundwerkzeugen tragen. Bei einer bestimmten Höhe setzen die blinden Tiere den Bogen zur Nachbarsäule an.
(Nach von Frisch.)

stoffe – wichtig ist. Doch der Geruchssinn wird kaum ausreichen, um die Gesamtanlage des Nests oder die Einbindung der einzelnen Insekten in das Gesamtgeschehen zu erklären. Sie scheinen zu «wissen», was für bauliche Strukturen erforderlich sind; sie scheinen von einem unsichtbaren Plan gelenkt zu sein. Aber «wer hat die Baupläne?», wie E. O. Wilson fomulierte. Ich vermute, daß die Kolonie als Ganzes ein Organisationsfeld besitzt und der Bauplan mit zu diesem Feld gehört. Das Feld ist nicht in den einzelnen Insekten, sondern sie sind in diesem kollektiven Feld.

Solch ein Feld muß sich über die gesamte Kolonie erstrecken und besitzt vermutlich Unterfelder für bestimmt bauliche Strukturen wie Tunnel, Bögen, Türme und Pilzgärten. Damit solche Felder ihre Ordnungsfunktion ausüben können, müssen sie die materiellen Strukturen selbst durchdringen können. Wie Magnetfelder Materie durchdringen können, so auch das Koloniefeld. Aufgrund dieser Durchdringungsfähigkeit kann das Feld die Aktivitäten verschiedener Termitengruppen auch dann koordinieren, wenn keine normale Kommunikation über die Sinne möglich ist.

Die Frage lautet nun: Verläuft der Nestbau der Termiten auch dann noch harmonisch und koordiniert, wenn man sinnliche Kommunikation durch eine Barriere unterbindet? Nehmen wir zur Veranschaulichung der Frage wieder das Magnetfeld: Hinge die Anordnung von Eisenfeilspänen zu Kraftlinien vom direkten Kontakt der einzelnen Späne untereinander ab, dann müßte das magnetische Feldmuster durch eine mechanische Barriere, etwa ein Blatt Papier, zu unterbrechen sein. Tatsächlich setzen sich die Linien aber hinter dem Papier fort, denn sie beruhen auf einem Feld, das diese Barriere durchdringt.

Man weiß, daß Termiten auf Magnetfelder reagieren; besonders deutlich ist das zu sehen bei den Kompaßtermiten Australiens, die ihre Bauten mit den Schmalseiten nach Norden und Süden ausrichten, damit die Erhitzung um die Tagesmitte nicht so stark ist. Im Labor hat sich nachweisen lassen, daß Termiten auf sehr schwache alternierende elektrische oder magnetische Felder reagieren.[22]

Günther Becker in Berlin hat mit Laborexperimenten demonstriert, daß Termiten einander durch «Biofelder» beeinflussen können, die vielleicht elektrischer Natur sind. Einer für Versuchszwecke gehaltenen Kolonie der Spezies *Heterotermes indicola* entnahm er Gruppen von jeweils ungefähr fünfhundert Arbeitern und Soldaten und setzte sie in rechteckige Polystyrolbehälter mit Holz und feuchtem Vermikulit (stark wasserbindendes Mineral). Dann stellte er acht Behälter in zwei Reihen so nebeneinander auf, daß jeweils ein Zentimeter Zwischenraum blieb. Nach etlichen Tagen begannen die Termiten in den Ecken der Behälter Röhrengänge nach oben zu bauen. Das geschah jedoch nicht überall gleichmäßig, sondern ganz überwiegend in den außenliegenden Ecken und nur ansatzweise an Seiten, wo andere Behälter angrenzten. Diese Verteilung entspricht der, welche man in echten Termitennestern antrifft; auch hier werden solche Gänge nicht im Zentrum, sondern an der Peripherie angelegt und führen von der Mitte weg zu möglichen Nahrungs- und Wasserquellen. Ein durchschnittliches Experiment ergab beispielsweise eine Gesamtbaulänge der Röhren in den äußeren Behältern von 1899 cm, während an den einwärts gelegenen Seiten nur insgesamt 80 cm gebaut wurden. Bei einem anderen Experiment stellte Becker fest, daß eine Vergrößerung der Abstände zwischen den Behältern auf über 10 cm zu einer verstärkten Bautätigkeit führte, während kleinere Abstände die Bautätigkeit unterdrückten. Anscheinend übten die einzelnen Termitengruppen einen Einfluß aufeinander aus, der mit wachsendem Abstand geringer wurde.

Bei einem weiteren Experiment ordnete Becker sechzehn Behälter zu einem Muster von vier mal vier an, so daß es vier Behälter an jeder Seite und vier in der Mitte gab. Wieder fand der Röhrenbau hauptsächlich in den außen liegenden Ecken statt (Abb. 5), während in den innen liegenden Ecken und in den vier zentralen Behältern kaum gebaut wurde (nur insgesamt 43 cm am Tag im Vergleich zu 590 cm pro Tag an den Außenseiten). Becker sah darin den Einfluß eines «Biofeldes», das den Röhrenbau im Zentrum hemmt.

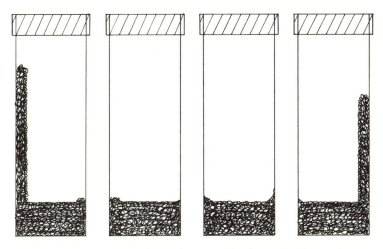

Abbildung 5 Der Bau senkrechter Röhrengänge durch Termiten der Spezies *Heterotermes indicola*, die in Kunststoffbehältern gehalten wurden und ein inaktives Baumaterial zur Verfügung hatten. Die Zahl der Termiten war in allen Behältern gleich groß. An benachbarten Wänden der verschiedenen Behälter war der Röhrenbau unterdrückt. Dieser von Behälter zu Behälter weitergegebene Einfluß wurde durch Felder vermittelt. (Nach Becker, 1977.)

Dieser Hemmungseffekt zeigte sich auch dann noch, wenn zusätzliche Trennwände – Styroporplatten oder Glasscheiben – zwischen die Behälter geschoben wurden. Diese zusätzlichen Barrieren schlossen Temperatur- und Schwingungsübertragungen aus und sicher auch eventuelle chemische Einflüsse, aber für das Biofeld waren sie offenbar kein Hindernis. Erst durch dünne Aluminiumplatten oder mit silberhaltiger Farbe beschichtete Hartfaserplatten wurde der Biofeld-Effekt ausgeschaltet; jetzt bauten die Termiten auch an den Innenwänden und in den vier zentralen Behältern. Solche metallischen Zwischenräume schirmen elektrische Felder ab, und Becker schloß daraus, daß es sich bei dem Biofeld vermutlich um ein alternierendes elektrisches Feld von niederer Energie handelt, das die Termiten selbst erzeugen.

Doch auch wenn es so ist, daß elektrische und magnetische Felder die Bautätigkeit von Termiten beeinflussen können, ist nicht zu erwarten, daß sie den Bauplan für ein Termitennest vorgeben. Wie sollte es möglich sein, einem elektromagnetischen Feld ein bestimmtes Muster aufzuprägen? Hier scheinen noch Felder einer geheimnisvollen anderen Art im Spiel zu sein.

Der südafrikanische Naturforscher Eugène Marais führte in den zwanziger Jahren Experimente durch, die für die Existenz solcher Felder sprechen. Er machte faszinierende Beobachtungen an einer *Eutermes*-Art, deren Arbeiter Breschen reparierten, die er in ihre Hügel geschlagen hatte. Die Arbeiter fingen beiderseits der Bresche mit den Reparaturen an und brachten Erdklümpchen, die sie mit ihrem klebrigen Speichel benetzten. Die Arbeiter hüben und drüben kamen nicht miteinander in Berührung und konnten einander nicht sehen, da diese Art wie viele andere blind ist. Trotzdem trafen die von beiden Seiten angesetzten Streben richtig zusammen. Die Reparaturarbeiten wurden offenbar von einem übergeordneten Organisationsmuster koordiniert; Marais schrieb es der Gruppenseele zu, und ich spreche hier von einem morphischen Feld.

Man nehme eine Stahlplatte, die in Breite und Höhe ein Stück über den Bau hinausragt, und treibe sie senkrecht derart in die bereits geschlagene Bresche, daß sowohl die Lücke als auch der Bau insgesamt in zwei Teile geteilt sind. Jetzt kann es keinen Kontakt mehr zwischen den beiden Seiten geben, und die eine ist überdies von der Königinnenzelle abgeschnitten. Die Arbeiter auf der einen Seite der Bresche wissen nichts von denen auf der anderen Seite. Dennoch errichten die Termiten beiderseits der Platte ähnliche Bögen oder Türme. Entfernt man die Stahlplatte schließlich, so fügen sich beide Hälften nach der Schließung der Lücke perfekt zusammen. Wir kommen nicht an der Schlußfolgerung vorbei, daß irgendwo ein fertiger Plan existiert, den die Termiten lediglich ausführen. Wo ist die Seele, die Psyche, in der dieser fertig ausgearbeitete Plan existiert? . . . Wie wird den einzelnen Arbeitern ihr Anteil an der Gesamtanlage zugeteilt? Wir können die Stahlplatte auch zuerst einschlagen und dann zu beiden Seiten eine Bresche machen, und immer noch bauen die Termiten auf beiden Seiten identische Strukturen.[23]

Marais' Experimente scheinen von der Existenz eines organisierenden Feldes zu künden, das – anders als das von Becker erforschte, die Bautätigkeit hemmende Feld – nicht von einer Metallplatte unterbrochen wurde und deshalb wahrscheinlich kein elektrisches Feld ist.

Marais trieb seine Forschungen noch weiter und machte Beobachtungen, die auf eine enge Verbindung des Organisationsfeldes mit der Königin schließen ließen, so eng, daß der Tod der Königin offenbar das Feld zusammenbrechen ließ:

Während die Arbeiter beiderseits der Stahlplatte mit ihren Reparaturarbeiten beschäftigt sind, grabe man sich so behutsam wie möglich zur Zelle der Königin vor. Man lege sie frei und töte sie. Augenblicklich steht im ganzen Staat, auf beiden Seiten der Stahlplatte, die Arbeit still. Wir können die Termiten mit dieser Platte monatelang von der Königin trennen, und trotzdem arbeiten sie systematisch weiter, solange die Königin in ihrer Zelle am Leben ist; doch kaum hat man sie getötet oder entfernt, kommt die Arbeit zum Erliegen.[24]

Soweit ich weiß, hat niemand je versucht, Marais' Experimente zu wiederholen. Sie waren bis 1972, dem Erscheinungsjahr der unter dem Titel *The Soul of the White Ant* («Die Seele der weißen Ameise») veröffentlichten englischen Übersetzung, praktisch unbekannt. Im reduktionistischen Klima der modernen Biologie gedeiht Marais' Ansatz nicht recht, und von den Berufswissenschaftlern ist seine Arbeit ignoriert worden. Ich dagegen sehe in seinen Entdeckungen einen sehr vielversprechenden Ausgangspunkt für eine neue Phase des Forschens auf dem Gebiet der Organisation von Insektenstaaten.

Vorschläge für Experimente

1. Zunächst einmal erscheint es mir wichtig, Marais' Experimente mit der Stahlplatte zu wiederholen. Sind die Reparaturarbeiten auf beiden Seiten der Stahlplatte wirklich so wohlkoordiniert, wie Marais behauptete?

Wer in den kühleren Gegenden der Welt lebt, wird dieses Experiment kaum durchführen können, es sei denn, er ist bereit, sich einen Termitenbau ins Haus zu holen. Aber in den Ländern, in denen die Termiten zu Hause sind, dürfte es relativ einfach sein, Marais' Arbeit zu wiederholen. Die Termitenhügel sind kostenlos, und so muß man nur noch ein Stück Stahlblech kaufen. Ich könnte mir aber vorstellen, daß es gar nicht so einfach ist, ein großes Stahlblech in einen Termitenhaufen zu treiben. Es könnte auch schwierig sein, es nach den Reparaturen der Termiten wieder herauszuziehen, ohne größere Zerstörungen anzurichten. Marais gibt keine technischen Einzelheiten, also müssen wir selbst herausfinden, wie man am besten vorgeht.

Sollten die Reparaturarbeiten auf beiden Seiten des Hindernisses so wohlkoordiniert sein, wie Marais behauptete, dann werden viele weitere Experimente möglich. Führen Hindernisse aus anderen Materialien zum gleichen Ergebnis? Können die Termiten Schallsignale zur anderen Seite hinüberschicken? Wie gehen die Aktivitäten auf der einen Seite weiter, wenn man die Arbeiten auf der anderen verhindert oder zerstört? Und so weiter.

2. Wirken Übergriffe auf die Königin sich so schnell auf die ganze Kolonie aus, wie Marais behauptete? In der oben zitierten Stelle nennt er die Wirkung «augenblicklich». Er schildert noch eine andere Gelegenheit, bei der er die Königinnenzelle einer sehr großen Kolonie geöffnet hatte und die Königin beobachtete; plötzlich löste

sich über ihr ein Erdklumpen und versetzte ihr einen heftigen Schlag. Die Arbeiter in der Königskammer stellten sofort ihre Arbeit ein und wanderten in Gruppen ziellos umher. Dann kontrollierte Marais einige in mehreren Schritten Entfernung gelegene Stellen an der Peripherie des Nests:

> Selbst in den entferntesten Teilen ruhte die Arbeit. Die Soldaten und Arbeiter versammelten sich an verschiedenen Stellen. Es bestand offenbar eine Tendenz, Gruppen zu bilden. Es war nicht zu bezweifeln, daß der Schlag, den die Königin erhalten hatte, sich innerhalb weniger Minuten auch dem gesamten Termitenbau bis in den letzten Winkel mitgeteilt hatte.[25]

Möglicherweise geschah das durch Lautsignale, durch Pheromon-Alarmsignale, die sich stafettenartig ausbreiteten, oder durch andere bekannte Mittel. Es könnte aber auch durch ein Feld geschehen. In diesem Fall könnte das Signal sich auch dann ausbreiten, wenn Geräusch- und Geruchsübertragung durch Barrieren ausgeschlossen wurden.

Anstatt die Königin zu töten oder harte Gegenstände auf sie fallen zu lassen, könnte der Experimentator sie auch einfach vorübergehend aus dem Nest entfernen oder mitsamt den Arbeitern in ihrer Kammer betäuben. Währenddessen müßte man die Aktivitäten in den entlegenen Teilen des Nests genau beobachten. So könnte man die Geschwindigkeit ermitteln, mit der die Störung sich ausbreitet. Käme die Reaktion mit geringer Verzögerung, so wäre die Übermittlung durch Botenstoffe ausgeschlossen, aber Schallübertragung wäre immer noch möglich. Die Schallübertragung mittels Barrieren auszuschließen ist schwierig, denn die Ausbreitung des Schalls läßt sich so nicht mit Gewißheit ausschließen, es sei denn, man installierte hochempfindliche Mikrofone, um den Signalaustausch zu überwachen.

Noch besser wären mögliche Feldwirkungen zu untersuchen, wenn ein Teil der Kolonie beweglich untergebracht werden könnte, so daß man ihn vom Hauptbau entfernen kann. Das könnte zum Beispiel ein in die Nähe des Nests gebrachter Metallbehälter sein, den die Termiten vielleicht nach und nach in den Bau integrieren, oder ein Metallbehälter, in dem man Nahrung bereithält, bis sie von den Arbeitern regelmäßig abgeholt wird. Nimmt man den Behälter weg, so gehören die Tiere darin immer noch zur Kolonie, wären aber jeder normalen physischen Verbindung zur Königin und den anderen Tieren des Staates beraubt. Zweifellos würde schon die Entfernung des Behälters die Insekten darin in Unruhe versetzen, doch wenn man sie weiterhin genau beobachtete, würde man vielleicht deutliche Veränderungen entdecken, sobald man die Königin im Hauptbau stört oder betäubt.

3. Ähnliche Experimente sollten auch mit Ameisen durchführbar sein, die sich relativ leicht in Gefangenschaft halten lassen. Experimente mit Ameisen sind fast überall auf der Welt möglich. Mehrkammernbehälter für Ameisenstaaten kann man relativ billig erwerben oder noch billiger nach bekannten Bauanleitungen aus Gips, Plastikröhren oder Glas selber anfertigen. Näheres dazu im Abschnitt «Praktische Details» am Ende des Buches.

In der einfachsten Bauweise besteht solch ein Behältnis aus zwei mit einer Plastikröhre verbundenen Kammern. Durch Abziehen der Röhren und Verschließen der Öffnungen kann man die beiden Kammern trennen. Dann könnte man den einen Teil in einen anderen Raum tragen, während der zweite mit der Königin an Ort und Stelle bleibt. Dann setzt man den zurückbleibenden Teil mit der Königin gezielten Störungen aus, zum Beispiel durch Schwingungen, Rauch oder ein Betäubungsmittel wie Äther, und beobachtet den anderen Teil des Staates sehr genau auf Veränderungen hin, die auf eine «Fernwirkung» hindeuten könnten.

Bei solchen Experimenten ist es wichtig, soviel wie möglich mit dem «Blindverfahren» zu arbeiten. So sollte etwa der Beobachter der separierten Kammer nicht wissen, wann die andere Kammer einer Störung ausgesetzt wird. Stellt man auffällige Verhaltensänderungen bei den Ameisen fest und der spätere Zeitvergleich ergibt, daß sie mit der Zeit der Störung genau übereinstimmt, so würde das eine Fernwirkung sehr wahrscheinlich machen. Bei nachfolgenden Experimenten könnte man den separierten Teil schrittweise immer weiter vom stationären Teil entfernen, um zu sehen, wie weit der Einfluß reicht. Weiterhin könnte man untersuchen, ob dieser Einfluß durch

Barrieren aus Metall oder anderen Materialien auszuschalten ist. Sobald man auf irgendeinen wiederholbaren Effekt stößt, kann man nach und nach der Natur der organisierenden Felder auf den Grund gehen.

Schlußbetrachtung zum ersten Teil

Alle bisher skizzierten Experimente drehen sich um mögliche Verbindungen einer Art, die der Wissenschaft gegenwärtig noch nicht bekannt ist – Verbindungen zwischen Haustieren und ihren Besitzern, zwischen Tauben und ihrem Zuhause, zwischen den einzelnen Tieren eines Insektenstaates. Alle diese Verbindungen, wenn sie sich nachweisen lassen, haben gewaltige Implikationen. Wenn zwischen Haustieren und ihren Besitzern unsichtbare Verbindungen bestehen, wie steht es dann zum Beispiel mit Verbindungen zwischen Menschen und wildlebenden Tieren, wie sie in schamanischen Traditionen seit Jahrtausenden als selbstverständlich gelten? Und wenn es solche Kommunikationswege *zwischen* verschiedenen Arten gibt, wie sieht es dann mit unbekannten Verbindungswegen *innerhalb* einer Art aus?

Wenn das Heimfindevermögen der Tauben auf einer noch nicht bekannten Verbindung beruht, könnte das bei vielen anderen heimfindenden Arten auch so sein. Und ähnliche Kräfte könnten beim Vogelzug und bei den Wanderungen von Fischen, Säugetieren, Insekten und anderen Tierarten eine Rolle spielen. Sogar der bei Sammlern und Jägern oder nomadisierenden Völkern so hochentwickelte menschliche Richtungssinn könnte unter diesem Gesichtspunkt zu betrachten sein.

Wenn die Termiten eines Staates durch ein Feld miteinander verbunden sind, könnte ähnliches dann nicht auch bei anderen gesellig lebenden Tieren, wie etwa vielen Fisch- und Vogelarten, der Fall sein? Ließe sich damit vielleicht erklären, weshalb Schwärme solcher Tiere sich so völlig reibungslos und wie ein einziges Lebewesen zu bewegen vermögen? Und welcher Zusammenhang besteht möglicherweise zwischen solchen Kommunikationsfeldern und dem «Gruppengeist» von Tierherden oder Menschengruppen? Sind sie etwas

Ähnliches wie die Verbindungen zwischen Haustieren und ihren Besitzern?

Es könnte natürlich sein, daß die Experimente keine Beweise für die Existenz solcher Verbindungen erbringen. Das würde der grundsätzlichen Skepsis der Schulwissenschaft neue Nahrung geben und sie in ihrem Glauben bestärken, daß sämtliche Arten der Verbindung zwischen verschiedenen Organismen bereits bekannt und grundsätzlich – wenn auch noch nicht überall in der Praxis – nach den anerkannten Gesetzen von Physik und Chemie zu erklären sind.

Es ist aber auch möglich, daß die Existenz neuer Arten von Verbindungen sich durch solche Experimente nachweisen läßt. Was wäre daraus zu folgern?

Zunächst einmal würde ein erfolgreicher Verlauf solcher Experimente zu einer Neuinterpretation des Heimfinde- und Wanderverhaltens, des Raumsinns, des Bonding, der sozialen Organisation und der Kommunikation überhaupt führen. Die Biologie müßte revolutioniert werden. Und die Physik? Wenn die Resultate biologischer Experimente das Postulat neuer Arten von Feldern oder Verbindungen erzwingen, wie könnte dann die Beziehung zwischen ihnen und den bekannten Prinzipien der Physik aussehen?

Es könnte sein, daß es viele verschiedene Arten von noch unentdeckten Feldern gibt. Vielleicht haben die Verbindung zwischen Haustieren und ihren Besitzern, zwischen Tauben und ihrem Schlag und zwischen den Einzelinsekten eines Termitenstaates nichts miteinander zu tun und sind ganz verschiedene Phänomene. Sie alle könnten neue Arten der Fernwirkung darstellen, im einzelnen jedoch auf ganz verschiedenen Feldern und Verbindungen beruhen.

Ich neige eher zu der etwas ökonomischeren Hypothese, daß alle dieses Phänomene miteinander verwandt sind. Sie alle könnten Manifestationen einer neuen Feldart sein, eines Feldes, das die gesonderten Teile eines organischen Systems umschließt und verbindet (Abb. 6). Ich selbst würde solchen Feldern den Namen «morphische Felder» geben, aber natürlich sind auch andere Namen möglich. Eine allgemeine Bezeichnung könnte «biologische Felder» oder «Lebensfelder» sein.

Jede neue Feldart muß früher oder später zu den bekannten Feldern der Physik in Beziehung gesetzt werden, selbst wenn diese Be-

Die außergewöhnlichen Kräfte gewöhnlicher Tiere

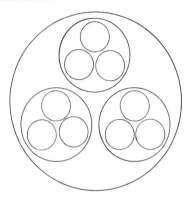

Abbildung 6   Oben: Aufeinanderfolgende Organisationsebenen in selbstorganisierenden Systemen. Jede Organisationsebene hat ein charakteristisches morphisches Feld zur Voraussetzung. Wir könnten zum Beispiel im äußeren Kreis das Feld eines Kristalls dargestellt sehen; die drei größeren Kreise in diesem Kreis repräsentieren die Felder von Molekülen und die ganz kleinen Kreise die von Atomen, die wiederum die (hier nicht mehr abgebildeten) Felder der subatomaren Teilchen enthalten. Im Bereich der gesellig lebenden Tiere steht der äußere Kreis für das morphische Feld der Gesamtgruppe, die inneren Kreise repräsentieren einzelne Tiere und die kleinen Kreise deren Organe.
Unten: So etwa ließe sich darstellen, wie das morphische Gesamtfeld einer Gruppe gestreckt wird, wenn ein Mitglied oder mehrere von der Gruppe getrennt werden. Das Feld wirkt auch dann noch als unsichtbare Verbindung zwischen der Gruppe und den abgesonderten Einzelwesen. Dieses generelle Prinzip gilt für die Verbindung zwischen einem Haustier und seinem abwesenden Besitzer, zwischen einer Taube und den anderen Angehörigen ihres Schwarms im Schlag und zwischen den voneinander getrennten Einzeltieren eines Termitenstaats.

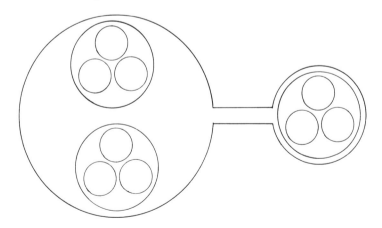

ziehung vielleicht erst im Lichte einer künftigen einheitlichen Feldtheorie wirklich klarwerden kann. Solch eine einheitliche Feldtheorie müßte weitaus umfassender sein, als die bisherigen Ansätze erkennen lassen, denn bisher hat die Schulphysik die Möglichkeit, daß es im Bereich des biologischen Lebens grundsätzlich neue Feldphänomene geben könnte, noch gar nicht ins Auge gefaßt.

Wenig haben wir bisher wirklich verstanden, und da sich erst noch erweisen muß, was diese Experimente erbringen werden, müssen wir die Frage vollkommen offenlassen.

Zweiter Teil

Von der Ausdehnung des Geistes

Einleitung

Ist der Geist nur im Kopf?

Wir wissen sehr wenig über die Natur unseres Geistes. Er ist die Basis all unserer Erfahrung, unseres Innenlebens wie unseres gesellschaftlichen Lebens, aber wir wissen nicht, *was* er ist. Und wir wissen nicht, wie weit er reicht. Nach der traditionellen Anschauung, die wir überall auf der Welt antreffen, ist die bewußte Seite des menschlichen Lebens Teil einer weitaus größeren beseelten Wirklichkeit. Die Seele ist nicht auf den Kopf beschränkt, sondern erfüllt den ganzen Körper und reicht in seine Umgebung hinaus. Sie steht in Verbindung mit den Ahnen, mit dem Leben der Tiere und Pflanzen, mit Himmel und Erde; sie kann in Träumen, in Trance und im Tod den Körper verlassen; und sie kann mit dem großen Reich der Geister kommunizieren – der Geister von Ahnen, Tieren und Naturgeistern, von Elfen, Feen, Elementargeistern und Dämonen, von Göttern, Göttinnen, Engeln und Heiligen. Im mittelalterlichen Europa herrschte die christliche Ausprägung dieses uralten Glaubens vor, und in manchen ländlichen Gegenden, etwa in Irland, lebt sie heute noch.

Seit mehr als dreihundert Jahren ist die abendländische Kultur jedoch von dem Glauben beherrscht, daß der Geist ausschließlich in unseren Köpfen ist. Descartes war der erste, der diese Theorie vertrat. Er verwarf die alte Idee, daß der rationale Geist Teil einer größeren und weitgehend unbewußten Seele ist, die den ganzen Körper erfüllt und belebt. Für Descartes war der Körper vielmehr eine unbelebte Maschine; auch Tiere und Pflanzen, ja das ganze Universum war nichts als Maschine. Das Reich der Seele, ursprünglich gleichge-

Von der Ausdehnung des Geistes

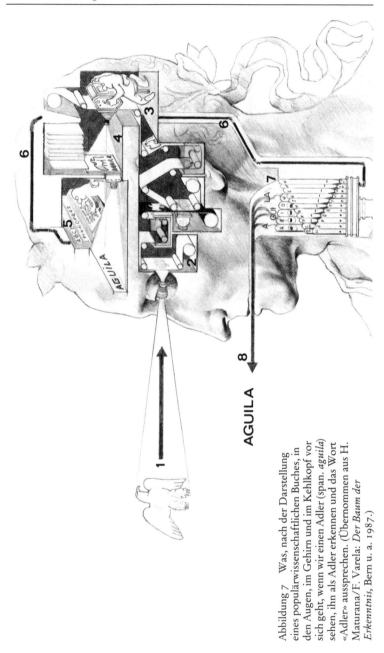

Abbildung 7   Was, nach der Darstellung eines populärwissenschaftlichen Buches, in den Augen, im Gehirn und im Kehlkopf vor sich geht, wenn wir einen Adler (span. *aguila*) sehen, ihn als Adler erkennen und das Wort «Adler» aussprechen. (Übernommen aus H. Maturana/F. Varela: *Der Baum der Erkenntnis*, Bern u. a. 1987.)

Einleitung

setzt mit der Natur überhaupt, schrumpfte auf den Menschen als ausschließlichen Träger einer Seele, und selbst hier zog sie sich noch weiter zusammen, bis sie nur noch eine kleine Hirnregion besetzte, und zwar nach Descartes' Ansicht die Zirbeldrüse. Die heute gängige Theorie ist im wesentlichen noch dieselbe, außer daß der Sitz der Seele ein paar Zentimeter verlegt wurde, nämlich in die Großhirnrinde.

In dem immerwährenden Streit zwischen Dualismus und Materialismus haben sich beide Seiten dieses Modell des kontrahierten Geistes zu eigen gemacht, wenn auch auf unterschiedliche Weise. Für Descartes, selbst der Inbegriff des kartesianischen Dualismus, waren Geist und Gehirn von grundverschiedener Natur, wenn sie auch im Gehirn auf unbekannte Weise in Austausch miteinander treten konnten. Die Materialisten weisen diese Vorstellung von einem «Geist in der Maschine» zurück und glauben statt dessen, der Geist sei nichts als eine «Begleiterscheinung» des mechanischen Geschehens im Gehirn, eine Art Schatten. Es gibt eine Reihe von Philosophen und Ideologen, die solch einen rigorosen Materialismus vertreten, aber in unserer Kultur hat der Dualismus weitaus mehr Anhänger und gilt weithin als die einzig vernünftige Betrachtungsweise.

In der älteren populärwissenschaftlichen Bildersprache wurde die Maschinerie von kleinen Menschen im Gehirn gesteuert (Abb. 7 und 8). Zeitgemäßere Bilder zeigen eine modernisierte Maschinerie, aber die Homunkuli sind immer noch da, zumindest impliziert. Da gibt es im Natural History Museum in London zum Beispiel einen Ausstellungsraum, wo man sich unter der Überschrift «So steuern Sie Ihr Handeln» anschauen kann, wie man selbst funktioniert: Sie schauen einem Modellmenschen durch ein kleines Stirnfenster in den Kopf. Drinnen sehen Sie das Cockpit eines modernen Düsenflugzeugs mit Schalttafeln voller computerisierter Steuerungseinrichtungen. Davor zwei leere Sitze, vermutlich für Sie selbst, den Geisterpiloten, und Ihren Copiloten in der anderen Hemisphäre. Die derzeit so populäre Computermetapher des Gehirns besagt nichts anderes: Wenn das Gehirn die Hardware darstellt und Gewohnheiten und Fertigkeiten die Software, dann sind Sie der Phantom-Programmierer.

Von der Ausdehnung des Geistes

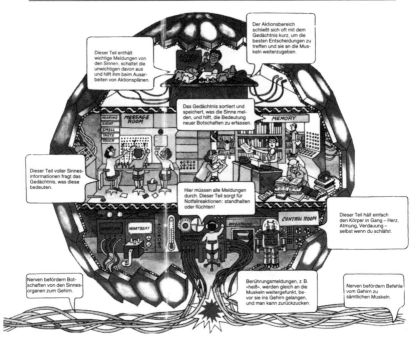

Abbildung 8 «Kleine Männchen» im Gehirn – aus einem heutigen Kinderbuch, das in britischen Schulen vielfach verwendet wird. Der Titel in Übersetzung: «Wie dein Körper funktioniert» (Hindley und Rawson).

Aber wie viele Menschen sehen sich selbst tatsächlich als Maschinen? Sogar hartgesottene materialistische Philosophen und mechanistische Wissenschaftler scheinen diesen Glauben nicht übermäßig ernst zu nehmen, wenn es um sie selbst oder ihre Lieben geht. In ihrem Privatleben bleiben die meisten Menschen – anders als in ihrem öffentlichen Leben – mehr oder weniger bei der viel umfassenderen Sicht ihrer Vorfahren. Erstens glauben sie, daß die Seele doch größere Bereiche im Körper einnimmt als nur das Gehirn. Zweitens glauben viele, daß die Seele an einem Bereich des Übersinnlichen und Spirituellen teilhat und sich weit über den Körper hinaus erstreckt.

In der hinduistischen, buddhistischen und in anderen traditionellen Psychologien gibt es mehrere geistig-seelische Zentren im Körper, und jedes dieser sogenannten Chakras besitzt seine charakteristischen Eigenschaften. Auch im Westen ist diese Verteilung der Seele auf andere Bereiche als nur den Kopf seit jeher bekannt. Viele Gefühlsregungen werden beispielsweise verschiedenen inneren Organen zugeordnet, und obgleich das Herz nach mechanistischer Anschauung eigentlich nicht mehr als eine Blutpumpe ist, weisen Ausdrücke wie «herzlicher Dank», «herzloses Verhalten» oder «Warmherzigkeit» darauf hin, daß wir doch mehr in ihm sehen als eine mechanische Pumpe. Das gilt auch für das Herz als Symbol der Liebe. Für unsere Vorfahren war es selbstverständlich, daß das Herz das Zentrum des Seelenlebens ist und nicht das Gehirn. Und vom Herzen gingen nicht nur Gefühl, Liebe und Barmherzigkeit aus, sondern auch Denken und Vorstellungskraft; das gilt bei vielen Völkern heute noch, zum Beispiel bei den Tibetern. Oder denken wir zum Beispiel an diesen Satz aus dem Magnifikat: «Er übet Gewalt mit seinem Arm und zerstreuet, die hoffärtig sind in ihres Herzens Sinn»; und im Reinheitsgebet des anglikanischen Gebetsbuchs heißt es: «Allmächtiger Gott, dem alle Herzen offen und alle Wünsche bekannt sind und kein Geheimnis verborgen bleibt, läutere die Gedanken unseres Herzens durch das Einhauchen des Heiligen Geistes.»

Und der alte Glaube, daß die Seele sich über den Körper hinaus erstreckt, ist in unserer Kultur ebenfalls noch weit verbreitet. Das zeigt sich in gebräuchlichen Redensarten wie etwa: «Dir müssen gestern die Ohren geklungen haben, wir haben nämlich über dich geredet.» Vorausgesetzt ist dieses Bild der Seele auch im weitverbreiteten Glauben an Telepathie und andere übernatürliche Phänomene. Befragungen in westlichen Ländern zeigen immer wieder, daß die große Mehrheit der Bevölkerung an solche Phänomene glaubt, und mehr als die Hälfte aller Befragten behauptet, persönliche Erfahrungen mit ihnen gemacht zu haben.[1]

Solche Erfahrungen und Überzeugungen sind völlig gegenstandslos, wenn man annimmt, daß der Geist nur im Gehirn ist und alle Formen der Kommunikation auf den bekannten Prinzipien der Physik beruhen. Deshalb erklären die Verfechter der mechanistischen Orthodoxie immer wieder, daß es «paranormale», das heißt wissenschaftlich nicht erklärbare Phänomene nicht geben kann. Der Glaube an sie wird als Aberglaube angesehen, ein Sumpf, den man durch wissenschaftliche Bildung trockenlegen muß.

Was als radikale Philosophie begann, ist heute die verbindliche Doktrin unserer Kultur; sie wird uns in der Kindheit vermittelt, und später ist sie uns ganz selbstverständlich. Den inzwischen klassischen Arbeiten Jean Piagets über die geistige Entwicklung europäischer Kinder ist zu entnehmen, daß die meisten Kinder sich mit etwa zehn oder elf Jahren die «richtige» Sicht der Dinge angeeignet haben, zum Beispiel daß Gedanken im Kopf sind.[2] Jüngere Kinder glauben hingegen, daß sie sich im Traum wirklich außerhalb ihres Körpers befinden, daß sie von ihrer lebendigen Umwelt nicht getrennt sind, sondern an ihr teilhaben, daß Gedanken im Mund, im Atem und in der Luft sind, daß Worte und Gedanken magische Wirkungen haben können. Kurzum, kleine Kinder zeigen auch in Europa jene animistische Grundhaltung, die man in animistischen Kulturen überall auf der Welt antrifft und die vor der mechanistischen Revolution auch bei uns gang und gäbe waren.

Descartes' Theorie von einem immateriellen Geist in einem maschinenartigen Gehirn hatte jedoch von Anfang an mit ernsten Problemen zu kämpfen. Da er die Seele mit dem rationalen Geist gleichsetzte, mußte er die körperlichen und unbewußten Aspekte der Psyche – bis dahin eine Selbstverständlichkeit – leugnen. In unserer Kultur mußte die Idee des Unbewußten später erst mühsam wieder eingeführt werden.[3] So veröffentlichte der Arzt und Naturforscher Carl Gustav Carus 1846 eine Abhandlung mit dem Titel *Psyche. Zur Entwicklungsgeschichte der Seele*, die so begann:

> Der Schlüssel zur Erkenntnis vom Wesen des bewußten Seelenlebens liegt in der Region des Unbewußtseins ... Das Leben der Seele [darf man] vergleichen mit einem unablässig fortkreisenden großen Strome, welcher nur an einer einzigen kleinen Stelle – d. i. eben vom Bewußtsein – erleuchtet ist.[4]

Durch Sigmund Freuds Werk wurden zunächst die Psychotherapeuten und später auch weitere Kreise wieder auf das Unbewußte aufmerksam. Und in Carl Gustav Jungs Begriff des kollektiven Unbewußtsein ist die Psyche nicht mehr auf den individuellen Geist beschränkt, sondern das, woran alle teilhaben; zum kollektiven Unbewußten gehört auch eine Art kollektives Gedächtnis, an dem alle einzelnen unbewußt beteiligt sind.

In den letzten Jahrzehnten ist man im Westen immer mehr auf indische, buddhistische und chinesische Traditionen aufmerksam geworden, die sehr viel mehr Aufschluß über die Beziehung von Geist und Körper geben als die dürre mechanistische Theorie. Und durch Drogenerfahrungen, schamanistische Visionspraktiken und östliche Meditationstechniken ist die Existenz anderer Dimensionen des Bewußtseins für viele Westler persönliche Erfahrung geworden.

Die mechanistische Schulwissenschaft und Medizin hält zwar nach wie vor daran fest, daß der Geist seinen Sitz im Kopf eines maschinenartigen Körpers hat, doch daneben erleben wir jetzt das Wiedererstarken einer älteren und umfassenderen Sicht der Psyche. Das mechanistische Bild der Seele sieht sich wohldurchdachten und wohlformulierten Herausforderungen gegenübergestellt, wie sie durch die Psychologie der Jung-Schule und die Transpersonale Psychologie, durch die Erforschung ungewöhnlicher psychischer Fähigkeiten und die Parapsychologie, durch mystische und visionäre Traditionen und ganzheitliche Formen der Medizin und des Heilens gegeben sind.

Die in diesem Teil vorgestellten Experimente erkunden die Möglichkeit, daß der Geist eine größere Ausdehnung besitzt als das Gehirn. Die Theorie des kontrahierten Geistes gehört zwar zum Kernbestand des mechanistischen Paradigmas, doch man muß sie nicht als ewig feststehendes Dogma betrachten, an dem die Wissenschaft unbedingt festhalten muß. Wir sollten sie als Hypothese betrachten, die wissenschaftlich zu überprüfen und möglicherweise widerlegbar ist. Dieser Überprüfung sollen die folgenden Experimente dienen.

4. Das Gefühl, angestarrt zu werden

Geht der Geist über das Gehirn hinaus?

Ein Ding, das wir ansehen, wo ist das eigentlich? Ist sein Bild in unserem Gehirn? Oder ist es außerhalb, wo es auch zu sein scheint? Die konventionelle wissenschaftliche Anschauung lautet, daß es in unserem Gehirn ist. Das könnte jedoch ein großer Irrtum sein. Vielleicht sind unsere Bilder doch außerhalb. Vielleicht ist das Sehen ein Prozeß, der in beiden Richtungen abläuft: eine Bewegung des Lichts nach innen und eine Projektion von geistigen Bildern nach außen.

Während Sie zum Beispiel diese Seite lesen, gelangen Lichtstrahlen vom Papier in Ihr Auge und lassen ein umgekehrtes Bild auf der Netzhaut entstehen. Dieses Bild wird von lichtempfindlichen Zellen aufgenommen, die Impulse durch die Sehnerven schicken, wodurch im Gehirn komplexe elektrochemische Aktivitätsmuster entstehen. All das hat die Neurophysiologie bis ins Detail klären können. Aber jetzt beginnt das Rätselhafte. Das Bild der Seite wird Ihnen irgendwie bewußt. Sie erleben es vor sich, außerhalb Ihrer selbst. Wissenschaftlich gesehen ist das pure Illusion. Aus dieser Sicht ist das Bild nämlich in Wirklichkeit *in* Ihnen, genau wie alle anderen geistigen Prozesse.

In traditionellen Kulturen überall auf der Welt wird das ganz anders gesehen. Hier trauen die Menschen ihrer eigenen Erfahrung. Das Sehen ist etwas, das über den Körper hinaus nach draußen geht. Licht geht ein in die Augen, und das Sehen geht aus durch die Augen. Kleine Kinder erfahren das auch in unserer Kultur so.[1] Aber wenn sie ungefähr elf Jahre alt sind, lernen sie, daß Gedanken und Wahrnehmungen nicht außerhalb sind, sondern in ihrem Kopf.[2] So triumphiert die Theorie über die Erfahrung, und eine metaphysische Doktrin wird als objektive Tatsache akzeptiert. Vom «aufgeklärten» Standpunkt aus bringen kleine Kinder und Naturvölker da etwas durcheinander. Sie können innen und außen, Subjekt und Objekt nicht auseinanderhalten und sollten es schnellstens lernen.

Nehmen wir einmal probeweise an, daß kleine Kinder und Naturvölker doch nicht so sehr im Irrtum sind, wir wir meist glauben. Machen Sie ein kleines Gedankenexperiment. Geben Sie sich einmal die Freiheit, Ihrer eigenen unmittelbaren Erfahrung zu trauen, und lassen Sie den Gedanken zu, daß die Wahrnehmung all der Dinge um Sie her wirklich dort bei den Dingen ist. Ihr Bild von dieser Seite beispielsweise ist genau da, wo es zu sein scheint, vor Ihnen.

Diese Idee ist so verblüffend simpel, daß man sie kaum begreift. Sie stimmt sehr gut mit der unmittelbaren Erfahrung überein, untergräbt aber alles, was man uns über die Natur des Geistes, die Innerlichkeit der subjektiven Erfahrung und die Trennung von Subjekt und Objekt zu glauben gelehrt hat. Das Sehen, für gewöhnlich als Einbahnprozeß aufgefaßt, läuft tatsächlich in beiden Richtungen ab. Licht gelangt in die Augen, aber zugleich werden Bilder und Wahrnehmungen durch die Augen auf die Welt um uns her projiziert.

Unsere Wahrnehmungen sind geistige Konstruktionen; sie setzen das Interpretationsvermögen unseres Geistes voraus. Aber sie sind nicht nur Bilder in unserem Inneren, sondern existieren auch außerhalb unseres Körpers. Wenn sie sowohl im Inneren als auch außerhalb des Körpers sind, muß der Geist über den Körper hinausgehen. Unser Geist streckt sich überallhin und berührt die Dinge, die wir sehen. Wenn wir die Sterne betrachten, streckt sich unser Geist über astronomische Entfernungen, um die Himmelskörper zu berühren. Subjekt und Objekt sind tatsächlich vermischt: Durch unser Wahrnehmen gelangt die Welt in unser Inneres, aber wir weiten uns auch hinaus in die Welt.

Bei der normalen Wahrnehmung fallen das Wahrgenommene, zum Beispiel diese Seite, und unser Wahrnehmungsbild zusammen. Bei Wahnvorstellungen und Halluzinationen gibt es diese Übereinstimmung zwischen inneren Bildern und äußeren Gegenständen nicht, aber der Projektionsprozeß könnte ähnlich sein, eine Auswärtsbewegung von Bildern. (Ich komme auf die Frage im fünften Kapitel im Zusammenhang mit Phantomgliedmaßen zurück.)

Diese Betrachtungen über den erweiterten Geist mögen wie ein bloßes Spiel mit Worten klingen, eine intellektuelle Übung. Man könnte auch meinen, hier werden philosophische Kategorien durcheinandergeworfen, die man besser getrennt hält: der Bereich der stofflichen Außenwelt einerseits und der subjektive Bereich andererseits. Aber es geht hier nicht bloß um Worte und Philosophie. Es könnte doch sein, daß der erweiterte Geist meßbare Wirkungen hat. Wenn unser Geist ausgreift und das, was wir sehen, «berührt», dann wirken wir vielleicht durch unser Sehen auf das ein, was wir sehen. Wenn wir zum Beispiel einen anderen Menschen ansehen, beeinflussen wir ihn dadurch möglicherweise.

Spricht etwas dafür, daß Menschen spüren, wenn sie von jemand anderem, den sie gar nicht sehen, angeschaut werden? Bei dieser Frage fällt uns natürlich sofort ein, daß praktisch jeder von uns schon einmal gehört oder selbst erlebt hat, daß es so etwas gibt. Viele Menschen haben schon solche Blicke gespürt und beim Umdrehen festgestellt, daß sie tatsächlich angestarrt wurden. Und viele haben andere Leute von hinten angestarrt, zum Beispiel während eines Vortrages, und dann beobachtet, wie sie unruhig wurden und sich schließlich umdrehten.

Die Macht der Blicke

Das Gefühl, angestarrt zu werden, ist wohlbekannt. Bei informellen Befragungen in Europa und Amerika stellte ich fest, daß über achtzig Prozent der Befragten angaben, sie hätten das selbst schon erlebt. In der erzählenden Literatur wird das Phänomen so fraglos vorausgesetzt, daß er zu unzähligen Phrasen wie «Sie spürte, wie seine Blicke sich in ihren Nacken bohrten» geronnen ist. Bei vielen großen Romanciers wird das Phänomen direkt thematisiert – Tolstoi, Dostojewski, Anatole France, Victor Hugo, Aldous Huxley, D. H. Lawrence, J. Cowper Powys, Thomas Mann, J. B. Priestley.[3] Hier ein Beispiel aus einer Kurzgeschichte von Arthur Conan Doyle, dem Schöpfer des unsterblichen Sherlock Holmes:

> Der Mann interessierte mich als psychologische Studie. Beim Frühstück heute morgen empfand ich plötzlich jenes vage Unbe-

hagen, das manche Menschen befällt, wenn man sie intensiv anstarrt, und als ich jäh den Blick hob, traf ich seinen, der mit einer an Wildheit grenzenden Eindringlichkeit auf mich gerichtet war, aber sogleich milder wurde, als er ein paar floskelhafte Bemerkungen über das Wetter machte. Merkwürdigerweise sagte auch Harton, er habe gestern an Deck ein ganz ähnliches Erlebnis gehabt.[4]

Renée Haynes, langjährige Forscherin auf dem Gebiet solcher ungewöhnlichen Phänomene, schildert ihre Beobachtung so:

Der Impuls, sich umzudrehen, ist nicht bei allen Menschen gleich stark, und es wird immer wieder Fälle geben – zum Beispiel bei Kellnern –, wo er vermutlich atrophiert ist oder ignoriert beziehungsweise direkt unterdrückt wird. Mit entspanntem Experimentieren, zum Beispiel bei einer langweiligen Vorlesung oder in der überfüllten Mensa, wird man herausfinden, daß der konzentrierte Blick auf den Hinterkopf eines anderen in der Mehrzahl der Fälle zu nervöser Unruhe und schließlich einem Blick nach hinten führt. Das kann man auch bei schlafenden Katzen und Hunden oder bei den Vögeln im Garten ausprobieren – ganz abgesehen von Kindern, die man so vielleicht statt mit dem kalten Waschlappen etwas humaner wecken kann.[5]

Die Wirkung von Blicken spielt wahrscheinlich eine wichtige Rolle für die Beziehung zwischen Menschen und ihren Haustieren, und vielleicht reagieren nicht nur die Tiere auf die Blicke der Menschen, sondern umgekehrt auch die Menschen auf die der Tiere. In *Der Ruf der Wildnis* schildert Jack London, ein scharfer literarischer Beobachter des Hunde- und Wolfsverhaltens, solch eine Szene zwischen einem Mann und seinem Hund Buck.

Er konnte stundenlang, ganz Zugewandtheit, ganz Bereitschaft, zu Thorntons Füßen liegen . . . Es mochte sich auch so fügen, daß er etwas weiter entfernt seitlich oder im Hintergrund lag, den Umriß des Mannes und seine gelegentlichen Bewegungen beobachtend. Und häufig, in solcher inneren Verbundenheit lebten sie,

Von der Ausdehnung des Geistes

zog die Kraft seines Blickes John Thorntons Kopf herum, und er erwiderte den Blick, wortlos, mit Augen, aus denen sein Herz leuchtete, wie Bucks Herz aus den seinen leuchtete.[6]

Manches spricht auch für den Einfluß von Blicken bei wildlebenden Arten. Hier zum Beispiel der Bericht eines Naturforschers über die Macht der Blicke bei Füchsen:

Ich habe viele Stunden bei verschiedenen Bauen zugebracht und konnte immer wieder ein Verhalten beobachten, das mir als exzellente Disziplin erschien; aber nie hörte ich die Fähe knurren oder irgendwelche Warnlaute geben. Stundenlang tollen die Welpen vergnügt in der Nachmittagssonne, manche pirschten sich an zu Mäusen und Grashüpfern erklärte Dinge an, während andere sich gegenseitig zu spielerischen Kämpfen und Hetzjagden anstacheln. Und am erstaunlichsten ist an dem Ganzen, wenn man mit diesen faszinierenden Geschöpfen erst einmal vertraut geworden ist, daß die alte Fähe, etwas abseits liegend, damit sie ihre balgenden Jungen und die Umgebung im Auge behalten kann, die ganze Familie jeden Augenblick unter ihrer Kontrolle zu haben scheint, obwohl sie nie ein «Wort» äußert. Dann und wann, wenn einer der Welpen sich mit seinen Kapriolen zu weit vom Bau entfernt, hebt die Fähe den Kopf und schaut ihn unverwandt an, und irgendwie bewirkt dieser Blick das gleiche wie der stumme Ruf der Wölfin – er läßt den Welpen haltmachen, als hätte sie ihm einen Ruf oder Boten nachgesandt. Geschähe das nur einmal, so möchte man es als bloßen Zufall übergehen. Aber es geschieht immer wieder und stets auf die gleiche herausfordernde Weise. Der ganz in seinem Spieleifer aufgehende Welpe besinnt sich, wendet sich um, als hätte er einen Befehl gehört, begegnet dem Blick der Mutter und kommt zurück wie ein wohlerzogener Hund auf den Ton der Pfeife.[7]

In den achtziger Jahren, als mir die gewaltigen theoretischen Implikationen dieses Phänomens aufgingen, forschte ich nach, was es dazu an empiristischen Untersuchungen gab. Erstaunlicherweise fand ich nur sehr wenig. Ich hielt zu diesem Thema einen Vortrag vor der British Society for Psychical Research in London – in der Hoffnung, daß einige Mitglieder etwas über experimentelle Forschungen zur Frage der Wirkungen des Anstarrens wußten, aber wieder griff ich ins Leere, wenngleich Renée Haynes über einen reichen Schatz von Anekdoten zu diesem Thema verfügte. Ich besprach die Sache auch mit mehreren Parapsychologen in den Vereinigten Staaten, mußte aber sehen, daß niemand bisher auf diesem Gebiet gearbeitet oder sich auch nur dafür interessiert hatte.[8] Bei meiner Suche in den Archiven stieß ich auf gerade sechs Arbeiten (zwei davon unveröffentlicht), die in den letzten hundert Jahren zu diesem Thema verfaßt wurden. Die Schulpsychologie hat das Phänomen ignoriert – und kein Wunder, gehört es doch in den Bereich des «Paranormalen». Erstaunlich ist dagegen, daß die Parapsychologen es ebenfalls ignoriert haben. In den meisten parapsychologischen Büchern findet man es nicht einmal erwähnt. Das ist eine sehr interessante Tatsache, denn sie deutet darauf hin, daß hier ein echter «blinder Fleck» vorliegt, der fast schon ein unbewußtes Tabu darstellt. Woher mag das kommen? Vielleicht besteht eine zu enge Verbindung zwischen diesem Gefühl, angestarrt zu werden, und alten Überzeugungen, die moderne Menschen gern als überwundenen Aberglauben abtun würden, womit ich insbesondere den «bösen Blick» meine.

Der böse Blick

In fast allen traditionellen Gesellschaften findet man die Vorstellung, daß von den Augen besondere Kräfte ausgehen können.[9] Die negative Form dieser Kraft ist der böse Blick, das Auge des Neids, das verderben läßt, was es anblickt. Schon die Bibel warnt den, der das «Schalksauge» hat, denn «der eilt zum Reichtum und ist neidisch».[10] Alles kann von diesem bösen Blick des Neids erfaßt und verdorben werden – Kinder, Vieh, Feldfrüchte, Haus und Auto. Er verursacht Krankheit und Unglück. Deswegen gibt es so viele Schutzmaßnahmen gegen ihn, zum Beispiel durch Amulette. Im modernen Griechenland haben sie für gewöhnlich die Form eines einzelnen blauen Auges, des Horus-Auges, das direkt von den Talismanen des antiken

Ägypten abstammt.[11] Dieses Auge ist auch ein Hauptbestandteil des Großen Siegels der Vereinigten Staaten, das man auf jeder Dollarnote sehen kann.

Die ursprüngliche Bedeutung des Wortes «faszinieren», nämlich «beschreien, behexen», erinnert an diese Macht, durch Blicke eine magische Wirkung zu erzielen. Im Englischen wird dieses Wort noch für die Fähigkeit der Schlangen gebraucht, ihre Opfer mit dem Blick bewegungsunfähig zu machen. Die schlangenhaarige Medusa der griechischen Mythologie konnte mit ihrem Blick Menschen versteinern; die Maske der Medusa in der Form des Gorgonenhauptes steht für die fürchterliche Macht der Göttin Athene.[12]

Francis Bacon veröffentlichte 1625 in einem Essay mit dem Titel *Of Envy (Über den Neid)* die folgenden Gedanken zum Thema Faszination:

> Es ist bekannt, daß unter den Leidenschaften keine dermaßen fesselt oder bezaubert wie Liebe und Neid. Beiden ist heftiges Verlangen eigen; sie geben sich leicht phantastischen Vorstellungen hin; sie fallen sofort ins Augs, namentlich in Anwesenheit ihres Gegenstandes, der die Verzauberung hervorruft, wenn anders es eine gibt. Wir lesen auch, wie die Heilige Schrift den Neid ein «Schalksauge» nennt ... So scheint man allgemein anzuerkennen, daß das Auge in dem Akt des Neides etwas heraussendet oder ausstrahlen läßt, ja, besonders aufmerksame Leute haben sogar beobachtet, daß der Zeitpunkt, in dem der Stich oder Stoß eines neidischen Auges am heftigsten verletzt, derjenige ist, wo der Beneidete in Glanz und Größe erblickt wird, denn das schärft den Neid besonders.[13]

Das englische Wort für «Neid», *envy*, geht auf das lateinische *invidia* und das zugehörige Verb *invidere* zurück, das soviel wie «intensiv ansehen» bedeutet. Nun wird zwar der Neid am häufigsten mit dem bösen Blick in Zusammenhang gebracht, aber es gibt auch andere negative Gefühlsregungen wie etwa Zorn, die dem alten Glauben zufolge durch die Augen auf andere einwirken, wenn wir zum Beispiel «wütende Blicke schießen». In unserer Gesellschaft

gilt es als grob unhöflich, andere Leute anzustarren, und man erzeugt damit Unbehagen oder provoziert sogar aggressive Reaktionen.
Das Vermögen, mit Blicken auf andere einzuwirken, ist dem alten Volksglauben zufolge nicht bei allen Menschen gleich stark entwickelt, aber wer den bösen Blick hat, wird als Unglücksbringer gefürchtet. Solche Überzeugungen waren im mittelalterlichen Europa weit verbreitet, und häufig lautete die Anklage gegen Frauen, die als Hexen galten, sie hätten Kinder oder Haustiere mit Blicken behext, und diese seien dann ohne ersichtlichen Grund krank geworden. Der Ägyptologe Sir Wallis Budge schreibt:

Die Erforscher des Weshalb und Wozu des bösen Blicks sind zu verschiedenen Ergebnissen gelangt, aber sie stimmen darin überein, daß seine Existenz und Wirksamkeit nirgendwo auf der Welt bezweifelt wird und dieser Glaube ohne Zweifel uralt und universal ist. Und in jeder antiken oder modernen Sprache gibt es einen Ausdruck, der dem Begriff «böser Blick» entspricht.[14]

Die positive Wirkung von Blicken, insbesondere von liebevollen Blicken, wird ebenfalls nirgendwo geleugnet. In Indien beispielsweise suchen die Menschen heilige Männer und Frauen wegen ihres *Darshan* oder Blicks auf, da ihm große Segenskraft nachgesagt wird. Vielleicht ist ein unbewußter Rest dieses Glaubens bei uns noch vorhanden als der weitverbreitete Wunsch, die Königin von England oder den Präsidenten der Vereinigten Staaten oder den Papst oder Popstars und andere Größen in Person zu sehen. Wir können sie fast täglich und ganz bequem im Fernsehprogramm sehen, aber irgend etwas muß an der direkten Begegnung ganz besonders erstrebenswert sein, sonst würden die Menschen kaum stundenlang in einer dichtgedrängten Menge ausharren, um einen Blick auf solche Größen zu erhaschen – oder noch besser, von ihnen gesehen zu werden («Die Queen hat mir zugewinkt!»). Solche bedeutenden Menschen bewegen sich stets «unter den Augen der Öffentlichkeit».
Kurzum, der Gedanke, daß von den Augen Wirkungen ausgehen können, ist praktisch weltweit verbreitet. Wenn aber der Geist beeinflussen kann, was er sieht, ist damit implizit gesagt, daß er von grö-

ßerer Ausdehnung sein muß, als die Wissenschaft meint. Und wenn die Schulwissenschaft diese Möglichkeit ignoriert oder leugnet, muß sie sich sagen lassen, daß sie die vorliegenden Daten nicht eingehend gewürdigt hat. Sie beharrt vielmehr ohne gute Gründe darauf, daß der Geist im Gehirn ist, und das ist die Theorie des kontrahierten Geistes. Es darf einfach nicht sein, daß Blicke irgendwelche mysteriöse Wirkungen haben, und so wird dieser Gedanke aus Prinzip verworfen.

Wir werden dieser Frage sicherlich nicht beikommen, wenn wir uns einfach nur an die Vorurteile der Wissenschaft oder an den Volksglauben halten, weiter anekdotisches Material anhäufen oder über die Natur des Geistes räsonieren. Hier führt nur ein Weg weiter: systematisches Experimentieren.

Der wissenschaftliche Hintergrund

In der wissenschaftlichen Literatur ist das Gefühl, angestarrt zu werden, erstmals in einem 1898 in der Zeitschrift *Science* erschienenen Aufsatz von E. B. Titchener thematisiert worden, der als einer der ersten wissenschaftlichen Psychologen an der Cornell University im Staat New York arbeitete:

Jedes Jahr finde ich in meinen Anfängerkursen einen gewissen Prozentsatz von Studenten, die fest überzeugt sind, daß sie es «spüren», wenn sie von hinten angestarrt werden; etwas kleiner ist die Zahl derer, die glauben, sie könnten jemanden, der vor ihnen sitzt, durch beharrliches Anstarren des Hinterkopfes dazu veranlassen, sich umzudrehen und ihnen ins Gesicht zu sehen.[15]

Titchener selbst ließ die Möglichkeit geheimnisvoller Einflüsse nicht zu und fand, es müsse eine rationale Erklärung geben. Seine Analyse ist es wert, in einiger Breite zitiert zu werden, denn heutige Skeptiker geben immer noch Erklärungen eben dieser Art:

Die Psychologie dieser Sache ist folgende:
1. Wir alle neigen zu mehr oder weniger Nervosität über das, was

hinter unserem Rücken vorgeht. Beobachtet man etwa die Zuhörer in einem Konzert- oder Vortragssaal, bevor sie dann von der Musik oder dem Vortrag gefangengenommen werden, so wird man sehen, daß sehr viele Frauen immer wieder die Hände zum Kopf führen, um ihre Frisur zu ordnen oder zu glätten, wobei sie dann und wann auf ihre Schulter oder über die Schulter nach hinten blicken; die Männer blicken häufig seitwärts oder nach hinten und streichen sich übers Revers...

2. Da also das Vorhandensein der Zuhörerschaft, der hinter einem sitzenden Leute, die beschriebenen Bewegungen auslöst, ist es nur natürlich, daß diese Bewegungen in vielen Fällen bis zu einer tatsächlichen Kopfdrehung fortgesetzt werden, bei der man den Blick über den rückwärtigen Teil des Raumes schweifen läßt... Halten wir fest, daß all dies ganz unabhängig von Blicken ist, die von hinten kommen mögen.

3. Nun wissen wir aber, daß Bewegung in einem unbewegten Feld – sei es das Feld des Sehens, des Hörens, des Berührens oder irgendein anderes – einer der stärksten Reize für die passive Aufmerksamkeit ist... Wenn ich daher im rückwärtigen Teil des Raumes sitze und B. sich weiter vorn befindet, in meinem Gesichtsfeld, und dann Kopf oder Hand bewegt, fällt mein Blick, von dieser Bewegung angezogen, unweigerlich auf B. Und natürlich starre ich ihn an, wenn er jetzt die Bewegung fortsetzt und sich umsieht. Höchstwahrscheinlich starren ihn auf die gleiche Weise und aus demselben Grund etliche Menschen aus allen Teilen des Saales an; und ob er nun gerade meinem Blick begegnet oder dem eines anderen, ist reiner Zufall. Irgendeinem Blick jedenfalls wird er ziemlich sicher begegnen. Solche Zufälle spielen offenbar einer Theorie von persönlichem Angezogensein oder telepathischen Einflüssen in die Hände.

4. Alles ist jetzt erklärt bis auf das Gefühl, das B. im Nacken verspürt. Dieses Gefühl besteht, was die physische Empfindung angeht, einfach aus Spannungs- und Druckempfindungen, wie sie dort (durch Haut, Muskeln, Sehnen und Gelenke) normalerweise vorhanden sind, jetzt aber deutlicher hervortreten durch die Aufmerksamkeit, die ihnen zugewendet wird, teils auch geweckt durch die Aufmerksamkeitshaltung überhaupt... Das «Muß-

Gefühl», das uns eine etwas andere Sitzhaltung einnehmen läßt, wenn die Druckverteilung unangenehm geworden ist oder wir das bessere Ohr den Lauten zuwenden wollen, die uns besonders interessieren.

5. Zusammenfassend darf ich sagen, daß ich diese Deutung des «Gefühls, angestarrt zu werden», wiederholt in einer ganzen Reihe von Experimenten überprüft habe, durchgeführt mit Menschen, die besonders empfänglich für solche Blicke zu sein behaupteten oder angaben, sie hätten die Gabe, «andere sich umdrehen zu lassen». Zu beidem, der Fähigkeit wie der Empfänglichkeit, haben die Experimente durchwegs negative Resultate erbracht. Die oben gegebene Deutung hat sich mit anderen Worten als richtig erwiesen. Sollte der wissenschaftliche Leser einwenden, dies sei zu erwarten gewesen und die Experimente seien daher Zeitverschwendung, so kann ich nur erwidern, daß sie mir gerechtfertigt erscheinen durch die Destruktion eines Aberglaubens, der im Volksbewußtsein mit tiefen und weitreichenden Wurzeln verankert ist. Kein wissenschaftlich ausgerichteter Psychologe glaubt an Telepathie. Zugleich aber kann ihre Wiederlegung, in welchem konkreten Fall auch immer, den Studenten auf den geraden Pfad der Wissenschaft leiten, und die so verbrachte Zeit könnte der Wissenschaft hundertfach zugute kommen.[16]

Manchem, der sich auf dem «geraden Pfad der Wissenschaft» befindet, mag das auch heute noch überzeugend klingen; anderen wird auffallen, daß Titchener das zu Beweisende von vornherein voraussetzt. In seinem Szenarium könnte durchaus ein geheimnisvoller Einfluß des Starrens eine Rolle gespielt haben. Und sein experimenteller Beweis für die Nichtexistenz des Phänomens (über den wir keine Einzelheiten erfahren) könnte auch anders zu erklären sein. Vielleicht waren seine Versuchspersonen von seiner skeptischen Haltung angesteckt oder in der künstlichen Atmosphäre des Labors zu befangen für entspannte und aussagekräftige Versuche.

Das ist überhaupt ein großes Problem bei der experimentellen Erforschung dieses Phänomens. Das Gefühl, angestarrt zu werden, kann vielleicht unter natürlichen Bedingungen auf unbewußte Weise zustande kommen. In der künstlichen Atmosphäre des Experimentierens bedarf es vielleicht einiger Übung, bis man bewußt zu unterscheiden vermag, ob man angestarrt wird oder nicht. Im wirklichen Leben hängen mit dem Starren außerdem die verschiedensten Gefühle zusammen – Ärger, Neid oder sexuelle Anziehung. Beim Experimentieren, wo solche Triebkräfte entfallen und nur die wissenschaftliche Neugier bleibt, ist der Effekt möglicherweise viel schwächer.

Der zweite Forschungsbericht zu diesem Thema wurde 1913 von J. E. Coover veröffentlicht. An Titcheners Arbeit anschließend, stellte er fest, daß fünfundsiebzig Prozent seiner Studienanfänger an der Stanford University an den Effekt des Anstarrens glaubten. Mit zehn Probanden führte er Experimente durch. Jeder wurde in einer Serie von hundert Versuchen vom Experimentator (Coover selbst oder ein Assistent) nach einem Klopfzeichen und in willkürlicher Folge von hinten angestarrt oder nicht angestarrt. Die Versuchspersonen mußten dann sagen, ob sie angestarrt wurden oder nicht und wie sicher sie in ihrem Urteil waren. Im großen Durchschnitt waren die Antworten der Versuchspersonen nur in 50,2 von hundert Fällen richtig; das Ergebnis lag also unwesentlich über der Zufallswahrscheinlichkeit. Interessanterweise trafen die Versuchspersonen jedoch in 67 Prozent der Fälle, in denen sie sehr sicher zu sein behaupteten; wo sie nicht so sicher waren, lag die Trefferquote im Bereich des statistisch zu erwartenden Werts. Diesen Aspekt seiner Resultate beachtete Coover nicht weiter, sondern schloß mit der Bemerkung, der Glaube an das Gefühl, angestarrt zu werden, sei zwar weit verbreitet, aber die Experimente hätten gezeigt, «daß es jeder Grundlage entbehrt».[17]

Damit war die Sache zunächst einmal für Jahrzehnte erledigt, bis J. J. Poortman die Frage 1959 im *Journal of the Society for Psychical Research* erneut aufwarf.[18] Er berichtete von Versuchen, die er in den Niederlanden mit einer befreundeten Frau durchführte; sie gehörte dem Stadtrat von Den Haag an und hatte ihm erzählt, «wenn sie bei einer Versammlung jemandem begegnete, mit dem sie reden wolle, dann starre sie diese Person einfach an». Er ging nach der Methode von Coover vor. Bei 89 Versuchen, an verschiedenen Tagen durchgeführt, richtete die Stadträtin nach einem Zufallsmuster den Blick auf ihn oder anderswohin und notierte, ob Poortman ja

Von der Ausdehnung des Geistes

oder nein sagte. Seine Antworten trafen in 59,6 Prozent der Fälle, und dies Ergebnis lag signifikant über der zu erwartenden Zufallshäufigkeit.[19]

Fast zwanzig Jahre vergingen, bis 1978 ein graduierter Student der Edinburgh University, Donald Peterson, weitere Untersuchungen anstellte. Bei einer Versuchsreihe mit achtzehn Probanden stellte er fest, daß sie signifikant häufiger wußten, wann sie angestarrt wurden, als nach der Zufallsverteilung zu erwarten gewesen wäre.[20]

1983 entwarf die australische Studentin Linda Williams an der University of Adelaide eine Versuchsanordnung, bei der die starrende und die angestarrte Person sich in getrennten Räumen befanden, achtzehn Meter voneinander entfernt, verbunden durch eine Videokamera und einen Monitor. Es wurde eine ganze Reihe von jeweils zwölf Sekunden langen Versuchen durchgeführt, deren Beginn den Probanden jeweils durch einen Piepton angezeigt wurden. Die Übertragungsanlage war jedoch so geschaltet, daß der Monitor nach einem Zufallsprogramm entweder die Versuchsperson zeigte oder leer blieb, während die Kamera die ganze Zeit lief; die starrende Person konnte die Versuchsperson also nicht bei jedem der zwölf Sekunden langen Versuche sehen. Nach den Tests mit insgesamt achtundzwanzig Versuchspersonen zeichnete sich ein schwacher, aber statistisch signifikanter positiver Effekt ab; sie wußten mit leicht über der Zufallswahrscheinlichkeit liegender Treffsicherheit, wann sie über den Monitor angestarrt wurden.[21]

Die technisch raffinierteste Untersuchung dieser Fähigkeit wurde Ende der achtziger Jahre von William Braud, Sperry Andrews und ihren Kollegen an der Mind Science Foundation in San Antonio, Texas, durchgeführt. Auch hier wurde eine TV-Übertragungsanlage verwendet. Die Probanden saßen zunächst zwanzig Minuten lang bei laufender Kamera in aller Ruhe in ihrem Raum und durften denken, was ihnen in den Sinn kam. Die starrenden Personen beobachteten sie am Monitor, der in einem anderen Flügel des Gebäudes stand. Im Gegensatz zu allen früheren Versuchen wurden die Probanden nicht aufgefordert, sich zu der Frage zu äußern, ob sie angestarrt wurden oder nicht. Man überwachte vielmehr ihre unbewußten Körperreaktionen, nämlich den Hautwiderstand, der über

Elektroden an der linken Hand abgeleitet wurde. Nach diesem Prinzip funktioniert auch der Lügendetektor: Schwankungen des Hautwiderstands sind ein sensibler Indikator für unbewußte Aktivitäten im sympathischen Nervensystem. Während einer Reihe von Dreißig-Sekunden-Versuchen mit eingeschalteten Ruhepausen wurden die Personen nach einem Zufallsmuster entweder angestarrt oder nicht. Es ergaben sich signifikante Unterschiede im Hautwiderstand, wenn die Versuchsperson angestarrt wurden – obgleich sie nichts davon wußten.[22]

Es ist auf diesem Gebiet bisher erstaunlich wenig geforscht worden, aber die wenigen Ergebnisse, die uns bisher vorliegen, lassen alles in allem vermuten, daß es das Gefühl, angestarrt zu werden, tatsächlich gibt, wenn es sich auch unter Laborbedingungen nicht gerade überwältigend deutlich zeigt.

Meine eigenen Untersuchungen

Ich selbst habe zweierlei Experimente durchgeführt. Bei der ersten Art, an der etliche Gruppen in Europa und Amerika beteiligt waren, setzten sich jeweils vier freiwillige Versuchspersonen an das eine Ende des Raums, mit dem Rücken zu den übrigen, die am anderen Ende saßen. Bei jedem Versuch wurde eine der Versuchspersonen von den Leuten am anderen Ende des Raums angeschaut, die übrigen vier nicht. Zu Beginn jedes Versuchs hielt ich, nach einer Zufallsabfolge, eine Karte mit dem Namen der anzuschauenden Person hoch. Am Ende dieser jeweils zwanzig Sekunden dauernden Versuche schrieben alle vier Probanden auf, ob sie sich angestarrt gefühlt hatten oder nicht. Die Ergebnisse zeigten, daß die meisten Menschen unter diesen Bedingungen Trefferquoten erzielen, die kaum oder gar nicht über dem statistischen Durchschnittswert liegen. Ich fand jedoch bei diesen Experimenten zwei Personen, die sich nur sehr selten irrten und sehr hoch über dem Zufallsniveau lagen.

Diese beiden Personen waren sich ihrer Fähigkeit außerdem sehr sicher. Die erste, eine junge Frau aus Amsterdam, sagte, sie habe diese Fähigkeit als Kind spielerisch mit ihren Geschwistern geübt und glaube sie immer noch zu besitzen. Die zweite Person war ein junger Mann aus Kalifornien; er sagte mir nach dem Experiment, er habe unter dem Einfluß der Droge MDMA gestanden, allgemein als «Ecstasy» bekannt, und sich deshalb in einem Zustand erhöhter Sensibilität befunden.

Bei der zweiten Art von Experimenten wurde augenblicklich Feedback gegeben, das heißt, die Versuchsperson erfuhr nach jeder Antwort gleich, ob sie richtig oder falsch war. Ansonsten ging ich ähnlich vor wie die meisten früheren Forscher: Versuchspersonen und starrende Personen arbeiten paarweise in einer nach dem Zufallsprinzip festgelegten Abfolge von Versuchen. Einzelheiten dazu im nächsten Abschnitt.

Bei diesen Experimenten schnitten einige Teilnehmer erstaunlich gut ab; sie irrten sich selten. Zwei von ihnen waren aus Osteuropa; vielleicht hatte das Leben unter kommunistischen Regimen sie auf besondere Wachsamkeit gegenüber dem Beobachtetwerden programmiert. Bei den meisten Beteiligten lagen die Trefferquoten in der Nähe des Zufallsniveaus, aber im großen Durchschnitt doch signifikant darüber: Nach zehn Versuchsreihen mit insgesamt über 120 Probanden standen 1858 richtigen Antworten 1638 falsche Antworten gegenüber; damit waren 53,1 Prozent der Antworten richtig, 3,1 Prozent mehr, als nach der Zufallswahrscheinlichkeit zu erwarten gewesen wären. Dieses Ergebnis ist statistisch hochsignifikant.[23]

Diese Resultate bestätigen die oben dargestellten positiven Befunde anderer Forscher. Sie bestätigen aber auch, daß die meisten Menschen unter solch künstlichen Bedingungen keine sehr beeindruckenden Trefferquoten erzielen. Das Gesamtergebnis liegt über der Zufallswahrscheinlichkeit, aber nicht sehr hoch darüber. Es wäre jetzt wichtig, Menschen zu finden, die unter künstlichen Bedingungen gute Erfolge erzielen, und meine vorläufigen Versuche lassen dies als durchaus möglich erscheinen. Es könnte überhaupt sein, daß manche Menschentypen besonders sensibel sind. Paranoide könnten beispielsweise in dieser Hinsicht überdurchschnittlich begabt sein; allerdings ist es anzunehmen, daß das Experiment selbst ihnen Anlaß zu paranoiden Befürchtungen gibt. Besonders gute Probanden finden wir möglicherweise unter Menschen, die durch Kampfkünste wie Aikido ein subtiles Rundum-Gewahrsein trainieren.

Mögliche Experimente

Zunächst möchte ich eine simple Versuchsanordnung umreißen, die ich vielfach erprobt habe. Drei Gesichtspunkte waren dabei maßgebend. Erstens sollte sie so einfach wie möglich sein, damit man sie ohne große Umstände anwenden kann. Das kann zum Beispiel in Workshops, Kursen und Seminaren geschehen, wo die Teilnehmer paarweise zusammenarbeiten, aber auch zu Hause oder irgendwo anders, wo man zu zweit Gelegenheit zum Experimentieren hat. Man braucht kein Labor und keine Apparate, nur einen Stift, ein Blatt Papier und eine Münze – und die Münze wird dabei nicht verbraucht. Kurzum, das Experiment ist kostenlos.

Zweitens kann man auf diesem Wege ungewöhnlich begabte Menschen herausfinden und dann detailliertere Versuche anstellen.

Drittens können Menschen, die zunächst nicht begabt zu sein scheinen, sich mit diesen Experimenten üben und dann sehen, ob sie mit wachsender Erfahrung zu besseren Ergebnissen kommen. Vielleicht kann man sich unter diesen künstlichen Umständen regelrecht trainieren, und auch das würde weiteren Forschungen den Weg ebnen.

Bei diesen Experimenten arbeitet man also paarweise zusammen, der eine sitzt mit dem Rücken zum anderen. Während einer Serie von Versuchen schaut der hinten Sitzende den Rücken des anderen nach einer festgelegten Zufallsabfolge entweder für jeweils zwanzig Sekunden an, oder er blickt für zwanzig Sekunden weg und denkt an etwas anderes; was er jeweils tut, bestimmt er durch Münzwurf. Den Versuchsbeginn markiert er dann mit einem Klopfen, Schnalzen oder elektronischen Piepton, und der Proband sagt dann, ob er meint, daß er angeschaut wird oder nicht. Gleichförmige mechanische oder elektronische Signale sind besser als ein Klopfen, denn hier ist die Möglichkeit ausgeschlossen, daß vielleicht die Stärke des Klopfens der Versuchsperson einen subtilen Hinweis gibt. Der hinten Sitzende notiert das Resultat und sagt der Versuchsperson, ob die Antwort zutraf oder nicht. Dann wirft er wieder die Münze, um für den nächsten Versuch zu bestimmen, ob er den Probanden anschauen wird oder nicht. Das geht ziemlich schnell, und man kann es leicht auf zwei Versuche pro Minute bringen. Die Aufzeichnung der

Resultate geschieht mittels einer simplen Trefferliste, wie sie im Abschnitt «Praktische Details» am Ende des Buches zu sehen ist.

Nach meiner Erfahrung sollte man die Versuchsperioden eher kurz halten, bis zu zwanzig Minuten; das heißt, daß man in dieser Zeit vierzig oder mehr Versuche machen kann. Für die statistische Auswertung sind mindestens zehn solcher Versuchsperioden wünschenswert, entweder immer mit denselben oder mit wechselnden Personen.[24]

Das beschriebene Verfahren ist an einer kalifornischen Schule im Rahmen des wissenschaftlichen Projektunterrichts bereits erprobt worden. Der dreizehnjährige Michael Mastrandrea führte hier 480 Versuche mit vierundzwanzig Personen durch. Jedesmal war er es, der hinten saß und schaute; er benutzte einen elektronischen Signalgeber zur Markierung des Versuchsbeginns. Das Gesamtergebnis zeigte eine Trefferquote von 55,2 Prozent, und das ist ein statistisch signifikantes positives Resultat.[25]

Wer anfangs nicht so gut abschneidet, wird vielleicht durch Übung mit der Zeit besser; wann immer sich die Gelegenheit ergibt, kann man Testläufe von fünfzehn bis zwanzig Minuten Länge machen. Hier kann ein dem Biofeedback ähnlicher Lernprozeß stattfinden, wobei man subtilen Empfindungen nachspürt oder es mit Visualisierungsmethoden versucht, um festzustellen, auf welche Weise man am sichersten zu unterscheiden vermag, wann man angestarrt wird und wann nicht. Jede so erreichte Verbesserung sollte sich in wachsenden Trefferquoten niederschlagen.

Hat man so eine besonders sensible Person gefunden, lassen sich viele weitere Fragen stellen. Hier ein paar naheliegende und unkomplizierte Beispiele:

1. Inwieweit kam es auf den Schauenden an? Sind hier manche Menschen besser geeignet als andere?

2. Ist das Gefühl, angestarrt zu werden, immer noch da, wenn die beiden Personen durch ein Fenster getrennt sind? Ist es auch dann noch da, wenn man aus der Ferne angeschaut wird, zum Beispiel durch ein Fernglas? So müßte man die Möglichkeit ausschließen können, daß die Versuchspersonen bei Experimenten in ein und demselben Raum durch subtile Hinweise, etwa Geräusche bei den Kopfbewegungen des Schauenden, beeinflußt werden. Zeigt der Ef-

fekt sich auch auf die Entfernung oder durch schalldichte Fenster noch, so würde das für den direkten Einfluß der Blicke sprechen.

3. Zeigt sich der Effekt auch dann, wenn statt der Versuchsperson selbst ihr Spiegelbild angestarrt wird?

4. Ist die Fähigkeit auch dann spürbar, wenn man Videokamera und Monitor benutzt und die beiden Personen sich in verschiedenen Räumen oder Gebäudeteilen befinden? Die oben beschriebenen Versuche in Adelaide und San Antonio deuten darauf hin, daß es so ist.

5. Und wenn es auf dem Wege der direkten Verkabelung geht, wie steht es dann mit drahtloser Übertragung? Hier könnte man den Einfluß der Entfernung ermitteln und Distanzen von Hunderten oder über Satellit sogar Tausenden von Kilometern austesten. Wenn entsprechende Vorversuche ergeben, daß der Effekt auch bei drahtloser Fernsehübertragung vorhanden ist, könnte man Live-Experimente durchführen, die von Millionen von Zuschauern verfolgt werden. Hier ein Vorschlag für die Gestaltung solch eines Fernsehprogramms. Vier besonders sensible Versuchspersonen sitzen in getrennten Räumen vor ständig laufenden Fernsehkameras. Bei der Versuchsreihe sehen die Schauenden nach einer Zufallsabfolge jeweils eine der Versuchspersonen. Am Ende jedes Versuchs drücken die Versuchspersonen den Ja- oder den Nein-Knopf. Die Schauenden haben eine Anzeigetafel vor sich, auf der die richtigen und falschen Antworten jeder Versuchsperson erscheinen. Eine Versuchsreihe muß nicht länger als etwa zehn Minuten dauern. Ein Computer würde für die nahezu verzögerungsfreie Analyse der Daten sorgen, und der Rest des Programms könnte aus einer Diskussion über die Resultate und ihre Implikationen bestehen.

Wenn sensible Probanden zur Verfügung stehen, dürfte es nicht mehr sehr schwierig sein, solch ein Experimentalprogramm tatsächlich ins Fernsehen zu bekommen, wie ich bei Gesprächen mit europäischen und amerikanischen TV-Produzenten feststellen konnte. Solch ein Programm würde sicherlich viel Interesse finden.

6. Besteht eine Beziehung zwischen dem Gefühl, angestarrt zu werden, und Telepathie? Ist das Anschauen eines Menschen von größerer Wirkung als das bloße Denken an ihn? Auch diese Fragen sind nur experimentell zu beantworten. Man kann das Experiment

zum Beispiel so abwandeln, daß man eine dritte Modalität einführt: Der Schauende denkt an die Versuchsperson, sieht sie dabei aber nicht an. Zu den beiden nach einer Zufallsabfolge verifizierten Möglichkeiten – entweder schauen oder nicht schauen und nicht denken – käme jetzt als dritte nicht schauen, aber denken hinzu. Ich vermute, daß die Wirkung des Schauens stärker sein wird als die des bloßen Denkens.

Das sind nur ein paar der Versuche, die man mit sensiblen Probanden anstellen könnte, aber die Beispiele zeigen wohl, daß sich hier sehr schnell ein fruchtbares Forschungsfeld erschließen ließe. Das Feld liegt offen da, und die Ergebnisse seiner Bearbeitung könnten mehr als erstaunlich sein.[26]

5. Die Wirklichkeit der Phantomgliedmaßen

Die Erfahrung von Phantomgliedmaßen

Wenn Menschen ein Körperteil verlieren, geht das Gefühl seines Vorhandenseins für gewöhnlich nicht mit verloren. Es kommt einem so vor, als sei er noch da, mag er auch nicht mehr von materieller Wirklichkeit sein. Von welcher Art ist wohl die Wirklichkeit des Phantoms?

Allein in den Vereinigten Staaten leben über 300 000 Menschen, die Arme oder Beine verloren haben, darunter etwa 26 000 Kriegsveteranen.[1] Fast alle erfahren Phantomgliedmaßen; manche Phantome schrumpfen mit der Zeit, aber selten verschwinden sie ganz. In vielen Fällen bleiben sie eine nur allzu lebhafte Erfahrung: der Sitz von allerlei Schmerzen. Phantomschmerzen tun wirklich weh.

Gleich nach einer Operation kann das Phantomgefühl so real sein, daß etwa Beinamputierte leicht vergessen, daß ihr Bein nicht mehr da ist. Manche stürzen sogar hin, wenn sie aufstehen und weggehen wollen. Andere «langen unwillkürlich nach unten, um sich den nicht mehr vorhandenen Fuß zu kratzen».[2] Manche, die vor kurzem einen Arm verloren haben, greifen damit nach dem Telefonhörer oder anderen Dingen.

Amputierte empfinden im allgemeinen nicht nur Form, Lage und Bewegung amputierter Gliedmaßen, sondern auch Juckreiz, Wärme oder ein Verdrehungsgefühl. Phantome können meist willentlich bewegt werden, und ihre Bewegungen sind mit dem übrigen Körper koordiniert. Man empfindet sie also wirklich als einen Teil des Körpers. Selbst wenn ein Phantomfuß ein ganzes Stück unterhalb des Stumpfs zu baumeln scheint, wird er noch als zum Körper gehörig empfunden und bewegt sich auf eine Weise, die mit den übrigen Gliedmaßen und dem Rumpf harmoniert.[3] Ein besonders merkwür-

diger Zug der Phantomgliedmaßen, und ganz ihrem geisterhaften Charakter angemessen, besteht darin, daß sie feste Gegenstände wie Bett oder Tisch durchstoßen können.
Von Betroffenen habe ich Dutzende sehr plastischer und faszinierender Schilderungen der Phantomerfahrung erhalten. Manche waren eine Reaktion auf einen Artikel, den ich 1991 im *Bulletin of the Institute of Noetic Sciences* veröffentlichte; andere kamen von Lesern der Zeitschrift *Veterans of Foreign Wars*, nachdem Dr. Dixie McReynolds, meiner Bitte folgend, freundlicherweise einen entsprechenden Aufruf in der Aprilnummer 1993 untergebracht hatte. Das folgende stammt von Mr. Herman Berg, einem Kriegsveteranen, dem 1970 ein Bein amputiert wurde:

Man gewöhnt sich mit der Zeit an die verschiedenen Empfindungen, den Juckreiz und sogar regelrechte «Schmerz»-Anfälle, obwohl man gelegentlich noch flucht. Die Amputation macht einen auch zu einem zuverlässigen Wetterfrosch. Man weiß immer, wann irgendein Wetterwechsel bevorsteht.
Ich empfinde das fehlende Bein immer als an Ort und Stelle. Anfangs schien es durch das Bett zu sacken oder kerzengerade nach oben zu stehen. Das hat aufgehört, aber es ist immer da. Es kommt auch vor, daß man die Empfindungen tagelang nicht bemerkt. Ich kann mit dem Willen erreichen, daß sich die Zehen krümmen oder das Knie sich beugt und so weiter. Ich spüre die Bewegungen durch die abgeschnittenen Nerven, aber es ist immer ein Gefühl wie von Mißklang oder Kurzschluß dabei, wirklich bizarr.
Eben jetzt beim Schreiben sitze ich in Shorts an meinem Schreibtisch, und das fehlende Bein ist genau in der Stellung, in der es sein sollte, sogar in den Zehen ist ein bißchen Gefühl.

Viele Amputierte werden immer wieder mal von Schmerzen heimgesucht, und leider können die Ärzte nicht viel tun, sofern der Schmerz nicht eher den Stumpf als das Phantom betrifft. Teilerfolge kann man offenbar mit Meditation und Biofeedbackmethoden erzielen.[4] Manche Amputierte suchen im Alkohol Trost, andere in Drogen. Aber viele lernen mit dem Problem umzugehen und zeigen dabei ebensoviel Mut wie Lebenszuversicht. Mr. Leo Unger beispielsweise wurde an beiden Füßen von einer Tretmine schwer verletzt, als er 1944 in Europa kämpfte. Er wurde an beiden Beinen unterhalb der Knie amputiert.

Vom ersten Tag an hatte ich immer das Gefühl, daß meine Unterschenkel und Füße noch da waren. In der ersten Zeit hatte ich schwere Phantomschmerzen, die sich anfühlten wie an den Beinen herunterrollende und dann von den Zehen abspringende Feuerbälle. Nach zwanzig Jahren kam dieses Gefühl nur noch selten; aber es fühlt sich oft so an, als wären die Knochen in meinen Füßen eben erst gebrochen, wie gleich nach meiner Verwundung. Ich habe gelernt, meine Beine hochzulegen, dann hört das Gefühl auf.

Andere Arten von Phantomen

Auch der Verlust anderer Körperteile – Nase, Hoden, Zunge, Brüste, Penis, Blase, Enddarm – kann Phantome entstehen lassen.[5] Solch ein Phantom muß, wie sich bei manchen Frauen nach einer Brustamputation zeigt, nicht unbedingt unangenehm sein:

Die schmerzfreie Phantombrust nach einer Mastektomie, an der die Brustwarze der lebendigste Teil ist, wird von den Frauen meist als angenehm empfunden, weil die Phantombrust den mit einer Einlage versehenen Büstenhalter auszufüllen scheint und sich sehr real anfühlt. Schmerz in einer Phantombrust kann jedoch quälend sein.[6]

Auch Phantompenisse können angenehm oder unangenehm sein. Manche Männer haben schmerzlose Phantomerektionen, einige sogar Phantomorgasmen. Andere jedoch haben Schmerzen. Ein Mann mit heftigen Schmerzen in seinem Phantompenis «wurde von diesen Schmerzen ständig verfolgt und mußte sich unter Leuten häufig eisern beherrschen, um nicht dem kaum zu unterdrückenden Drang zu folgen, die Spitze des Phantoms zu kneifen, was ihm Erleichterung verschaffte».[7]

Andere Arten von Phantomen können sich genauso real anfühlen.

Manche Menschen mit Phantomblasen klagen immer wieder über ihre gefüllte Blase und haben sogar das Gefühl zu urinieren. Und auch bei Phantomenddärmen fühlen manche Menschen tatsächlich, «daß sie Gase oder Stuhl ausscheiden».[8]

Unter den häufigsten Verlusten – und daher Phantomen – sind Finger und Zehen. Im *British Medical Journal* wurde beispielsweise von einem Seemann berichtet, der den rechten Zeigefinger verlor und jahrzehntelang zu leiden hatte, weil der Phantomfinger immer so starr ausgestreckt blieb, wie der echte Finger in dem Moment gewesen war, als er abgeschlagen wurde. Wenn er die Hand zum Gesicht hob, etwa um sich an der Nase zu kratzen oder beim Essen, befürchtete er stets, er werde sich den Finger ins Auge bohren. Er wußte natürlich, daß dies unmöglich war, aber das Gefühl ließ sich trotzdem nicht abschütteln.[9]

Ausnahmen

Für gewöhnlich läßt der Verlust von Körperteilen Phantome entstehen, aber es gibt ein paar Ausnahmen. Manche Menschen, die als Säuglinge oder Kleinkinder Gliedmaßen verloren, haben keine Phantome. Auch Leprakranke, die mit dem Fortschreiten der Krankheit Finger und Zehen verlieren, haben keine Phantome. Anders als bei Verstümmelungen durch Unfall oder Amputation schreitet die Lepra langsam voran, und der Verlust von Gliedmaßen kann sich über zehn und mehr Jahre hinziehen. Dem Verlust des Fingers oder Zehs geht die allmähliche Degeneration der Nerven voraus, bis in den befallenen Teilen keinerlei Empfindung mehr ist. Die Lepra ist nicht schmerzhaft, aber absterbende Körperteile können verletzt oder infiziert werden, ohne daß es dem Kranken etwas ausmacht. Deshalb müssen befallene Körperteile manchmal amputiert werden. Unmittelbar nach dem chirurgischen Eingriff an den Stümpfen oder nach der Amputation einer Hand oder eines Fußes geschieht etwas ganz Erstaunliches. Selbst wenn die leprösen Körperteile schon vor zwanzig oder dreißig Jahren verlorengingen, ohne Phantome zu hinterlassen – jetzt treten urplötzlich sehr lebhafte Phantomempfindungen auf![10]

Eine der frühesten Theorien der Phantome besagte, daß sie eine Art Gedächtnis darstellen. Deshalb nahm man an, daß sie bei Menschen, denen von Geburt an Körperteile fehlen (Aplasie), nicht auftreten; man denke etwa an den bekannten Fall der Contergan-Kinder, deren Mütter während der Schwangerschaft dieses jetzt verbotene Beruhigungsmittel genommen hatten. Nun ist es zwar tatsächlich so, daß die meisten Menschen mit solchen Aplasien keine Phantomgefühle haben, aber bei zehn bis zwanzig Prozent von ihnen treten sie dennoch auf.[11] Manche, die ohne Hände geboren werden, spüren Finger, die gekrümmt werden können. Mit verkürzten Armen Geborene haben manchmal das Gefühl, die Arme seien länger, als sie tatsächlich sind. Ein Mann beispielsweise, dessen rechter Unterarm fast vollständig fehlte, so daß die Hand praktisch am Ellbogen ansetzte, empfand diesen Arm als genauso lang wie den intakten linken.[12] Anders als die meisten Phantome nach Amputationen sind solche Phantome nichtausgebildeter Gliedmaßen kaum jemals schmerzhaft.[13]

Phantome vorhandener Gliedmaßen

Phantome können auch entstehen, wenn nur die Empfindungsfähigkeit in einem Körperteil verlorengeht und nicht der Körperteil selbst. Bei manchen Motorradunfällen beispielsweise wird der Fahrer so auf die Straße geschleudert, daß die Schulter mit einem gewaltigen Schlag nach vorn gedrückt wird und der Armnerv vom Rückenmark abreißt. Obwohl der Arm ansonsten intakt bleibt, erscheint jetzt ein Phantomarm, der mit dem unbrauchbar gewordenen echten Arm zusammenfällt. Aber wenn der Verletzte die Augen schließt, kann der Phantomarm sich vom körperlichen Arm lösen und ein Eigenleben gewinnen. Der körperliche Arm hat keinerlei Reaktionsvermögen mehr, aber der Phantomarm kann äußerst schmerzhaft sein. Manchmal amputiert man den echten Arm in der Hoffnung, die Schmerzen lindern zu können. Leider bleiben die Schmerzen dem Verletzten meist erhalten.[14]

Phantome kommen auch bei Querschnittslähmungen nach schweren Verletzungen des Rückenmarks vor. Solche Patienten sind je nach Lage und Schwere der Verletzung mehr oder weniger stark gelähmt; sie spüren ihren Körper unterhalb der Verletzungsstelle nicht mehr und haben keine Kontrolle über ihn. Dennoch erleben sie häufig Phantombeine oder Phantome anderer Körperteile, auch der Genitalien.

Für gewöhnlich bewegen sich die Phantome Querschnittsgelähmter in Übereinstimmung mit ihrem Körper, vor allem bei geöffneten Augen; manche klagen jedoch, sie könnten ihre Phantome nicht stillhalten. Es kommt zum Beispiel vor, daß ihre Phantombeine ständig Kreisbewegungen ausführen, selbst wenn sie ganz still im Bett liegen.[15]

Nicht nur ein abgerissener Nerv kann Phantome entstehen lassen, sondern auch ein betäubter. Das geschieht häufig bei orthopädischen Operationen. Viele Patienten, die eine Rückenmarksanästhesie bekommen, erleben Phantombeine, wobei die Häufigkeit je nach Ort der Anwendung von 10 bis 55 Prozent reicht.[16] Die Phantombeine sind meist mehr oder weniger gebeugt, so daß sie bei Patienten, die auf dem Rücken im Bett liegen, über dem echten Bein aufragen.

So kommt es auch nach der Betäubung der Armnerven zur Ausbildung von Phantomarmen, sogar häufiger als bei den Beinen, nämlich bei etwa neunzig Prozent der so behandelten Patienten.[17] Es gibt hierzu eine Studie, die beschreibt, wie man Patienten vor einem Eingriff am Arm oder an der Hand aufforderte, einen laufenden Kommentar über ihren anästhesierten Arm zu geben und seine jeweilige Haltung mit dem anderen Arm spiegelbildlich nachzuahmen. Innerhalb von zwanzig bis vierzig Minuten nach der Injektion hatte sich das Phantom gebildet:

> Die Augen geschlossen, berichtete die Versuchsperson, der anästhesierte Arm fühle sich, was seine Lage im Raum anging, normal an; sie gab mit der Haltung des anderen Arms für gewöhnlich zu erkennen, daß sie ihn als leicht abgewinkelt neben dem Körper liegend oder mit dem Unterarm auf Bauch oder Brust ruhend empfand. Tatsächlich lag der betäubte Arm dann ausgestreckt neben dem Körper. Manchmal bewegte der Experimentator diesen Arm langsam, bis Unterarm und Hand neben dem Kopf waren.

Öffnete die Versuchsperson dann die Augen, zeigte sie großes Erstaunen über die Diskrepanz zwischen der tatsächlichen Haltung des anästhesierten Arms und der Wahrnehmung dieses Arms. Sie empfand den Phantomarm als eindeutig real ... Manche erkannten ihren wirklichen Arm nicht, wenn sie ihn über ihrem Kopf sahen, und starrten sowohl ihn als auch die Stelle, wo sie ihn vermuteten, ungläubig an.[18]

In den meisten Fällen bewegte sich das Phantom dann jedoch sehr schnell auf den wirklichen Arm zu und verschmolz mit ihm. Schlossen sie dann aber wieder die Augen, so bewegte sich das Phantom schnell in seine alte Lage zurück. Bei einigen sehr stark anästhesierten Probanden kam es auch bei geöffneten Augen nicht zur Verschmelzung von Phantom und Arm: «Das Phantom blieb trotz der wiederholten Anweisung, den realen Arm anzuschauen und sich auf ihn zu konzentrieren, in seiner geisterhaften Stellung.»[19]

Die meisten anästhesierten Patienten mit Phantomarmen stellten fest, daß sie diese Phantome willkürlich bewegen konnten. Insbesondere vermochten sie die Hände zu beugen und zu strecken und die Finger zu bewegen. Wenn die Betäubung dann nachließ und normale Empfindung und Beweglichkeit in den Arm zurückkehrten, verschwand das Phantom.[20]

Einen Phantomarm kann man auch mit einer Druckmanschette erzeugen, wie sie der Arzt bei der Blutdruckmessung verwendet. Läßt man die Manschette lange genug aufgepumpt, wird der Arm schließlich taub. Bei geschlossenen Augen fangen die meisten Probanden nach dreißig bis vierzig Minuten an, den Arm in einer anderen als seiner tatsächlichen Lage zu empfinden. Der Phantomarm verschwindet, wenn man den Druck abläßt und das normale Empfinden zurückkehrt.[21]

Die Belebung künstlicher Gliedmaßen

Wie Phantome sich nach einem Nervenabriß oder aufgrund einer Anästhesierung vom realen Arm oder Bein lösen und dann wieder mit ihm verschmelzen können, so kann es auch zur Verschmelzung

Von der Ausdehnung des Geistes

von Phantomen mit künstlichen Gliedmaßen kommen. Das spielt sogar eine sehr wichtige Rolle für die Gewöhnung Amputierter an ihre Prothesen. Ein Forscher hat es so ausgedrückt: «Das Phantom ist wichtig für die Einschätzung und Steuerung der Bewegungen einer Prothese. Anfangs besteht keine Beziehung, doch dann kommen die beiden immer mehr zusammen, bis hin zur exakten räumlichen Deckung, und das leblose Anhängsel wird vom Phantom gleichsam belebt.»[22] Ein anderer formuliert knapp: «Die Prothese ‹paßt› dem Phantom für gewöhnlich so wie der Handschuh der Hand.»[23]

Bei Amputierten, die keine Prothese tragen, neigt das Phantom meist zur Schrumpfung. Eine Prothese wirkt dieser Neigung entgegen und kann sogar ein geschrumpftes Phantom wieder wachsen lassen. Das folgende Beispiel stammt von Weir Mitchell, der im amerikanischen Bürgerkrieg als Chirurg arbeitete und den Begriff «Phantom» in die medizinische Fachsprache einführte:

Bei etwa einem Drittel der Beinamputierten und der Hälfte der Armamputierten hören wir, daß Fuß oder Hand näher am Rumpf empfunden werden als am gesunden Arm oder Bein ... Manchmal wandern die Extremitäten immer weiter auf den Rumpf zu, bis sie den Stumpf berühren oder sich sogar in ihm zu befinden scheinen – der Schatten in der Substanz ... Nun läßt sich denken, daß künstliche und gefühllose Gliedmaßen, aus motorischen Gründen an die Stelle verlorener Gliedmaßen gesetzt, dazu führen werden, daß Hand oder Fuß vermöge des Gesichtssinnes schließlich in unserem Bewußtsein wieder an ihren früheren Ort gelangen. Eben dies wird von zwei Beinamputierten, die eine gute Beobachtungsgabe besitzen, geschildert. Einer von ihnen, der beruflich jedes Jahr mit Hunderten von Amputierten zu tun hat, versicherte mir, dies sei eine sehr verbreitete Erfahrung. Er selbst verlor mit elf Jahren sein Bein und erinnert sich noch, daß der Fuß sich nach und nach dem Knie annäherte und es schließlich erreichte. Als er dann ein künstliches Bein bekam, wanderte der Fuß allmählich wieder an seinen alten Platz zurück. Heute erlebt er sein Bein nur noch dann als verkürzt, wenn er aus irgendeinem Grund über den Stumpf und das fehlende Bein nachdenkt oder davon spricht.[24]

Amputierte nehmen ihre künstlichen Gliedmaßen zum Schlafen meist ab, und dann können die Phantomschmerzen sehr unangenehm werden. William Warner, ein amerikanischer Kriegsveteran, dessen Bein 1944 in Italien oberhalb des Knies amputiert wurde, beschreibt es so:

> Manchmal wird es so schlimm, daß ich nicht schlafen kann. Ich habe mit einigen Ärzten gesprochen, aber sie können da nicht viel machen. Manchmal stehe ich nachts auf, ziehe meine Prothese an und gehe ein bißchen umher; das hilft ein wenig. Sobald ich sie abnehme, geht es wieder los.

Oliver Sacks berichtet von einem ähnlichen Fall, wo der Patient zwei ganz verschiedene bewußte Eindrücke von seinem Phantom hatte: das gute Phantom, das seine Prothese lebendig machte und ihm das Gehen ermöglichte, und das schlimme Phantom, das ihm Schmerzen bereitete, wenn er nachts die Prothese abschnallte. Sacks bemerkt dazu: «Ist nicht für diesen Patienten und für alle Patienten der *Gebrauch* entscheidend, wenn es darum geht, ein ‹schlimmes› (oder passives oder pathologisches) Phantom zu vertreiben ... und das ‹gute› Phantom ... lebendig, aktiv und munter zu halten?»[25]

Das Phantom im Volksglauben

In den Höhlen Frankreichs und Spaniens wurden Abdrücke verstümmelter Hände gefunden, die bis zu 36 000 Jahre alt sind, und in den Gräbern ägyptischer Mumien stößt man mitunter auf künstliche Arme.[26] Zum Verlust von Gliedmaßen kam es in früheren Zeiten nicht nur aufgrund von Unfällen, Krankheiten oder Kämpfen, manchmal ging es auch um Missetat und Vergeltung. «Auge um Auge, Zahn um Zahn, Hand um Hand, Fuß um Fuß», wie wir in der Bibel gleich an mehreren Stellen lesen.[27] Und in der islamischen Welt ist das Abschlagen des rechten Arms seit jeher die Strafe für Diebstahl. Man darf also erwarten, daß es alte Volksüberlieferungen zu dieser Thematik gibt, die sich von Generation zu Generation weitervererben.

Von der Ausdehnung des Geistes

Da wäre zunächst die legendäre Wetterfühligkeit der Amputierten, und hier wird das Überlieferungsgut ständig durch Erfahrung aufgefrischt. «Unwillkürliche Bewegungen fehlender Zehen oder Finger sind häufig und für sehr viele Menschen unfehlbare Ankündigung eines Ostwindes.»[28] Es wäre noch relativ leicht, die Treffsicherheit dieses Wetterdienstes zu überprüfen oder zu untersuchen, ob man dergleichen mit meteorologischen Faktoren wie Temperatur, Luftdruck und Luftfeuchtigkeit erschöpfend erklären kann.

Andere Facetten der Volksüberlieferung wären jedoch schwieriger zu erforschen, wenn auch nicht weniger interessant. So gibt es zum Beispiel immer wieder Anklänge an den uralten magischen Glauben, daß ein vom Körper abgetrennter Teil doch noch mit ihm in Verbindung bleibt – eine Art Fernwirkung oder nichtlokale Verbindung. Ich selbst begegnete diesem Denken erstmals, als ich in Malaysia lebte. In einem Dorf, in dem ich mich aufhielt, schnitt ich mir einmal die Fingernägel und warf die Schnipsel ins Gebüsch. Meine Gastgeber waren entsetzt. Ein böse gesinnter Mensch, sagten sie, könnte die Späne an sich nehmen und mir dann durch Hexerei schaden; ob ich denn nicht wisse, daß böse Dinge, die meinen abgeschnittenen Nägeln getan wurden, auch mir selbst Böses bringen können.

Ich stellte später fest, daß solche Überzeugungen weit verbreitet sind; sie gehören zum Grundbestand des sogenannten Sympathiezaubers, den der Anthropologe James Frazer so definiert: «Dinge, die einmal miteinander in Berührung waren, wirken auch nach dem Abreißen der direkten Verbindung noch aus der Ferne aufeinander ein.»[29] Einer der faszinierendsten Züge der Quantentheorie besteht darin, daß das Prinzip der Nichtlokalität, wie es im Einstein-Podolsky-Rosen-Paradox und in Bells Theorem zum Ausdruck kommt, genau das gleiche über die physikalischen Prozesse im subatomaren Bereich aussagt.

Was nun Phantomgliedmaßen angeht, besagt dieser Glaube, daß das Schicksal eines verlorenen Körperteils sich auf den Menschen auswirkt, zu dem er einst gehörte. Die Briefe, die ich von Lesern der Zeitschrift *Veterans of Foreign Wars* erhielt, zeigen, daß diese Tradition noch sehr lebendig ist. Mr. William Craddock beispielsweise erzählt, wie er von diesem Glauben durch seinen Vater erfuhr, der im Kesselhaus eines Krankenhauses in Jacksonville, Illinois, arbeitete:

Die Wirklichkeit der Phantomgliedmaßen

In den vierziger Jahren ging ich auf dem Heimweg von der Schule meist beim Kesselhaus vorbei. Einmal hatte mein Vater, als ich hereinkam, etwas in Tuch Eingeschlagenes auf der Werkbank liegen und versuchte es zu verstecken. Ich sah Blut am Stoff, und als ich meinen Vater fragte, was das sei, sagte er: «Laß nur.» Später erzählte er mir, es sei ein amputierter Arm gewesen, und er habe ihn nur eingewickelt, um sicherzugehen, daß nichts unnatürlich verbogen wurde. Er sagte, daß er einen Mann kannte, der nach einer Armamputation so große Schmerzen hatte, daß sie schließlich seinen Arm ausgruben und die Finger geraderichteten. Da gingen die Schmerzen weg.

Hier eine andere Geschichte von einem Mann, der seinen amputierten Finger in einem Glas konserviert aufbewahrte:

Etliche Jahre lang hatte der Mann keine Beschwerden. Dann erschien er bei dem Arzt, der ihm den Finger abgenommen hatte, und klagte über ein starkes Kältegefühl in dem fehlenden Finger. Der Arzt fragte, wo das Glas mit dem amputierten Finger jetzt sei. Der Mann sagte, es sei wie immer in der beheizten Kellerwohnung seiner Mutter. Der Arzt riet ihm, seine Mutter anzurufen und nach dem Glas sehen zu lassen. Die Mutter tat es ungern, aber sie tat es und fand ein zerbrochenes Kellerfenster gleich neben dem Glas. Der Schmerz verschwand, sobald der Finger wieder aufgewärmt war.

Der amerikanische Psychologe William James hat in den achtziger Jahren des vorigen Jahrhunderts an die zweihundert Amputierte befragt und festgestellt, daß solche Überzeugungen «sehr verbreitet»[30] waren. In neuerer Zeit haben manche Psychiater den Phantomschmerz als durch diesen Glauben erzeugte «Phantasien» zu erklären versucht. Ein in der Literatur dokumentierter Fall betrifft einen vierzehnjährigen Jungen, der nach der Amputation eines Beins heftige, brennende Phantomschmerzen hatte. Sein Psychiater fand heraus, daß einer seiner Lehrer vor etwa einem Jahr im Unterricht über Amputationen gesprochen hatte und von einem Mann erzählte, der stechende Schmerzen in seinem Phantombein hatte. Das Bein wurde ausgegraben, um die Ursache des Schmerzes festzustellen, und man fand es von Ameisen angenagt. Nach dieser Story hörte der Schmerz auf, als man die Ameisen entfernt und das Bein gut geschützt wieder vergraben hatte. Der Logik dieser Geschichte folgend, glaubte der Junge nun, daß die Verbrennung seines amputierten Beins der Grund für seine brennenden Phantomschmerzen sei.[31]

Bei einem anderen psychiatrischen Fall ging es um eine junge Frau, der nach einem Autounfall im Alter von sechzehn Jahren beide Beine amputiert worden waren. Sie litt unter heftigen, brennenden Phantomschmerzen. Unter Hypnose erinnerte sie sich, daß sie dem Chirurgen vor der Operation gesagt hatte, ihre Beine sollten nicht verbrannt, sondern beerdigt werden. Der Chirurg ignorierte diese Bitte. Die Therapie, von dem Psychiater unter Hypnose durchgeführt, bestand nun in der Suggestion, daß ihre Beine zwar verbrannt und daher physisch nicht mehr vorhanden waren, aber auf der geistigen Ebene seien sie immer noch bei ihr. «Sie berichtete dann, daß es ihr immer besser ginge; offenbar vermochte sie zu glauben, daß ihre Beine ihr symbolisch wiedergegeben worden waren.» Ihre Phantomschmerzen verschwanden vollkommen.[32] Das ist einer der wenigen Fälle von vollständiger Heilung, denen ich in der medizinischen Literatur begegnet bin.

Ähnliche Überzeugungen sind auch im heutigen Rußland und vermutlich vielen anderen Gegenden der Welt weit verbreitet. Für Skeptiker versteht es sich natürlich von selbst, daß es sich um reinen Aberglauben handelt. Aber was macht sie so sicher? Niemand hat je geeignete Experimente durchgeführt. Obwohl es mir hier nicht in erster Linie um den Einfluß verlorengegangener Körperteile auf dem Phantomschmerz geht, möchte ich doch anmerken, daß diese Frage sich durchaus experimentell untersuchen ließe.

Solche Experimente wären ohne größeren Aufwand durchzuführen, sofern man die Mitarbeiter und Patienten einer Klinik, in der amputierte Gliedmaßen routinemäßig verbrannt werden, dafür gewinnen kann. Zum Zweck dieses Experiments würde man die amputierten Körperteile nach dem Zufallsprinzip in drei Gruppen einteilen. Die der ersten Gruppe würde man wie gewöhnlich verbrennen, die der zweiten ausgestreckt und die der dritten gebeugt vergraben. man würde nach dem «Doppelblind»-Verfahren vorgehen, so daß weder die Patienten noch die Ärzte wüßten, welcher der amputierten Körperteile welches Schicksal erleidet. Anschließend würde man die Patienten immer wieder mal über ihre Schmerzen befragen. Sollte sich dabei kein signifikanter Unterschied zwischen den einzelnen Gruppen zeigen, würde das für die skeptische Hypothese sprechen. Falls sich jedoch herausstellte, daß Patienten, deren Gliedmaßen verbrannt oder gebeugt vergraben wurden, häufiger unter brennenden oder anderen Schmerzen litten als andere, deren Gliedmaßen in gestreckter Form vergraben wurden, so wäre das eine experimentelle Bestätigung des überlieferten Glaubens. Danach wäre dann die in Kliniken allgemein übliche Praxis zu ändern, zumindest so weit, daß man den Patienten in der Frage der Entsorgung ihrer Körperteile ein Mitspracherecht einräumt.

Phantomgliedmaßen und außerkörperliche Erfahrungen

Welche Beziehung besteht zwischen Phantomgliedmaßen und sogenannten außerkörperlichen Erfahrungen (AKE)? Bei einer AKE hat man das Gefühl, «außerhalb» seines physischen Körpers und in einer Art Phantomkörper zu sein.[33] Hier zum Beispiel der Bericht eines Mannes, der nach einem schweren Unfall bei seiner eigenen Operation zuschaute. Er hatte eine Narkose bekommen und das Bewußtsein verloren. Aber die völlige Bewußtlosigkeit hielt nicht lange an:

Ich sah mich – mein körperliches Ich – dort liegen. Ich sah den Operationstisch, scharf und klar. Ich selbst fühlte mich frei schwebend und sah von oben herunter auf meinen Körper, der auf dem Operationstisch lag. Ich sah die Operationswunde an der rechten Seite meines Körpers und den Arzt mit einem Instrument in der Hand, das ich nicht näher beschreiben kann. All das beobachtete ich völlig klar. Ich wollte das Ganze irgendwie anhalten, es war so real. Ich habe noch die Worte im Ohr, die ich immer wieder rief: «Hört auf – was macht ihr da?»[34]

Manche Menschen können sogar willentlich aus ihrem Körper «herauskommen» und sich umherbewegen. Wenn das Experiment zu Ende ist, treten sie wieder in ihren physischen Körper ein, und der Phantomkörper verschmilzt mit ihm. Ein sehr erfahrener außerkörperlich Reisender ist Robert Monroe,[35] der in seinem Forschungszentrum in Virginia sogar Kurse zu diesem Thema gibt, in denen man lernen kann, den Körper zu verlassen. Hier seine eigene Darstellung:

> Eine AKE ist ein Zustand, wo man sich außerhalb des physischen Körpers wiederfindet; man ist vollkommen bewußt und kann, mit ein paar Ausnahmen, so wahrnehmen und handeln wie im physischen Körper. Die Ausnahmen: Man kann sich langsam oder – so empfindet man es – mit Überlichtgeschwindigkeit durch den Raum (und die Zeit?) bewegen. Man kann beobachten, sich an beobachteten Vorgängen beteiligen und aufgrund dessen, was man wahrnimmt und tut, bewußte Entscheidungen fällen. Man durchdringt grobstoffliche Materie wie Mauern, Stahl, Beton, Erde, Ozeane, Luft, ja selbst nukleare Strahlung ohne Mühe und ohne irgendeine Wirkung davon zu verspüren. Man kann ins Nebenzimmer gehen, ohne eigens die Tür öffnen zu müssen. Man kann einen dreitausend Meilen entfernten Freund besuchen. Man kann den Mond, das Sonnensystem oder die Milchstraße erkunden, wenn man Interesse daran hat.[36]

AKE kommen häufig bei Menschen vor, die fast gestorben wären; sie sind der Ausgangspunkt für sogenannte Nahtod-Erfahrungen. Das folgende erzählt ein siebzehnjähriger Junge, der beim Schwimmen im See mit einigen Freunden beinahe ertrunken wäre:

> Es ging auf und nieder, auf und nieder, und plötzlich kam es mir so vor, als wäre ich weg von meinem Körper, weg von allen anderen, für mich allein im Raum. In diesem Raum war ich in Ruhe, blieb in einer Höhe, aber meinen Körper sah ich ungefähr einen Meter vor mir auf und ab hüpfen. Ich sah ihn von hinten und ganz leicht von rechts. Ich war außerhalb meines Körpers und hatte trotzdem noch das Gefühl, einen Körper zu besitzen. Es war ein Gefühl von Luftigkeit, kaum zu beschreiben – wie eine Feder.[37]

Die Wirklichkeit der Phantomgliedmaßen

Solche Erfahrungen sind in den meisten, wenn nicht allen traditionellen Kulturen seit jeher bekannt. Sogar in der modernen Industriegesellschaft sind sie nicht ungewöhnlich. Umfragen zeigen immer wieder, daß zehn bis zwanzig Prozent der Menschen sich an mindestens eine AKE erinnern.[38]

Wir alle machen im Traum ähnliche Erfahrungen, wenn wir irgendwo unterwegs sind, obwohl unser physischer Körper im Bett liegt und schläft. In unseren Träumen haben wir einen zweiten Körper, den Traumkörper. Wir mögen seiner nicht immer gewahr sein, wie wir ja auch unseres physischen Körpers im Wachen nicht immer gewahr sind, aber er ist auf jeden Fall stillschweigend vorausgesetzt. Auch in unseren Träumen haben wir einen Ort, eine Perspektive, ein Zentrum; wir können uns bewegen, wir sehen, hören, sprechen. Manchmal wird unser Traumkörper uns bewußt, etwa in Flugträumen oder erotischen Träumen.

Manche Menschen haben Träume, in denen sie wissen, daß sie träumen; man spricht hier von «luziden Träumen». Auch in solchen Träumen haben sie noch einen Traumkörper, aber jetzt können sie selbst bestimmen, wohin sie gehen, und sie haben ihre Erfahrung bis zu einem gewissen Grade selbst in der Hand. Solche Träume haben viel mit AKE gemein, nur daß hier der Traum der Ausgangspunkt ist und im anderen Fall der Wachzustand.[39]

In der esoterischen Literatur finden wir für das Reisen in luziden Träumen oder während einer AKE den Ausdruck «Astralreise», und der Körper, mit dem man hier reist, wird «Astralkörper» oder «feinstofflicher Körper» genannt. Manche Menschen finden diese Terminologie zu verstiegen und werden durch sie abgeschreckt, weshalb ich in der folgenden Erörterung einfach vom «nichtmateriellen» Körper spreche.

Die Übereinstimmung zwischen dem nichtmateriellen Körper und Phantomgliedmaßen sind erstaunlich. Zunächst einmal fühlt sich ein Phantom subjektiv real an, und das ist auch beim nichtmateriellen Körper so, obwohl er sich außerhalb des physischen Körpers befindet. Zweitens kann der nichtmaterielle Körper sich vom physischen Körper trennen und dann wieder mit ihm verschmelzen, wie ein Phantom sich vom realen Körperteil lösen und wieder mit ihm verschmelzen kann, etwa bei Querschnittsgelähmten oder bei Menschen mit abgerissenen oder betäubten Nervensträngen. Und drittens gibt es Zwischenzustände, vor allem unmittelbar nach einer Rückgratsverletzung: «Unmittelbar nach einem Unfall kann das Phantom vom realen Körper dissoziiert sein. Zum Beispiel kann ein Verletzter seine Beine über der Brust oder sogar über dem Kopf empfinden, obwohl er sieht, daß sie ausgestreckt auf der Straße liegen.»[40]

Der Neurologe Ronald Melzack kam, nachdem er sich viele Jahre mit dem Phänomen der Phantomgliedmaßen auseinandergesetzt hatte, zu folgendem Schluß: «Es ist offensichtlich, daß unsere Erfahrung des Körpers auch ohne einen Körper zustande kommen kann. Wir brauchen keinen Körper, um einen Körper zu empfinden.»[41] Das ist für jemanden, der sich außerhalb seines Körpers befindet, eine unmittelbar Erfahrung.

Theorien der Phantome

Was bedeutet das alles? Die Antwort hängt weitgehend von unserem Weltbild ab. Für manche ist der nichtmaterielle Körper ein Aspekt der Psyche oder Seele. Normalerweise ist er das, was den physischen Körper mit Leben erfüllt, aber er kann sich auch von ihm trennen. Auch Phantomgliedmaßen sind Aspekte der Seele oder Psyche – eher von psychischer als von materieller Wirklichkeit. Das dürfte die am weitesten verbreitete traditionelle Anschauung sein. Lord Nelson, der berühmte britische Admiral, verlor in einer Seeschlacht des Jahres 1797 einen Arm. Er sagte gern, sein Phantomarm sei ihm der Beweis für die Existenz der Seele.

Auch viele medial begabte Menschen, die manchmal behaupten, sie könnten die «Aura» verlorener Gliedmaßen sehen, machen sich diese Auffassung der Phantome zu eigen.[42] In esoterischen Kreisen werden Phantomgliedmaßen dem «feinstofflichen Körper» oder «Astralkörper» oder «Ätherleib» zugerechnet.

Vom Standpunkt des kontrahierten Geistes aus sind Phantome und der nichtmaterielle Körper Einbildungen, die das Nervensystem hervorbringt. Phantome sind nicht das, was sie zu sein scheinen, sie sind ausschließlich im Gehirn. Für einen überzeugten Materialisten oder Mechanisten ist die Gehirntheorie weniger eine Hypothese als ein Glaubensinhalt: Sie *muß* richtig sein. Die Schulmedizin ist nach wie vor vom mechanistischen Paradigma beherrscht, und so lautet die offizielle Doktrin, die auch den Amputierten von den Ärzten nahegebracht wird, daß das Phantom-Phänomen im Gehirn lokalisiert ist.

Die genaue Lokalisierung freilich hat sich als höchst schwierig erwiesen. Anfangs beherrschte die Hypothese das Bild, daß Phantomgliedmaßen und Phantomschmerzen von Nervenimpulsen aus dem Stumpf hervorgerufen werden, insbesondere aus den Knötchen, die sich an den Enden der durchtrennten Nerven bilden, den sogenannten Neuromen. Diese Impulse, nahm man an, gelangen über das Rückenmark in die Großhirnrinde, wo sie in den sensomotorischen Regionen Empfindungen erzeugen, die dann zu dem verlorenen Körperteil in Beziehung gesetzt werden. Diese Theorie ist vielfach «experimentell» überprüft worden, als man Phantomschmerzen auf chirurgischem Wege zu lindern versuchte: Man durchtrennte die von solchen Neuromen ausgehenden Nerven direkt oberhalb des Neuroms oder an der Nervenwurzel, kurz vor der Einmündung ins Rückenmark. Das schafft zwar vorübergehend Erleichterung, doch das Phantom bleibt, und die Schmerzen kehren normalerweise zurück. Außerdem erklärt diese Stumpfhypothese nicht, weshalb Menschen, denen von Geburt an Gliedmaßen fehlen, ebenfalls Phantome spüren, obwohl die Nerven bei ihnen nicht verletzt sind.

Die nächste Hypothese verlagerte den Ursprung der Phantome von den Neuromen ins Rückenmark. Phantome, hieß es jetzt, gehen auf spontane überschüssige Nervenaktivität der Nervenstränge im Rückenmark zurück, die aufgrund der Amputation ihre normale Beanspruchung verloren haben. Man durchtrennte verschiedene Stränge des Rückenmarks, um diesen Effekt zu unterbinden, aber die Phantome blieben, und der Schmerz blieb auch. Außerdem wird diese Hypothese durch die Erfahrung von Querschnittsgelähmten widerlegt, bei denen die Rückenmarksverletzung sehr hoch, zum Beispiel im Halsbereich, liegt. Manche haben starke Schmerzen in den Beinen oder Leisten, aber die spinalen Nervenbahnen, die Impulse von den Schmerzgebieten ans Gehirn weiterleiten, entspringen weit unterhalb der Bruchstelle, so daß solche Nervenimpulse nicht über den Bruch hinaus ins Gehirn gelangen können.[43]

Jetzt mußte man den hypothetischen Ursprung der Phantome noch weiter verschieben – ins Gehirn. Man hat Teile des Thalamus und der Großhirnrinde entfernt, die Nervenimpulse von dem verlorenen Körperteil erhalten, doch auch dieses letzte Mittel der Chirurgie hat versagt. Die Schmerzen kehren im allgemeinen zurück, und das Phantom bleibt.[44]

Die derzeit gängigen Theorien verlegen den Ursprung der Phantome noch tiefer ins Gehirngewebe. Einer Hypothese zufolge entstehen Phantome dadurch, daß sich im Gehirn neue Nervenverbindungen bilden, wodurch die Gebiete, die zuvor Nervenimpulse aus dem amputierten Körperteil empfingen, «neu kartographiert» werden.[45] Aber das Wachsen neuer Nervenverbindungen würde Wochen und Monate dauern, während Phantome augenblicklich auftreten können, wenn zum Beispiel die Nerven, die einen Arm versorgen, anästhesiert werden. Um diese Schwierigkeit zu umgehen, hat man «latente Schaltkreise» postuliert, die im Fall des Verlusts eines Körperteils sofort in Aktion treten.[46] Einer weiteren Hypothese zufolge wird das Körperbild von einer «Neuromatrix» erzeugt, einer komplexen Nervenvernetzung, die sich über verschiedene Hirnregionen erstreckt. Diese Neuromatrix «erzeugt Muster, verarbeitet Information und bringt letztlich das Muster hervor, das als der ganze Körper empfunden wird».[47] Diese Neuromatrix ist größtenteils «fest verdrahtet». Gewisse Abwandlungen durch Erfahrung sind möglich, doch grundsätzlich, so nimmt man an, ist sie angeboren, da auch Menschen mit angeborenen Mißbildungen Phantome haben können. Sie erstreckt sich über so große Bereiche des Gehirns, daß eine Zerstörung der Neuromatrix «die Zerstörung fast des gesamten Gehirns bedeuten würde».[48]

Hier wird die Gehirntheorie der Phantome praktisch unwiderlegbar. Wenn die Entfernung bestimmter Gehirnteile das Phantom nicht beseitigen kann, muß der Ursprung in anderen Teilen oder Funktionseinheiten des Gehirns liegen. Man kann hier endlos «Parallelsysteme» oder «Reservesysteme» oder «latente Systeme» postulieren, wie es etwa in der Astronomie vor Kopernikus üblich war, wo es ein bestimmtes Weltbild zu wahren galt und man Planetenbewegungen, die gar nicht zu diesem Weltbild passen wollten, durch immer neue Hypothesen von Epizyklen und ähnlichem zu erklären versuchte. Unwiderlegbarkeit ist für den eine Stärke, der an einem bestimmten Weltbild um jeden Preis festhalten möchte; wissenschaftlich gesehen ist sie eine Schwäche. In ihrer Auseinandersetzung mit den Phantomen haben die medizinischen Forscher immer wieder auf Begriffe wie «Haltungsschema», «Körperschema» oder «Körperbild» zurückgegriffen. Sie wurden um die Jahrhundertwende eingeführt, um bestimmten klinischen Beobachtungen eine theoretische Basis zu geben, doch sie sind äußerst vage geblieben. In ihrer kritischen Würdigung der Lehre vom Körperschema sind zwei hervorragende deutsche Neurologen zu folgendem Ergebnis gelangt:

> Es gibt keine wohldefinierte und einheitliche Theorie des Körperschemas. Im Gegenteil, die verschiedenen Autoren haben ganz unterschiedliche Vorstellungen entwickelt, die auf unterschiedlichen Voraussetzungen beruhen und der Erklärung verschiedener klinischer Phänomene dienen sollen. Zudem sind die wenigen wirklich originellen Beiträge auf diesem Gebiet häufig mißverstanden und entstellt worden... Als diese Theorie erst einmal Fuß gefaßt hatte, wurden Störungen aller Art als «Störungen des Körperschemas» bezeichnet. Anschließend benutzte man sie zur Validierung des theoretischen Konzepts. Das ist der klassische Fall einer *petitio principii*: Eine Hypothese wird zur Erklärung einer anderen herangezogen und umgekehrt. Experimentelle Untersuchungen zur unvoreingenommenen Überprüfung der theoretischen Hypothesen und ihrer generellen Gültigkeit sind nur sehr selten durchgeführt worden.[49]

Psychologen der Freud-Schule haben ihre ganz eigene Auffassung vom Körperschema. Es existiert in «sensorisch-zerebraler Raumzeit» und hat mit einer «mentalen Projektion des Ich» zu tun.[50] Phantome werden vom Unbewußten erzeugt, nämlich durch den «narzißtischen Wunsch, die Ganzheit des Körpers auch angesichts eines tatsächlichen Verlusts zu wahren, oder durch die Zurückweisung der symbolischen Kastration eines Körperorgans».[51] Solche Theorien bereichern zwar die Terminologie, aber sie sagen uns so gut wie nichts über die Natur des Körperbildes oder des Unbewußten.

Phantome und Felder

Die konventionellen wissenschaftlichen Theorien werden im Rahmen des Paradigmas vom kontrahierten Geist formuliert: Körperschemata, Körperbilder und Phantome *müssen* im Gehirn sein, mag auch die unmittelbare Erfahrung etwas ganz anderes sagen. Läßt man den Geist jedoch im ganzen Körper und sogar über ihn hinaus Raum greifen, so braucht man nicht mehr anzunehmen, daß das Körperschema ausschließlich im Gehirn oder Nervensystem seinen Sitz hat. Insbesondere wären Phantomgliedmaßen dann nicht einfach im Gehirn, sondern da, wo sie wahrgenommen werden, nämlich in der Verlängerung des Amputationsstumpfs.

Der erweiterte Geist hat etwas vom überlieferten Bild der Seele als des Prinzips, das im ganzen Körper ausgebreitet ist und ihn belebt. Für unsere Zeit erscheint es mir jedoch angemessener und fruchtbarer, den Feldbegriff zur Erklärung heranzuziehen. Felder durchziehen den Körper und sorgen für seine Organisation. Das sind neben elektromagnetischen Feldern, Gravitationsfeldern und Quantenmateriefeldern auch morphogenetische Felder, die seine Form aufrechterhalten und seine Entwicklung lenken. Dem Verhalten und den geistigen Prozessen liegen Verhaltensfelder, mentale Felder und soziale Felder zugrunde. Nach der Hypothese der Formbildungsursachen sind morphogenetische, mentale, soziale und Verhaltensfelder verschiedene Arten von morphischen Feldern, denen ein individuelles und ein kollektives Gedächtnis innewohnt; ersteres enthält die Vergangenheit des einzelnen, letzteres die kollektiven Erinnerungen unzähliger Menschen, die bereits gelebt haben.

Ich persönlich betrachte die Phantomfelder als morphische Felder, doch die Hypothese, die ich hier zur Überprüfung vorlegen möchte, ist allgemeinerer Art. Es soll hier also nicht um die spezifischen Züge morphischer Felder gehen, das heißt nicht um ihren habituellen Charakter, der durch morphische Resonanz entsteht. Ich möchte vielmehr bei dem allgemeineren Gedanken bleiben, daß Felder raumzeitliche Organisationsmuster sind. Ich stelle die These auf, daß solch ein Feld genau da ist, wo das Phantom zu sein scheint. Solche Felder können über den Körper hinausreichen und sind gleichsam die Verlängerung des Stumpfs.

Phantomberührung – ein einfaches Experiment

Ich schlage ein Experiment nach dem Muster der Versuche zur Frage des Gefühls, angestarrt zu werden, vor. Wenn man Blicke spüren kann, vielleicht spürt man dann auch die «Berührung» eines Phantoms. Auch wenn wir nichts über die Natur eines Phantomfelds wissen, können wir davon ausgehen, daß der «Berührte» von ähnlichen Feldern organisiert ist und es zu einer Wechselwirkung zwischen seinen Feldern und denen des Amputierten kommt.

Bei der einfachsten Form dieses Experiments würden wir so ähnlich vorgehen wie bei der experimentellen Überprüfung des Gefühls, angestarrt zu werden. Die Person mit dem Phantomarm sitzt hinter der Versuchsperson. Der Versuch besteht darin, daß der Amputierte entweder nichts tut oder den Probanden mit der Phantomhand an der Schulter berührt; die Abfolge wird vorher nach dem Zufallsprinzip festgelegt. Der Beginn jedes Versuchs wird durch ein geeignetes Signal markiert. Der Proband sagt dann, ob er eine Berührung empfindet oder nicht. Das Ergebnis wird notiert, und der Proband erfährt sofort, ob er sich geirrt hat oder nicht. Auf diese Weise lernt er vielleicht, auf das unbekannte Gefühl der Phantomberührung aufmerksam zu werden – sofern man das lernen kann.

Natürlich kann man das Experiment in entsprechend abgewandelter Form auch mit Beinamputierten durchführen.

Ergebnisse eines vorläufigen Experiments

Einer der Amputierten, die mir nach der Veröffentlichung meines Artikels im *Bulletin of the Institute of Noetic Sciences* schrieben, war Mr. Casimir Bernard aus Hurley in New York. Bei seinem Einsatz als Angehöriger der Alliierten Expeditionsstreitkräfte in Norwegen wurde ihm 1940 der rechte Unterschenkel unterhalb des Knies amputiert. Seither hatte er als Fachmann für Elektronik bei IBM gearbeitet. Außerdem interessierte er sich für die Erforschung des Paranormalen und war Feuer und Flamme für die Idee, experimentell zu erkunden, ob er tatsächlich jemanden mit seinem Phantombein be-

Von der Ausdehnung des Geistes

rühren konnte. Er meinte, daß man das Experiment wohl am besten mit einer sehr sensiblen Person durchführte.

Er besprach die Sache mir Dr. Alexander Imich, einem im Ruhestand lebenden New Yorker Pharmazeuten; dieser trat an den ebenfalls in New York lebenden Ingo Swann heran, der an einer langen parapsychologischen Experimentalreihe im Stanford Research Institute in Kalifornien teilgenommen hatte. Zusammen planten sie eine Versuchsreihe und machten sich ans Werk. Für gewöhnlich war Swann die Versuchsperson und Imich der Experimentator, aber sie vertauschten auch manchmal die Rollen. Für die Versuchsperson jedenfalls ging es darum, Bernards Phantombein zu spüren. Die Experimente zogen sich über etliche Tage im März und April 1992 hin.

Swann hat das Projekt unter dem Titel «Informeller Bericht über ein provisorisches Experiment zur Frage der Berührung mit einem ‹Phantombein›» dokumentiert. Ingo Swann, Alexander Imich und Casimir Bernard haben mir freundlicherweise erlaubt, aus diesem Bericht zu zitieren. Zunächst Swanns Darstellung des Verfahrens:

> Mr. Casimir Bernard saß so, daß er das Phantombein heben und senken konnte. Der Proband (Swann) saß mit einer bis auf die Schultern reichenden Kapuze auf einem Stuhl unmittelbar vor Mr. Bernard, und zwar so, daß er mit der rechten Hand nach unten greifen und sie hin und her durch das Phantom bewegen konnte, wenn es erhoben war. Der Proband wurde um ein Rufzeichen gebeten, sollte seine Hand das Phantombein spüren. Dr. Imich gab Mr. Bernard ein lautloses Fingerzeichen, nach dem er das Bein zu heben oder zu senken hatte. Eine Glocke gab dem Probanden das Signal zum Beginn jedes Versuchs.

Der Experimentator benutzte keinen Zufallsgenerator, um vorab zu bestimmen, wann das Bein gehoben oder abgesenkt werden sollte, sondern entschied darüber selbst ganz willkürlich von Versuch zu Versuch. Danach meldete der Proband, ob das Bein da war oder nicht. Seine Antworten wurden als richtig oder falsch notiert, aber er konnte auch passen, also keine Antwort geben. (Swann paßte bei 17 von 175 Versuchen, Imich bei 11 von 96). War die Antwort richtig, wurde es ihm sofort gesagt. So bestand für den Probanden die Mög-

lichkeit, sich im Verlauf der Experimente auf die Phantomberührung einzustimmen.
Swann gibt folgende Resultate als Gesamtdurchschnitt:

Swann: Von 158 gegebenen Antworten wurden 89 als richtig bezeichnet; 79 wären nach der Zufallswahrscheinlichkeit zu erwarten gewesen.
Imich: von 84 gegebenen Antworten wurden 46 als richtig bezeichnet; 42 wären nach der Zufallswahrscheinlichkeit zu erwarten gewesen.

Swann hielt auch Ausschau nach einem Lerneffekt, wie man ihn schon bei den Experimenten am Stanford Research Institute häufig beobachtet hatte. Und wie nicht anders zu erwarten ist, erweisen paranormale Fähigkeiten sich als ebenso trainierbar wie normale Fähigkeiten. In Swanns eigenen Worten:

Während meiner langjährigen Tätigkeit als Experimentaldesigner am Stanford Research Institute wurden viele Merkmale des Lernens identifiziert und studiert, damit man sie verstärken konnte. Man stellte fest, daß paranormales Lernen in fein abgestuften, aber vorhersehbaren Phasen abläuft, die offenbar aufeinander aufbauen, wenn geeignete Verstärkungsmaßnahmen getroffen werden. Manche dieser Anzeichen des Lernens sind auch in der allgemeinen Lernforschung bereits erfaßt worden, aber andere sind dem paranormalen Lernen eigentümlich.

Swann stellte die Anzahl der richtigen Antworten im Verhältnis zur Gesamtzahl der Versuche graphisch dar (Abb. 9). Die Diagonale stellt die Linie der statistisch zu erwartenden Werte dar, also beispielsweise fünfzig richtige Antworten auf hundert Versuche. Bei Swann als Versuchsperson zeigte sich der Lerneffekt etwa ab Versuch 133. Von hier bis zum Ende der Versuchsreihe traf Swann 22mal, wo statistisch nur 12,5 Treffer zu erwarten gewesen wären. (Ich habe das gesamte Datenmaterial statistisch untersucht und jeweils den Anteil richtiger Antworten in aufeinanderfolgenden Zehnergruppen von Versuchen betrachtet, um mittels linearer Regression den Trend festzustellen. Die bei Swann zum Ende der Versuchsreihe hin erkennbar steigende Tendenz zu richtigen Antworten – anders gesagt, der Lerneffekt – ist statistisch signifikant mit einer Wahrscheinlichkeit von $p = 0{,}03$).

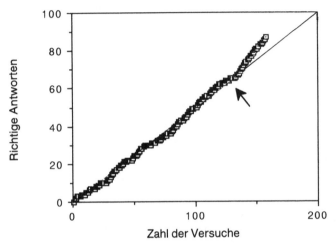

Abbildung 9 Swanns zutreffende Unterscheidungen, ob Bernards Phantombein vorhanden war oder nicht, in kumulativer Darstellung. Bis etwa Versuch 133 lagen seine Antworten im Bereich der Zufallswahrscheinlichkeit. Nach dieser Stelle (Pfeil), als er nach eigenem Bekunden gelernt hatte, wie ein Phantom sich anfühlt, stieg seine Trefferquote. (Die Linie zeigt den Anteil richtiger Antworten, die nach der Zufallsverteilung zu erwarten wären.)

Bei Imich als Proband zeigte sich der Lerneffekt etwa ab Versuch 68. Bei den weiteren siebzehn Versuchen bis zum Ende der Reihe traf er elfmal, wo statistisch nur 8,5 Treffer zu erwarten gewesen wären.

Dazu Swann: «Wenn man den großen Durchschnitt aller Versuche zugrunde legt, um das Experiment zu beurteilen, fällt die Bestätigung der Hypothese nicht sehr überzeugend aus.» Berücksichtigt man aber den Lerneffekt, vor allem bei Swann als Versuchsperson, so zeigt sich, «daß etwas gelernt wurde und man aufgrund dieses Lernens immer besser zu unterscheiden vermochte, ob ein Kontakt der Hand mit dem Phantombein gegeben war oder nicht».

Als der Lerneffekt einsetzte, stellte Swann fest, daß das Berühren des Phantoms ein unangenehmes Gefühl war. Er hatte zuvor keine

Erwartung gehabt, ob das Gefühl angenehm sein würde oder nicht, aber nach dieser Entdeckung fiel es ihm leichter, das Phantom zu spüren, und seine Trefferquote stieg.

Natürlich werden die Skeptiker – und mit Recht – wissen wollen, ob der Lerneffekt nicht auch einfacher zu erklären wäre. Hat der Proband vielleicht einfach gelernt, Geräusche oder andere Sinneseindrücke als Hinweise zu benutzen? Swann selbst bemerkt dazu:

Sichtkontakt war durch die Kapuze völlig ausgeschlossen, aber es war ohne größeren Aufwand nicht möglich, Geräusche zu unterbinden. Gelegentlich knarrte Bernards Stuhl, und dann paßte der Proband jedesmal, denn das Geräusch suggerierte ein Heben des Beins. Der Raum war stark geheizt, so daß wir die Fenster öffnen und den Straßenlärm hereinlassen konnten, der die Geräusche im Raum überlagerte. Alles in allem dürfte das Experiment aber gut genug gegen sensorische Auslösereize abgesichert gewesen sein, denn sonst hätte man schon in früheren Phasen der Versuchsreihe leicht zu positiven Resultaten kommen können.

Immerhin, die Möglichkeit sensorischer Anhaltspunkte ist hier nicht ganz ausgeschaltet, und die Tatsache, daß kein Zufallsgenerator benutzt wurde, kann vielleicht ebenfalls eine leichte Verzerrung bewirkt haben.

Swann, Imich und Bernard leiteten diesen vorläufigen Bericht einer Reihe von parapsychologischen und medizinischen Forschern zu und baten um Kommentare. Die Antworten stimmten darin überein, daß das Experiment interessant und die Resultate ermutigend seien; bei künftigen Versuchen müsse man jedoch die Zufallsabfolge der Versuche nach einer unabhängigen Methode bestimmen, alle denkbaren sensorischen Hinweisquellen ausschließen und vorbeugende Maßnahmen gegen mögliche telepathische Einflüsse treffen, denn es könne ja sein, daß der Proband weniger eine tatsächliche Berührung empfindet als vielmehr auf telepathischem Wege die Intention des Amputierten oder das Signal des Experimentators empfängt. Manche Forscher sagten auch, ein Experimentator sei hier ganz entbehrlich. Der Amputierte könne die festgelegte Zufallsabfolge auch direkt in die Hand bekommen und die Resultate selbst notieren.

Ich kann dem nur zustimmen. Außerdem würde ich als weitere Vorsichtsmaßnahme gegen die Möglichkeit subtiler sensorischer Hinweise noch vorschlagen, daß die beiden Beteiligten sich diesseits und jenseits einer möglichst schalldichten Wand in zwei verschiedenen Räumen befinden sollten. Ist das Phantom dann noch zu spüren, wenn es durch die Wand gestreckt wird, dann kann man wohl die meisten sensorischen Fehlerquellen als ausgeschaltet betrachten.

Der innere oder äußere Skeptiker würde sich dann natürlich weitere Einwände ausdenken. Bevor wir annehmen, daß eine Geisterhand durch die Wand kommt und dann auch noch vom Probanden gespürt wird, muß es doch wohl noch irgendeine einleuchtende physikalische Erklärung geben. Man könnte zum Beispiel annehmen, daß doch noch Geräusche durch die Wand dringen. Das ließe sich ganz einfach durch das Verstopfen der Ohren überprüfen. Wenn bisher Geräusche für den Effekt verantwortlich waren, dann sollte jetzt die Fähigkeit des Probanden, das Phantom zu fühlen, verringert oder ganz verschwunden sein. Eine andere Möglichkeit: Vielleicht werden Vibrationen übertragen, die einen Hinweis geben. Diese Hypothese ließe sich dadurch überprüfen, daß man beide Personen auf dicke Schaumstoffunterlagen setzt. Und so weiter. Nachvollziehbare skeptische Einwände könnte man so einen nach dem anderen durchtesten – solange die Probanden genügend Interesse und Begeisterung aufbringen.

Um schließlich noch die Möglichkeit zu prüfen, daß der Proband auf telepathischem Wege erfährt, was der Amputierte im Sinn hat, könnte man das Experiment von zwei auf drei Alternativen erweitern:

1. Phantom in Ruheposition wie bei den bisherigen Versuchen. Der Amputierte denkt an etwas anderes.
2. Phantom ausgestreckt wie bei den bisherigen Versuchen.
3. Der Amputierte denkt daran, das Phantom zu bewegen, tut es aber nicht tatsächlich. Zusätzlich kann der Amputierte dem Probanden noch stumm suggerieren, daß er das Phantom fühlt.

Experimente dieser Art sollten zeigen können, ob es den Effekt der Phantomberührung unabhängig von allem Denken oder Wollen gibt.

Die Wirklichkeit der Phantomgliedmaßen

Meine ursprüngliche Versuchsanordnung für dieses Experiment sah vor, daß die Versuchsperson passiv bleibt und eine Berührung durch den Amputierten zu spüren versucht. Bei dem von Bernard, Imich und Swann durchgeführten Experiment wurde jedoch aktiv nach dem Phantom getastet, und dies könnte grundsätzlich die bessere Methode sein. Das aktive Tasten eignet sich dann besonders gut, wenn die Versuchspersonen Erfahrung mit Handauflegen oder anderen energetischen Heilweisen besitzen und vielleicht besonders empfänglich für Phantomberührungen sind. Das Handauflegen wird in den Vereinigten Staaten von Tausenden von Krankenschwestern praktiziert und gehört vielfach schon zur krankenpflegerischen Grundausbildung. Dr. Barbara Joyce, Leiterin des höheren krankenpflegerischen Ausbildungsprogramms am New Rochelle College in New York, schrieb mir über ihre Erfahrungen mit zwei beinamputierten Frauen. Sie versuchte die Schmerzen und Mißempfindungen in den Phantombeinen zu lindern:

In beiden Fällen berichteten die Patientinnen, das Handauflegen an der Stelle des amputierten Beins reduziere das juckende Gefühl und den Schmerz. Ich konnte bei beiden das fehlende Bein «fühlen», wenn auch bei der einen Patientin deutlicher als bei der anderen, und mein Eindruck von der Lage des Beins stimmte mit der eigenen «Empfindung» der Patientin überein.

Vielleicht ist es nicht nur für erfahrene Handaufleger, sondern überhaupt besser, wenn man aktiv nach dem Phantom fühlt, anstatt passiv auf eine Berührung zu warten. Für das Experiment würde man eine bestimmte Stelle vereinbaren, wo der Amputierte sein Phantom hinhält oder nicht hinhält und die Versuchsperson danach tastet. Bei einem Vorbereitungstest, wo das Verfahren zunächst einmal geübt wird, können sich beide Personen im selben Raum aufhalten, wie bei der Versuchsreihe von Bernard, Imich und Swann. Beim eigentlichen Experiment jedoch sollte eine Wand zwischen den beiden Personen sein, an der man die Stelle markiert, durch die das Phantom gestreckt werden soll. Bei manchen Versuchen wird das Phantom da sein, bei anderen nicht, und bei wieder anderen wird der Amputierte bloß denken, daß es da sei. Die Abfolge dieser Versuche wird nach einem standardisierten Zufallsprogramm bestimmt. Die Versuchsperson zeigt jeweils an, ob sie das Phantom fühlt oder nicht, und wird informiert, ob die Antwort richtig war oder nicht.

Einige weitere Experimente

1. Sollte das Phantom tatsächlich jenseits der Wand zu fühlen sein, könnte man anschließend den Einfluß verschiedener Materialien austesten. Kann das Phantom auch Metalle durchdringen? Oder magnetisierte Materialien? Sind stromdurchflossene Leitungen ein Hindernis? Und so weiter.

2. Wenn andere Menschen ein Phantom fühlen können, fühlt ein Amputierter dann auch die Berührungen anderer an seinem Phantom? Solche ein Experiment könnte mit ähnlichen Kontrollmechanismen wie die bereits beschriebenen durchgeführt werden.

3. Sind Tiere empfänglich für Phantomberührungen? Amputierte könnten zunächst einmal informelle Vorversuche anstellen und ihre Haustiere mit der Phantomhand zu berühren versuchen. Wenn man zum Beispiel ein schlafendes Tier, Katze, Hund oder Pferd, mit der Phantomhand streichelt, regt es sich dann? (In diesem Zusammenhang ist eine Mitteilung von Mr. George Barcus aus Toccoa in Georgia interessant. Sein ständiger Begleiter, eine kleine Hündin, «hält sich nie an der Stelle auf, die mein fehlendes Bein einnimmt. Sie ist nicht zu bewegen, sich dort hinzulegen.»

Man könnte auch mit kleinen Tieren experimentieren, die besonders stark auf die Gegenwart oder Annäherung von Menschen reagieren. Mäuse kämen da in Frage oder auch Schaben. Wenn der Amputierte hinter einem Sichtschutz bleibt und dann mit der Phantomhand durch den Sichtschutz in den Käfig greift, in dem sich die Mäuse befinden, zeigen sie dann Schreckreaktionen? Für detaillierte Verhaltensanalysen wären hier Videoaufnahmen eine wertvolle Hilfe.

4. Kann ein Phantom physikalische Reaktionen auslösen? Kann es beispielsweise die Funktionen sensibler Apparaturen beeinflussen? Am einfachsten ließe sich das untersuchen, indem man den Phantomarm in Radios, Fernsehgeräte, Computer oder andere

Die Wirklichkeit der Phantomgliedmaßen

leicht zugängliche Apparate steckt. Lassen sich irgendwelche Auswirkungen erkennen? Mit empfindlicheren Apparaturen lassen sich vielleicht eindeutigere Ergebnisse erzielen: elektrische oder magnetische Meßinstrumente, Geigerzähler, Massenspektrometer, Kernspinresonanz-Detektoren, Blasenkammern (die als Detektoren für subatomare Teilchen verwendet werden) und so weiter. Wenn es Wechselwirkungen zwischen dem Phantom und solchen Geräten gibt, dann sollten sie mit Phantom andere Werte anzeigen als ohne. Und wenn solche Differenzen wirklich festzustellen sind, ist der Weg frei für genau kalkulierte Experimente zur Frage der physikalischen Eigenschaften von Phantomen.

5. Läßt sich das Phantom mit Hilfe der Kirlian-Fotografie feststellen? Diese fotografische Technik arbeitet mit Hochspannungs-Wechselstrom und hält elektrische Entladungen auf Film fest.[52] In New-Age-Kreisen ist heute das «Fotografieren der Aura» in Mode, und auf vielen Esoterikmessen kann man sich die «Aura» seiner Hand fotografieren lassen. Das kostet etwas, aber die Deutung Ihrer emotionalen Verfassung bekommen Sie gratis dazu. In Büchern und Artikeln über Kirlian-Fotografie sieht man vor allem immer wieder das sogenannte Phantomblatt. Ein Teil des Blattes wird abgeschnitten, und auf dem anschließend angefertigten Kirlian-Bild sieht man das Phantom des fehlenden Teils (Abb. 10). Das ist in der Tat erstaunlich und legt die Vermutung nahe, daß man so auch Phantombeine oder -finger fotografieren kann.

Aber die Sache ist problematisch. Der Phantomblatt-Effekt könnte auf einen simplen Fehler zurückzuführen sein. Wenn man das Blatt zuerst auf den Film legt und dann einen Teil abschneidet, bleibt von diesem Teil ein feuchter Abdruck zurück. Das Phantom auf dem fertigen Foto ist dann einfach auf diese feuchte Stelle zurückzuführen.[53] Selbst feuchtes Löschpapier hat auf dem Kirlian-Foto eine «Aura», und wenn man es erst auf den Film legt und dann ein Stück abschneidet, erscheint auf dem fertigen Bild ein Löschpapier-Phantom.

Manche «Phantomblatt»-Bilder sind auf diese Weise gewonnen worden; es scheint aber zumindest möglich zu sein, solche Phantombilder auch dann zu bekommen, wenn man das Blatt schneidet, bevor es auf den Film gelegt wird – nur gelingt dies nicht immer. Der

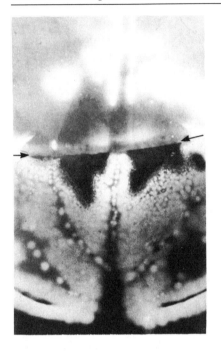

Abbildung 10
Ein «Phantomblatt». Der obere Teil des Blattes wurde entlang der durch Pfeile angedeuteten Linie abgeschnitten, dann wurde ein Kirlian-Foto gemacht. Ein geisterhaftes Bild des fehlenden Teils scheint sichtbar zu werden. (Kirlian-Foto von Thelma Moss.)

Effekt ist offenbar launisch: Manchen Kirlian-Spezialisten gelingen relativ häufig Phantombilder, anderen selten oder gar nicht.[54] Man hat schon mehrfach versucht, solche Bilder auch von Phantomgliedmaßen herzustellen, aber bislang ohne Erfolg.[55] Die Aussichten für diese Forschungsrichtung sind also im Augenblick nicht sehr gut, aber es wäre gewiß nicht falsch, noch weitere Versuche zu machen.

6. Kann ein Phantom die Keimung von Samen oder das Wachstum von Mikroorganismen beeinflussen? Man könnte das Phantom durch Pflanzschalen mit keimenden Samen oder durch Petrischalen mit Bakterienkulturen stecken. Sind jetzt, im Vergleich zu unbeeinflußten Kontrollkulturen, Wachstumsänderungen zu erkennen? Mutieren beispielsweise die Bakterien häufiger oder weniger häufig? Und wenn ja, hat dann die häufigere oder längere Behandlung mit dem Phantom einen größeren Einfluß als eine kurze Berührung? Und so weiter.

Die Beziehung zwischen Geist und Körper

Die Frage, die den Hintergrund all dieser Experimente darstellt, lautet: Worin besteht die Beziehung zwischen Geist und Körper? Ist unser Geist im ganzen Körper oder nur im Gehirn? Dem Anschein nach ist er eindeutig im ganzen Körper, denn wenn mir ein Zeh weh tut, empfinde ich den Schmerz dort und nicht im Gehirn. Auch mein generelles Körperbewußtsein ist überall im Körper und nicht nur im Kopf. Dennoch lautet die Schulmeinung hierzu, daß Empfindungen sich im Gehirn bilden und Aspekte oder Begleiterscheinungen der Hirnaktivität sind.

Unter normalen Umständen ist die Erfahrung eines Arms oder Beins nicht von dem Körperteil selbst abzulösen. Aber nach Amputationen oder Nervenabrissen oder bestimmten Narkoseformen kommt es zu dieser Ablösung. Alle sind sich darin einig, daß solch ein Phantom subjektiv real ist. Aber ist die Erfahrung in Wirklichkeit nur im Gehirn? Oder hat sie mit Feldern zu tun, die den ganzen Körper durchziehen und auch dann noch weiterbestehen, wenn ein Teil der physischen Struktur entfernt wird – etwa so wie das Magnetfeld um einen Magneten, auch wenn man die Eisenfeilspäne, die sein Vorhandensein sichtbar machen, entfernt?

Die hier vorgeschlagenen Tests stellen also die Frage, ob ein «subjektives» Phantom «objektive» Effekte bewirken kann. Sollte das der Fall sein, wird man Phantome nicht mehr einfach als Gehirnprozesse betrachten können, sondern davon ausgehen müssen, daß sie mit Feldern zusammenhängen.

Dann wäre zu fragen, was das für Felder sind. Vielleicht Sonderfälle bekannter physikalischer Felder? Oder geistige Felder? Oder morphische Felder, denen ein Gedächtnis innewohnt? Oder eine Mischform aus all diesen Feldarten?

Dazu muß natürlich zunächst die Grundfrage dieses Kapitels beantwortet werden, nämlich ob Phantome überhaupt erkennbare Wirkungen haben können. Niemand weiß das bis jetzt.

Schlußbetrachtung zum zweiten Teil

Sollten Menschen wirklich spüren, wenn sie angestarrt werden, und sollten Phantomgliedmaßen erkennbare Wirkungen haben, dann müßte man das Paradigma des kontrahierten Geistes aufgeben. Man würde dann annehmen müssen, daß der Geist durch die Sinne ausgreift und weit über die Oberfläche des Körpers hinaus projiziert wird. Er durchzieht den ganzen Körper und beseelt und belebt ihn. Der Geist wäre dann nicht mehr im Gehirn eingesperrt. Er wäre aus seiner engen Zelle befreit. Der kartesianische Bann wäre gebrochen.

Man würde dann die Beziehung zwischen Geist, Körper und Umwelt in einem neuen Licht sehen. Der Medizin, Psychologie und Philosophie wären auf diese Weise unermeßliche neue Forschungsfelder erschlossen. Die Parapsychologie, bisher immer von einer Atmosphäre der Feindseligkeit umgeben, stünde jetzt, was ihre Wissenschaftlichkeit angeht, in einem viel besseren Licht da. Volkstümliches Überlieferungsgut, bisher allenfalls belächelt, würde man sich noch einmal genauer ansehen müssen. Eine völlig neue Sicht der Psyche würde heraufdämmern. Und die alten Grenzmauern zwischen Geist und Materie, Psyche und Körper, Subjekt und Objekt würden allmählich zerbröckeln.

Aber die vorgeschlagenen Experimente könnten auch ergebnislos bleiben und keine der Physik noch nicht bekannte Arten der Verbindung oder Kommunikation erkennbar machen. Die Skeptiker könnten recht behalten. Deshalb sollten Skeptiker, die an die Bedeutung der empirischen Forschung glauben, solche experimentellen Überprüfungen ihrer Anschauungen begrüßen.

Dritter Teil

Wissenschaftliche Illusionen

Einleitung

Objektivitäts-Illusionen

Paradigmen und Vorurteile

Viele Nichtwissenschaftler stehen in ehrfürchtigem Staunen vor der Macht und scheinbar unbedingten Zuverlässigkeit der naturwissenschaftlichen Erkenntnis. Bei vielen Studenten der Naturwissenschaften ist das ähnlich. Die Lehrbücher sind voller «harter Fakten» und quantitativer Daten. Die Naturwissenschaft scheint von erhabener Objektivität zu sein. Die Objektivität der Naturwissenschaft ist für viele Menschen unserer Zeit eine Glaubenstatsache, ein Dogma. Dieser Glaube steht hinter dem Weltbild der Materialisten, Rationalisten und Humanisten und all derer, in deren Augen die Wissenschaft der Religion, dem überlieferten Wissen und der Kunst überlegen ist.

Die Wissenschaftler selbst thematisieren dieses Bild der Wissenschaft nur selten ausdrücklich. Man nimmt es irgendwie mit allem anderen in sich auf, und es versteht sich praktisch von selbst. Wenige Wissenschaftler interessieren sich für die Geschichte, Philosophie und Soziologie der Wissenschaft, und in den dichtgedrängten Lehrplänen heutiger Ausbildungsgänge ist dafür auch wenig Platz. Die meisten übernehmen einfach die Anschauung, daß die wissenschaftliche Methode der Überprüfung von Theorien durch Experimente Objektivität garantiert, also nicht gefärbt ist von den Hoffnungen, Ideen und Überzeugungen der Wissenschaftler. Wissenschaftler sehen sich selbst gern als Menschen auf dem Weg einer kühnen und furchtlosen Suche nach Wahrheit.

Wissenschaftliche Illusionen

Diese Vorstellung gibt inzwischen Anlaß zu allerlei zynischem Spott. Sie stellt aber, wie ich finde, auch ein hohes Ideal dar, das durchaus Anerkennung verdient. Wo die Wissenschaft von diesem heroischen Geist durchdrungen ist, spricht sehr viel für sie. Tatsächlich stehen heute jedoch die meisten Naturwissenschaftler im Dienst militärischer oder wirtschaftlicher Interessen.[1] Fast alle streben Karrieren innerhalb von Institutionen und Organisationen an. Die Gespenster des Karriereknicks, der Zurückweisung wissenschaftlicher Berichte durch Fachjournale, der Etatkürzungen und schließlich der Ablehnung durch die wissenschaftliche Gemeinschaft sorgen zuverlässig dafür, daß man sich nicht zu weit von der jeweils herrschenden Schulmeinung entfernt – jedenfalls nicht öffentlich. Viele wagen erst dann ihre ehrliche Meinung zu sagen, wenn sie in den Ruhestand gehen oder den Nobelpreis gewonnen haben oder beides.

Der verbreitete Zweifel an der Objektivität der Wissenschaft wird – aus etwas differenzierteren Gründen – von den Vertretern der Philosophie, Geschichte und Soziologie der Wissenschaft geteilt. Wissenschaftler gehören sozialen, wirtschaftlichen und politischen Systemen an. Sie bilden Berufsgruppen mit ihren ganz eigenen Einweihungsprozeduren, Machtstrukturen und Belohnungssystemen, in denen sie dem Druck der anderen Angehörigen dieser Gruppe ausgesetzt sind. Im allgemeinen arbeiten sie im Kontext etablierter Paradigmen und Wirklichkeitsmodelle. Und selbst in dem Rahmen, den das herrschende wissenschaftliche Glaubenssystem vorgibt, sind sie nicht auf der Suche nach puren Fakten um der puren Fakten willen; sie stellen vielmehr Vermutungen über Sachverhalte und Zusammenhänge an und formulieren Hypothesen, die sie dann experimentell überprüfen. Diese Experimente wiederum dienen für gewöhnlich dem Wunsch, eine favorisierte Hypothese zu bestätigen oder eine Konkurrenzhypothese zu widerlegen. Wonach sie forschen und was sie finden, wird von ihren bewußten und unbewußten Erwartungen mitbestimmt. Darüber hinaus entdecken feministische Kritiker eine starke und häufig unbewußte männliche Prägung in Theorie und Praxis der Wissenschaft.[2]

Viele praktizierende Naturwissenschaftler – wie auch Ärzte, Psychologen, Anthropologen, Soziologen, Historiker und Akademiker ganz allgemein – wissen sehr wohl, daß nüchterne Objektivität eher ein Ideal als das Kennzeichen der tatsächlichen Praxis ist. Ganz privat sind die meisten sogar einzuräumen bereit, daß manche ihrer Kollegen oder sogar sie selbst bei ihren Forschungen von persönlichem Ehrgeiz, bestimmten Erwartungen, Vorurteilen und anderen neutralitätsfernen Dingen beeinflußt sind.

Diese Tendenz, zu finden, was man sucht, hat tiefe Wurzeln. Sie ist geprägt durch die Natur der Aufmerksamkeit. Es ist für Tiere ebenso wie für den Menschen überlebenswichtig, ihre Sinne in Übereinstimmung mit ihren Intentionen gebrauchen zu können. Und finden zu können, was wir suchen, ist ja auch für unser Alltagsleben sehr wichtig. Den meisten Menschen ist durchaus bewußt, daß der Umgang anderer Leute mit ihrer Umgebung von deren Grundeinstellungen abhängig ist. Es überrascht uns nicht, solche Voreingenommenheiten bei Politikern anzutreffen; es überrascht uns nicht, daß Menschen verschiedener Kulturen die Dinge verschieden sehen. Auch der tägliche kleine Selbstbetrug in unserer Familie oder bei Freunden und Kollegen überrascht uns nicht. Aber von der «wissenschaftlichen Methode» glaubt man, sie sei über kulturelle oder persönliche Voreingenommenheiten erhaben und bleibe strikt bei der Gediegenheit objektiver Fakten und universaler Prinzipien.

Wissenschaftliche Voreingenommenheit ist besonders leicht zu erkennen, wenn sie mit politischen Vorurteilen zusammenhängt, denn Angehörigen verschiedener politischer Lager ist in der Regel sehr daran gelegen, den Behauptungen ihrer Gegner zu widersprechen. Ein Beispiel: Konservative möchten immer gern glauben und beweisen, daß gewisse Klassen oder Rassen aus biologischen Gründen dominant sind, daß sie selbst eine natürliche oder angeborene Überlegenheit besitzen. Liberale und Sozialisten dagegen sehen die Einflüsse des jeweiligen Umfelds als ausschlaggebend und bestehende Ungleichheiten als durch das Gesellschafts- und Wirtschaftssystem bedingt.

Im vorigen Jahrhundert konzentrierte diese «Erbe-Umwelt»-Debatte sich auf Messungen der Gehirngröße; in unserem auf Messungen des Intelligenzquotienten. Wissenschaftler, die von der Überlegenheit der Männer gegenüber den Frauen und der weißen Rasse gegenüber allen anderen überzeugt sind, haben schon immer zu finden vermocht, was sie finden wollten. Der französische Chirurg und Anthropologe Paul Broca beispielsweise, der den Sitz des motorischen Sprachvermögens im Gehirn entdeckte, kam zu folgender Anschauung: «Im allgemeinen ist das Gehirn bei Erwachsenen im besten Alter größer als bei älteren Menschen, bei Männern größer als bei Frauen, bei Hochbegabten größer als bei mittelmäßig Begabten, bei den höheren Rassen größer als bei den niederen.»[3] Er mußte allerlei sperrige Fakten begradigen, um bei diesem Glauben bleiben zu können. Da waren zum Beispiel fünf Professoren in Göttingen, die bereit waren, ihre Gehirne nach ihrem Ableben wiegen zu lassen. Die Gewichte, so zeigte sich dann, lagen peinlich nah am Durchschnitt. Broca befand, mit den Herren Professores sei wohl nicht viel los gewesen.

Kritiker von eher egalitärer politischer Haltung haben zeigen können, daß Generalisierungen aufgrund von Gehirnabmessungen oder Intelligenzquotienten auf geschickter Auswahl und systematischer Verzerrung der Daten basierten. Mitunter waren die Daten selbst schon verfälscht, wie etwa in einigen Publikationen von Sir Cyril Burt, einem führenden Verfechter des Glaubens an den angeborenen Intelligenzgrad. Stephen J. Gould zeichnet in seinem Buch *Der falsch vermessene Mensch* die armselige Geschichte dieser vorgeblich so objektiven Studien über die menschliche Intelligenz nach und macht deutlich, wie beständig solche Vorurteile als Wissenschaft verkleidet wurden. «Wenn quantitative Daten, wie ich demonstriert zu haben glaube, in gleicher Weise kulturellen Zwängen unterliegen wie irgendein anderer Aspekt der Wissenschaft, kann man keinen Anspruch auf letztgültige Wahrheit mit ihnen verbinden.»[4]

Vorgetäuschte Objektivität

Gefördert wird die Illusion der Objektivität ganz entscheidend auch durch den Stil, in dem wissenschaftliche Arbeiten abgefaßt werden. Sie tun so, als kämen sie geradewegs aus einer wissenschaftlichen Idealwelt, wo menschliches Glauben und Wollen keinen Einfluß hat und nur die Logik zählt – «Es wurde beobachtet, daß . . .», «Es wurde festgestellt, daß . . .», «Die Daten lassen erkennen, daß . . .»

Diese Sprachregelung haben sich auch Schüler und Studenten noch zu eigen zu machen: «Die Probe wurde in ein Reagenzglas gegeben...» und so weiter.

Wissenschaftler veröffentlichen ihre Funde in Form von Aufsätzen in den Zeitschriften ihres Fachgebiets. In einem mit Recht berühmten Artikel mit dem Titel «Ist der wissenschaftliche Aufsatz Augenwischerei?» zeigte der Immunologe Peter Medawar auf, daß der Standardaufbau solcher Aufsätze «eine gänzlich irreführende Darstellung der Denkprozesse vermittelt, die in den Werdegang wissenschaftlicher Entdeckungen einfließen». In den Biowissenschaften beginnt solch ein Aufsatz typischerweise mit einer kurzen Einleitung, die auch einen Überblick über bisherige Arbeiten zum Thema gibt; es folgt ein Abschnitt «Materialien und Methoden», dann «Ergebnisse» und schließlich «Diskussion».

Der «Ergebnisse» genannte Teil besteht aus einem Strom von Fakteninformationen; hier schon von der Bedeutung der Resultate zu sprechen gilt als höchst unfein. Sie müssen so tun, als wäre Ihr Geist ganz jungfräulich, ein leeres Gefäß für Informationen, die – aus Gründen, über die Sie nichts sagen – aus der Außenwelt hereinströmen. Sie heben sich die Bewertung des wissenschaftlichen Materials für den «Diskussions»-Teil auf, und hier nun geben Sie sich den albernen Anschein, als fragten Sie sich, ob nun die von Ihnen gesammelten Informationen tatsächlich irgend etwas besagen.[5]

In Wirklichkeit stehen natürlich die Hypothesen, zu deren Überprüfung die Experimente ersonnen wurden, im allgemeinen am *Anfang* und nicht am Schluß. Seit Medawars Aufsatz zeigt sich ein wachsendes Bewußtsein für den tatsächlichen Ablauf der Dinge, und immer häufiger werden jetzt in der Einleitung schon die Hypothesen erwähnt. Doch die Grundeinstellung ist noch die alte: Man tut möglichst unbeteiligt, man schreibt vorzugsweise im Passiv, man gibt die Daten als unverfälschte Fakten aus. Praktizierende Wissenschaftler wissen recht gut, daß dieser Stil pure Suggestion ist; aber er ist für jeden, der objektiv erscheinen möchte, obligatorisch geworden, und auch Technokraten und Bürokraten bedienen sich seiner gern.

Täuschung und Selbsttäuschung

Die Illusion der Objektivität ist dann am stärksten, wenn ihre Opfer sich frei von ihr wähnen. Neben einem begrüßenswerten Ehrgefühl hat es in der experimentellen Naturwissenschaft von Anfang an auch einen Hang zur Rechthaberei gegeben.

In dem Wunsch, seinen Ideen zum Durchbruch zu verhelfen, ließ Galilei sich anscheinend dazu hinreißen, von Experimenten zu berichten, die er genau in der beschriebenen Form nicht durchgeführt haben konnte. So bestand also in der experimentellen Wissenschaft des Abendlands von Anfang an eine zwiespältige Haltung gegenüber den Daten. Einerseits wurden die experimentellen Daten als letztes Kriterium der Wahrheit hingestellt, andererseits wurden die Fakten notfalls der Theorie untergeordnet oder sogar entstellt, wenn sie nicht passen wollten.[6]

Ähnliche Untugenden finden wir auch bei anderen Giganten der Naturwissenschaft, nicht zuletzt bei Sir Isaac Newton. Er begegnete seinen Kritikern mit derart exakten Resultaten, daß nirgendwo Raum für Disput blieb. Sein Biograph Richard Westfall hat dokumentiert, wie er seine Berechnungen der Schallgeschwindigkeit und der Äquinoktien frisierte und die Berechnungen zu seiner Gravitationstheorie so manipulierte, daß er zu einer Genauigkeit von weniger als einem Promille kam.

Die *Principia* wirkten nicht zuletzt dadurch so überzeugend, daß sie sich einen Grad der Genauigkeit anmaßten, der weit über ihren legitimen Anspruch hinausging. Die *Principia* mögen der modernen Naturwissenschaft ihr quantitatives Grundmuster bereitgestellt haben, aber sie erinnern auch an eine weniger hehre Wahrheit: daß niemand den Schummelfaktor so brillant und effektiv zu handhaben versteht wie der Meistermathematiker selbst.[7]

Die am weitesten verbreitete Form der Täuschung – und Selbsttäuschung – dürfte mit dem selektiven Gebrauch von Daten zusammenhängen. Wieder ein Beispiel: Von 1910 bis 1913 tobte zwischen dem amerikanischen Physiker Robert Millikan und seinem österreichischen Rivalen Felix Ehrenfeld ein Disput über die Ladung des Elektrons. Bei beiden variierten die Experimentaldaten ziemlich stark. Gewonnen wurden sie durch Einleitung von Öltropfen in ein elektrisches Feld, wobei man die Feldstärke maß, die nötig war, um den Tropfen in der Schwebe zu halten. Ehrenfeld behauptete, die Meßdaten deuteten auf die Existenz von Subelektronen mit einem Bruchteil der Elementarladung hin. Millikan hielt dagegen, es gebe nur eine einzige Ladung. Um seinen Rivalen zu widerlegen, veröffentlichte er 1913 einen mit neuen, exakten Daten gespickten Artikel, der seine Anschauung bestätigte, und wir lesen dort, durch Kursivschrift hervorgehoben: «Es handelt sich hier nicht um eine Auswahl von Tropfen, sondern um sämtliche Tropfen, mit denen an sechzig aufeinanderfolgenden Tagen experimentiert wurde.»[8]

Ein Wissenschaftshistoriker hat neuerdings Millikans Labornotizen durchgesehen und festgestellt, daß sie ein ganz anderes Bild bieten. Die Rohdaten waren einzeln kommentiert, zum Beispiel «sehr niedrig, irgend etwas nicht in Ordnung» oder «sehr schön, veröffentlichen».[9] Die 58 veröffentlichten Beobachtungen stammten aus einer Reihe von insgesamt 140 Versuchen. Ehrenfeld veröffentlichte unterdessen weiterhin alle seine Beobachtungen, die nach wie vor eine viel breitere Streuung als Millikans Auswahldaten aufwiesen. Ehrenfeld fand keine Beachtung, Millikan erhielt den Nobelpreis.

Millikan war zweifellos überzeugt, daß er recht hatte, und wollte sich seine theoretische Überzeugung nicht von widerspenstigen Daten ruinieren lassen. Ähnliches gilt wahrscheinlich auch für Gregor Mendel, der mit seinen berühmten Erbsenzuchtexperimenten zu Resultaten kam, die nach dem heutigen Stand der statistischen Analyse zu schön waren, um wahr zu sein.

Dieser Hang, nur die «besten» Resultate zu veröffentlichen und die Daten zu schönen, ist gewiß nicht nur bei den berühmten Gestalten in der Geschichte der Wissenschaft anzutreffen. In den meisten, wenn nicht allen Bereichen der Wissenschaft kann man damit rechnen, daß gute Resultate der Karriere förderlich sind. Und in einem Berufsumfeld, in dem starker Konkurrenzdruck herrscht, werden allenthalben die verschiedensten Formen der Ergebnisschönung praktiziert, sei es auch nur durch das Weglassen von unliebsamen

Daten. Diese Praxis ist in der Tat gang und gäbe. Die wissenschaftlichen Zeitschriften sind nicht sehr geneigt, problematische oder negative Forschungsresultate zu veröffentlichen, und wissenschaftliche Lorbeeren sind mit unklaren Daten und bedeutungslos wirkenden Daten schwer zu verdienen.

Mir ist keine systematische Erhebung über den Prozentsatz tatsächlich veröffentlichter Forschungsdaten bekannt. Ich schätze aber, daß in den Bereichen, in denen ich mich aufgrund von persönlicher Erfahrung am besten auskenne – Biochemie, Entwicklungsbiologie, Pflanzenphysiologie und Agrarwissenschaft –, nur etwa fünf bis zwanzig Prozent der empirischen Daten für die Veröffentlichung ausgewählt werden. Ich habe auch Kollegen anderer Forschungsbereiche wie Experimentalpsychologie, Chemie, Radioastronomie und Medizin gefragt und ähnliches gehört. Wenn die große Mehrzahl der gewonnenen Daten – häufig neunzig Prozent und mehr – in privaten Selektionsprozessen eliminiert wird, haben persönliche und theoretische Vorurteile natürlich reichlich Gelegenheit, sich bewußt oder unbewußt auszuwirken.

Bei einer derart selektiven Publikationspraxis muß es zwangsläufig zu mehr oder weniger Täuschung und Selbsttäuschung kommen. Außerdem betrachten Wissenschaftler ihre Notizbücher und ihren Datenbestand für gewöhnlich als privat und gewähren Kritikern und Konkurrenten nicht gern Einblick. Es heißt zwar immer, die Forscher seien in der Regel bereit, dem Wunsch ihrer Kollegen nach Dateneinsicht im erforderlichen Umfang zu entsprechen, aber meiner eigenen Erfahrung nach ist dieses Ideal von der Wirklichkeit weit entfernt. Schon mehrmals habe ich andere Forscher gebeten, ihre Rohdaten anschauen zu dürfen, und immer wurde ich abgewiesen. Vielleicht sagt das mehr über mich als über die derzeit gültigen wissenschaftlichen Normen. Jedenfalls gibt eine der sehr wenigen systematischen Untersuchungen zu diesem geheiligten Prinzip der Offenheit wenig Anlaß zu Zuversicht. Das Verfahren war simpel. Ein Psychologe an der Iowa State University schrieb fünfunddreißig Autoren an, die Arbeiten in psychologischen Zeitschriften veröffentlicht hatten, und bat sie um die Rohdaten, auf denen ihre Aufsätze beruhten. Fünf antworteten nicht. Einundzwanzig behaupteten, sie hätten ihre Unterlagen verlegt oder versehentlich vernichtet.

Nur neun schickten ihr Datenmaterial, und als es analysiert wurde, stellte sich heraus, daß mehr als die Hälfte schon im statistischen Teil grobe Fehler gemacht hatten.[10]

Wer sich weigert, sein Datenmaterial kritischen Blicken auszusetzen, muß nicht unbedingt etwas zu verbergen haben. Vielleicht hat er einfach keine Lust, einem anderen seine Notizen zu erläutern; vielleicht wittert er unsaubere Motive oder befürchtet eine Verunglimpfung. Ich will hier nicht darauf hinaus, daß Wissenschaftler besonders stark zu Täuschung und Betrug neigen. Im Gegenteil, die meisten Wissenschaftler sind vermutlich mindestens so redlich wie zum Beispiel Anwälte, Priester, Banker oder Verwaltungsbeamte. Aber Wissenschaftler maßen sich mehr Objektivität an und pflegen zugleich einen Publikationsstil, der durch starke, nichtöffentliche Selektion gekennzeichnet ist. Dieser Umstand begünstigt die Täuschung anderer, aber darin sehe ich nicht die größte Bedrohung des Objektivitätsideals. Selbsttäuschung ist die größere Gefahr, insbesondere die kollektive Selbsttäuschung, zu der die herrschenden Anschauungen über die objektive Wirklichkeit verleiten.

Viele Wissenschaftler erkennen die Neigung zum Wunschdenken bei anderen leicht, und schnell haben sie Forschungsergebnisse, die auf außerschulischen Gebieten wie der Parapsychologie oder der ganzheitlichen Medizin gewonnen werden, als Selbsttäuschung oder gezielten Betrug abqualifiziert. Und es kann ja durchaus sein, daß manche von denen, die der Schulmeinung widersprechen, einer Täuschung unterliegen. Aber sie schaden dem Fortschritt der Wissenschaft kaum, weil ihre Resultat entweder ignoriert oder extrem kritisch unter die Lupe genommen werden. Organisierte Skeptisten sind immer schnell bei der Hand, alle nicht ins mechanistische Weltbild passenden Forschungsergebnisse zu diskreditieren. Die Parapsychologen haben sich auf diese grundsätzlich kritische Haltung eingestellt und ein waches Bewußtsein für den Experimentator-Effekt und andere Verfälschungsursachen entwickelt. Die Schulwissenschaft ist bei weitem keiner so radikalen Skepsis ausgesetzt.

Kollegenbeurteilung, Wiederholbarkeit der Experimente und wissenschaftlicher Schwindel

Wie die Ärzte, Rechtsanwälte und andere Berufsgruppen lassen sich die Wissenschaftler nicht gern von außen in das hineinreden, was sie als ihre inneren Angelegenheiten ansehen. Stolz verweisen sie auf ihre eigenen Regulationsmechanismen. Das sind vor allem diese drei:

1. Stellenbewerbungen und Anträge auf Forschungszuschüsse werden Kollegen zur Beurteilung vorgelegt, um sicherzustellen, daß der Forscher und sein Projekt die Zustimmung anerkannter Professionals finden.
2. An wissenschaftliche Zeitschriften eingesandte Arbeiten werden zunächst von meist anonymen Experten begutachtet.
3. Alle veröffentlichten Forschungen müssen im Prinzip von anderen wiederholbar sein.

Kollegenbeurteilung und Sachverständigengutachten sind in der Tat wichtige qualitätssichernde Maßnahmen, die häufig den beabsichtigten Effekt haben, aber sie sind von Natur aus nicht vorurteilsfrei: Sie bevorzugen im allgemeinen namhafte Wissenschaftler und Institutionen. Und zu unabhängigen Wiederholungen kommt es selten, wofür mindestens vier Gründe verantwortlich sind. Erstens ist es in der Praxis schwierig, ein bestimmtes Experiment zu wiederholen, sei es auch nur deshalb, weil die Rezepte unvollständig sind oder die praktischen Kniffe nicht mitgeteilt wurden. Zweitens verfügen wenige Wissenschaftler über die Zeit und die Mittel, die Arbeit anderer zu wiederholen, vor allem dann nicht, wenn diese Arbeit aus üppig finanzierten Labors stammt und teurer Apparate bedarf. Drittens fehlt meist die Motivation für die Wiederholung von Forschungsarbeiten. Und viertens bringt man die Ergebnisse solcher Wiederholungen kaum in Wissenschaftsjournalen unter, denn die interessieren sich mehr für Originalforschungen. Zu Wiederholungen kommt es meist nur unter ganz bestimmten Voraussetzungen, etwa wenn die Resultate ungewöhnlich wichtig sind oder der Verdacht des Betrugs besteht.

Einleitung

Unter diesen Umständen kann Schwindel leicht ungeprüft durchgehen, wenn die Ergebnisse nur den allgemeinen Erwartungen entsprechen.

Das Akzeptieren erschwindelter Resultate ist nur die andere Seite jener bekannten Münze: Widerstand gegen neue Ideen. Schwindelresultate haben gute Chancen, in der Wissenschaft akzeptiert zu werden, wenn sie nur plausibel dargeboten werden, mit den bestehenden Vorurteilen und Erwartungen übereinstimmen und von einem Fachmann stammen, der irgendeinem Eliteinstitut verbunden ist. Wenn neue Ideen in der Wissenschaft auf Widerstand stoßen, dann weil ihnen diese Referenzen fehlen. Nur wenn man davon ausgeht, daß Logik und Objektivität die einzigen Türhüter der Wissenschaft sind, kann man an der Häufigkeit – und dem häufigen Erfolg – des Betrugs etwas Überraschendes finden... Für die Ideologen der Wissenschaft ist Betrug ein Tabu, ein Skandal, für den man bei jeder Gelegenheit das Ritual des Herunterspielens ausführen muß. Wer in der Wissenschaft einfach das menschliche Bemühen um ein Verständnis dieser Welt sieht, für den machen Betrügereien lediglich erkennbar, daß die Wissenschaft ebenso auf den Schwingen der Rhetorik wie auf denen des Verstandes fliegt.[11]

Eines der wenigen Gebiete der Wissenschaft, auf denen es eine begrenzte Überwachung durch äußere Instanzen gibt, ist die Sicherheitsprüfung für neue Nahrungsmittel, Pharmazeutika und Pestizide. In den Vereinigten Staaten liefert die Industrie den staatlichen Prüfungsinstanzen jedes Jahr Tausende von Testresultaten, die die Unbedenklichkeit neuer Substanzen dokumentieren sollen. Diese staatlichen Stellen dürfen Inspektoren in die Labors schicken, aus denen die Testergebnisse stammen. Sie stoßen immer wieder auf verfälschte Resultate.[12]

Die Betrugsfälle, die im weiten, nicht von außen überwachten Hinterland der Wissenschaft aufgedeckt werden, kommen kaum je aufgrund der offiziellen Mechanismen – Kollegenbeurteilung, Begutachtung wissenschaftlicher Arbeiten durch Sachverständige und das Prinzip der Wiederholbarkeit – ans Licht. Und wenn doch einmal eine Wiederholung angestrebt wird und nicht gelingt, kann man immer noch sagen, man habe die Experimentalbedingungen nicht genau genug reproduzieren können. Einem Kollegen Betrug vorwerfen, das tut man einfach nicht – es sei denn aus ganz persönlichen Gründen. Wenn Betrugsfälle aufgedeckt werden, dann meist durch Denunziationen unmittelbarer Kollegen oder Konkurrenten, und häufig aufgrund irgendwelcher persönlicher Querelen.[13] In solch einem Fall werden der Laborleiter oder andere Vorgesetzte die Sache in der Regel erst einmal zu vertuschen trachten. Aber wenn die Betrugsbeschuldigungen dann nicht allmählich verstummen und die Beweislast erdrückend wird, kommt es schließlich zu einer offiziellen Untersuchung. Jemand wird für schuldig befunden und in Schimpf und Schande davongejagt.

Die meisten Wissenschaftler sehen in solchen Vorfällen keinen Grund zu einem grundsätzlichen Mißtrauen gegenüber der institutionalisierten Wissenschaft. Solche Fälle sind vereinzelte Entgleisungen von Leuten, die unter hohem Druck vorübergehend ausgerastet sind oder zu den wenigen Psychopathen gehören, die es überall und daher auch in diesem Bereich zwangsläufig gibt. Man jagt sie weg, und die Wissenschaft ist geläutert. Sie sind Sündenböcke im biblischen Sinne. Am Tag des Versöhnungsfests soll der Hohepriester einem durch das Los bestimmten Bock beide Hände auf den Kopf legen und dabei alle Missetaten der Kinder Israel bekennen. Dann soll der schuldbeladene Bock in die Wildnis hinausgetrieben werden und alle Sünden mit sich nehmen.[14]

Die meisten Wissenschaftler versuchen ein hehres Idealbild von keuscher Wissenschaft zu wahren, und nicht einmal unbedingt aus persönlichen oder beruflichen Motiven, sondern weil dieses Idealbild von außen auf sie projiziert und ihnen praktisch aufgedrängt wird. Viele Menschen setzen ihren Glauben eher in die Wissenschaft als in die Religion und möchten gern an ihre erhabene, objektive Autorität glauben. Je mehr man von der Wissenschaft die Bereitstellung bleibender Wahrheiten und Werte erwartet, desto mehr werden die Wissenschaftler zu so etwas wie Priestern. Und dann erwarten die Menschen genau wie von richtigen Priestern, daß sie den Idealen entsprechen, die sie predigen: Objektivität, Rationalität, Wahrheitssuche. «Manche Wissenschaftler zeigen sich in ihrem öffentlichen

Auftreten dieser Rolle gewachsen; das macht sie zu Kardinälen der Vernunft, die einer irrationalen Öffentlichkeit den Heilsweg darlegen.»[15] So kann ihnen nicht daran gelegen sein, irgendwelche grundsätzlichen Mängel der Überzeugungen und Institutionen einzuräumen, denen sie ihre Legitimation verdanken. Zuzugeben, daß einzelne schon mal Fehler machen können, und sie dann in die Wüste zu schicken, das ist noch relativ einfach; aber wer möchte schon die Überzeugungen und Idealisierungen in Frage stellen, mit denen das ganze System steht und fällt?

Wissenschaftsphilosophen – und die Wissenschaftler selbst – neigen zur Idealisierung der experimentellen Methode. In ihrer aufschlußreichen Studie über Täuschung und Betrug in der Wissenschaft haben William Broad und Nicholas Wade untersucht, wie weitgehend der tatsächliche Laborbetrieb sich an propagierten Idealen orientiert. Die Wirklichkeit, stellten sie fest, ist viel pragmatischer und empirischer und über weite Strecken ein Herumprobieren:

Die Konkurrenten auf einem bestimmten Gebiet probieren viele verschiedene Ansätze aus und sind immer bereit, auf das Rezept umzusteigen, das am besten funktioniert. Wissenschaft ist ein sozialer Prozeß, und jeder Wissenschaftler möchte seine eigenen Rezepte, seine eigene Sicht des fraglichen Gegenstands sowohl weiterentwickeln als auch akzeptiert sehen... Die Wissenschaft ist ein komplexer Prozeß, in dem der Beobachter fast alles sehen kann, was er sehen möchte, wenn er nur den Blickwinkel klein genug macht... Wissenschaftler sind Individuen mit verschiedenen Stilen und verschiedenen Arten des Zugangs zur Wahrheit. Der identische Stil aller wissenschaftlichen Schriften scheint einer universalen wissenschaftlichen Methode zu entspringen, ist aber in Wirklichkeit nicht Einmütigkeit, sondern Uniformität, erzwungen durch die gegenwärtigen Konventionen wissenschaftlicher Berichterstattung. Wäre es Wissenschaftlern erlaubt, sich bei der Darstellung ihrer Experimente und Theorien natürlich auszudrücken, würde der Mythos von einer einzigen universalen wissenschaftlichen Methode wahrscheinlich augenblicklich verschwinden.[16]

Dem kann ich nur zustimmen. Das vorliegende Buch ist ein Plädoyer für eine demokratischere und pluralistischere wissenschaftliche Forschung, befreit von den Konventionen, die der Schulwissenschaft durch ihre Rolle als «Kirche» der säkularen Weltordnung auferlegt sind. Doch welche Form die Wissenschaft auch annehmen mag, sie wird sich immer auf Experimente berufen.

Experimente über Experimente

Bis hierher habe ich nur die durch die Illusion der Objektivität bedingte generelle Problematik erörtert. In den beiden folgenden Kapiteln möchte ich nun Experimente umreißen, mit denen nach der Natur der experimentellen Forschung als solcher gefragt werden kann.

Im sechsten Kapitel wird es um die Uniformitätsdoktrin gehen, die viele Wissenschaftler davon abhält, unerwartete Muster oder Unregelmäßigkeiten in der Natur zu sehen und gelten zu lassen. Sogar die Konstanz der «Grundkonstanten» erweist sich als Glaubensartikel. Bei tatsächlichen Messungen dieser Konstanten zeigen sich Schwankungen. Da man diese Schwankungen jedoch als Zufallsfehler einstuft, kann man die Daten glätten und so eine Fassade der Uniformität wahren. Ich möchte hier eine Methode vorschlagen, nach der man die beobachteten Schwankungen empirisch untersuchen kann.

Im siebten Kapitel werden wir fragen, welchen Einfluß die Erwartung des Experimentators auf das Experiment selbst hat. Das können sehr subtile Einflüsse sein, vielleicht bis hin zu paranormalen Effekten. Wieviel also sagen uns die Experimente über die Natur und wieviel einfach über die Erwartungshaltung der Experimentierenden?

6. Die Varianz der «Grundkonstanten»

Die Grundkonstanten der Physik und ihre Messung

Die «physikalischen Konstanten» sind Zahlen, die die Wissenschaftler in ihren Berechnungen verwenden. Anders als die Konstanten der Mathematik können die Werte der Naturkonstanten nicht aus ersten Prinzipien abgeleitet werden, sondern müssen im Labor durch Messungen bestimmt werden.

Wie der Name schon sagt, werden die physikalischen Konstanten als unveränderlich angesehen, als Abbild einer grundlegenden Konstanz in der Natur. Ich möchte in diesem Kapitel zunächst aufzeigen, daß die Werte der physikalischen Grundkonstanten sich in den letzten Jahrzehnten doch geändert haben; dann möchte ich erörtern, wie man diese Änderungen näher untersuchen kann.

Die Lehrbücher der Physik und Chemie verzeichnen eine Vielzahl von Konstanten, zum Beispiel – über Hunderte von Seiten – die Schmelz- und Siedepunkte Tausender von Substanzen. So liegt etwa der Siedepunkt von Äthylalkohol, bei einer bestimmten Standardtemperatur der Umgebung und einem bestimmten Standard-Luftdruck, bei 78,5 ° Celsius und der Gefrierpunkt bei –117,3 ° C. Aber nicht alle Konstanten gelten als Grundkonstanten. Tabelle 1 verzeichnet die Konstanten, die relativ einhellig als wirklich fundamental angesehen werden.[1]

Alle diese Konstanten werden in Einheiten angegeben, die Lichtgeschwindigkeit beispielsweise in Metern pro Sekunde. Ändert sich die Einheit, dann ändert sich auch die Konstante. Einheiten sind aber von Menschen gemacht und beruhen auf Definitionen, die von Zeit zu Zeit neu gefaßt werden können. Das Meter zum Beispiel wurde erstmals 1790 durch ein Dekret der französischen National-

Größe beziehungsweise Konstante	Symbol
Lichtgeschwindigkeit	c
Elementarladung	e
Elektronenmasse	m_e
Protonenmasse	m_p
Avogadrosche Zahl	N_A
Plancksche Konstante	h
Universale Gravitationskonstante	G
Boltzmann-Konstante	k

Tabelle 1: Die Grundkonstanten

versammlung definiert – als der vierzigmillionste Teil des durch Paris verlaufenden Meridians. Das Meter wurde zur Basis des gesamten metrischen Systems. Man stellte aber fest, daß die bis dahin gültige Messung des Erdumfangs fehlerhaft war. 1799 wurde das Meter durch ein im französischen Staatsarchiv verwahrtes Band aus Platin neu definiert. 1960 erfolgte eine Neudefinition des Meters aufgrund der Wellenlänge des von Kryptonatomen ausgesandten Lichts, und 1983 schließlich wurde die Lichtgeschwindigkeit zur Grundlage der Definition eines Meters gemacht; danach ist ein Meter die Strecke, die das Licht im 299 792 458sten Teil einer Sekunde zurücklegt.

Aber nicht nur der Wechsel der zugrunde gelegten Einheiten führt zu Veränderungen; auch neue Messungen der Grundkonstanten ergeben immer wieder neue Werte. Experten und internationale Kommissionen sorgen für ihre kontinuierliche Korrektur. Alte Werte werden aufgrund der neuesten «Bestwerte» aus Labors der ganzen Welt durch neue ersetzt. Vier Beispiele möchte ich hier näher betrachten: die Gravitationskonstante (G), die Lichtgeschwindigkeit (c), die Plancksche Konstante (h) und schließlich die Feinstrukturkonstante (α), an der die Elementarladung (e), die Lichtgeschwindigkeit und die Plancksche Konstante beteiligt sind.

Die «Bestwerte» kommen bereits durch ein beträchtliches Maß an

Selektion zustande. Erstens vernachlässigen die Experimentatoren gern Werte, die nicht den Erwartungen entsprechen, und erklären sie zu Fehlern. Wenn die am stärksten abweichenden Messungen ausgesiebt sind, glättet man im zweiten Schritt auch noch die leichten Schwankungen weg, indem man aus den zu verschiedenen Zeiten gewonnenen Werten einen Mittelwert bildet, und der Endwert wird dann noch einigen Korrekturen unterzogen, die ein wenig willkürlich wirken. Schließlich werden die Resultate verschiedener Laboratorien auf der ganzen Welt zusammengetragen, selektiert und zu einem Durchschnittswert verarbeitet, der dann den neuesten offiziellen Stand darstellt.

Das Messen der Grundkonstanten ist die Domäne von Spezialisten, die Metrologen genannt werden. In der Vergangenheit wurde dieses Feld von einzelnen beherrscht, etwa dem Amerikaner R. T. Birge an der University of Berkeley in Kalifornien, der von den zwanzigern bis in die vierziger Jahre praktisch konkurrenzlos war. Heute werden die endgültigen Werte von internationalen Expertengremien festgesetzt. Jederzeit sind die offiziellen Werte von einer ganzen Reihe von Entscheidungen abhängig, gefällt von den Experimentatoren selbst, von den Koryphäen der Metrologie und von den Expertengremien. Wie Birge schreibt, gibt es für

> die Entscheidung über den mutmaßlich besten Wert jederzeit und bei jeder Konstante einen gewissen Ermessensspielraum ... Auch jeder Forscher verfügt über einen Ermessensspielraum bei der Selektion seiner Daten und bei der Formulierung seines Endresultats.[2]

Der Glaube an ewige Wahrheiten

Praktisch gesehen ändern sich also die Werte der Konstanten. Der Theorie zufolge sind sie jedoch unveränderlich. Der Widerspruch zwischen Theorie und empirischer Wirklichkeit wird für gewöhnlich ohne Diskussion vom Tisch gewischt mit der Bemerkung, Schwankungen seien auf Experimentalfehler zurückzuführen, und die neuesten Werte seien die besten. Man begegnet den Metrologen mit grenzenloser Geduld. Ältere Werte der Konstanten sind schnell vergeben und vergessen.

Was aber, wenn die Konstanten sich wirklich ändern? Was also, wenn die Natur selbst nicht konstant ist? Bevor wir diese Frage erörtern können, müssen wir uns erst einmal eine der zentralen Grundannahmen der Naturwissenschaft vergegenwärtigen: daß nämlich die Natur selbst gleichförmig sei. Für Anhänger dieses Glaubens ist unsere Frage sinnlos. Konstanten *müssen* konstant sein.

Konstanten werden nur in dieser kleinen Region des Universums gemessen und die meisten erst seit ein paar Jahrzehnten. Zudem schwanken die Messungen. Die Auffassung, daß Konstanten überall und jederzeit die gleichen sind, kann kaum aus den Daten abgeleitet sein. Das zu behaupten wäre eine Zumutung sondergleichen. Die auf der Erde gewonnenen Werte haben sich im Laufe der letzten fünfzig Jahre beträchtlich geändert. Die Annahme, daß sie sich seit fünfzehn Milliarden Jahren nirgendwo im Universum geändert haben, ist eine ziemlich gewaltsame Auslegung des dürftigen Beweismaterials. Die Macht des wissenschaftlichen Glaubens an ewige Wahrheiten zeigt sich daran, daß diese Annahme so wenig hinterfragt und so bereitwillig als unumstößlich akzeptiert wird.

Nach dem traditionellen Glaubensbekenntnis der Naturwissenschaft steht alles unter der Herrschaft feststehender Gesetze und ewiger Konstanten. Die Gesetze der Natur sind immer und überall dieselben. Sie transzendieren sogar Raum und Zeit und haben mehr mit Platons ewigen Ideen als mit evolvierenden Dingen zu tun. Sie sind nicht aus Materie, Energie, Feldern, Raum oder Zeit gemacht – sie sind überhaupt nicht aus irgend etwas gemacht, sondern immateriell, in keiner Weise stofflich. Sie liegen wie die Platonischen Ideen allen Phänomenen zugrunde als ihr verborgener Grund oder *logos*, der über Raum und Zeit steht.

Jeder wird natürlich gern einräumen, daß die Formulierungen, die die Wissenschaftler den Naturgesetzen geben, sich ändern können, wenn alte Theorien teilweise oder ganz durch neue ersetzt werden. Newtons Gravitationstheorie, auf Fernwirkungskräfte im absoluten Raum und in absoluter Zeit gegründet, wurde durch Einsteins Theorie der Gravitation als Krümmung des Raumzeit-Kontinuums ersetzt. Beide jedoch waren gleichermaßen der Überzeugung, daß den veränderlichen Theorien der Naturwissenschaft ewige, universale und unwandelbare Gesetze zugrunde liegen. Keiner von beiden hegte je Zweifel an der Konstanz der Konstanten, sondern beide verhalfen dieser Annahme zu hohem Ansehen – Newton durch die Einführung der universalen Gravitationskonstante, Einstein dadurch, daß er die Lichtgeschwindigkeit absolut setzte. In der modernen Relativitätstheorie ist c eine mathematische Konstante, ein Parameter, in dem die Zeitdimension und die Raumdimension in ihren jeweiligen Einheiten zueinander in Beziehung gesetzt sind; ihr Wert ist durch Definition festgelegt. Die Frage, ob die tatsächliche Lichtgeschwindigkeit vielleicht von c abweicht, ist zwar theoretisch nicht ganz unsinnig, scheint aber wenig interessant zu sein.

Für die Väter der modernen Naturwissenschaft, Kopernikus, Kepler, Galilei, Descartes, Newton und andere, waren die Naturgesetze ewige Ideen im göttlichen Geist. Gott war ein Mathematiker. Die Entdeckung der mathematischen Naturgesetze war ein direkter Einblick in den Geist Gottes.[3] Ähnliche Empfindungen haben die Physiker seither immer wieder geäußert.[4]

Gegen Ende des achtzehnten Jahrhunderts bekannten sich viele Intellektuelle zu einer Religion namens Deismus, deren Gott ein seiner Schöpfung fern stehender rationaler Mathematiker und all der unbequemen Attribute des biblischen Gottes entkleidet war. Dieses Höchste Wesen konnte der menschliche Verstand auch ohne göttliche Offenbarung oder religiöse Institutionen erkennen. Man gestand ihm zwar zu, der Schöpfer dieses Universums zu sein, doch danach spielte er keine aktive Rolle mehr. Alles geschah von da an dank der Gesetze und Konstanten der Natur von selbst. Diese Gesetze, da sie Ausfluß des göttlichen Geistes sind, haben auch teil an der Natur Gottes – sie sind absolut, universal, unwandelbar und allmächtig.

Vom Beginn des neunzehnten Jahrhunderts an wurde der Deismus immer mehr durch den Atheismus abgelöst. Gott wurde eine «unnötige Hypothese», wie der französische Physiker Henri Laplace es ausdrückte. Der ewige Bestand von Materie und Energie war durch Erhaltungsgesetze gesichert; die Ewigkeit der Naturgesetze und die Konstanz der Konstanten wurde einfach vorausgesetzt. Die immateriellen mathematischen Prinzipien hatten etwas

Freischwebendes, Selbsterhaltendes und geheimnisvoll Geistartiges – und sie waren dem Mathematiker erkennbar.

Bis in die sechziger Jahre unseres Jahrhunderts hinein war das Universum der Physik immer noch ewig. Doch über Jahrzehnte hatten sich bereits Hinweise auf eine Expansion des Kosmos angesammelt, und die Entdeckung der kosmischen Hintergrundstrahlung (1965) löste schließlich eine kosmologische Revolution aus – die Urknalltheorie entstand. Jetzt war das Universum keine ablaufende, ihrem thermodynamischen Wärmetod entgegensteuernde Maschine mehr, sondern ein wachsender und sich entwickelnder Kosmos. Und wenn es eine Geburt des Kosmos gegeben hat, eine anfängliche «Singularität», wie die Kosmologen sagen, dann stellt sich eine uralte Frage einmal mehr. Woher und woraus ist alles gekommen? Warum ist das Universum so, wie es ist? Und dazu kommt noch eine neue Frage: Wenn alles in der Natur evolviert, weshalb dann nicht auch ihre Gesetze? Wenn die Gesetze einer evolvierenden Natur immanent sind, dann sollten sie selbst auch evolvieren.

Im allgemeinen nehmen die Physiker nach wie vor den traditionellen Platonischen Standpunkt ein. Die Gesetze sind nicht Bestandteil des evolvierenden Kosmos, sondern ihm auferlegt. Sie waren schon immer da, eine Art kosmischer Code Napoléon. Aus einem ewigen, nichtphysikalischen, geistähnlichen Reich – dem Geist eines mathematischen Schöpfergottes oder dem Reich reiner Mathematik – ging in einer Ur-Explosion ein Universum hervor. So beschreibt es der Physiker Heinz Pagels:

> Das Nichts «vor» der Erschaffung des Universums ist die leerste Leere, die sich überhaupt denken läßt – kein Raum, keine Zeit, keine Materie. Das ist eine Welt ohne Ort, ohne Dauer oder Ewigkeit, ohne Zahl; sie ist das, was die Mathematiker als «leeres Set» bezeichnen. Und doch verkehrt sich dieses unausdenkliche Nichts in eine Fülle des Seins – eine notwendige Konsequenz der physikalischen Gesetze. Wo stehen diese Gesetze geschrieben im Nichts? Was «sagt» dem Nichts, daß es mit einem möglichen Universum schwanger geht? Es sieht so aus, als wäre selbst das Nichts der Gesetzlichkeit unterworfen, einer Logik, die vor Raum und Zeit existiert.[5]

Die Varianz der «Grundkonstanten»

Die heutigen Bemühungen um eine «mathematische Theorie von Allem» sind einerseits der evolutionären Kosmologie nicht abgeneigt, bleiben aber zugleich bei dem traditionellen Glauben an ewige Naturgesetze und die Konstanz der Grundkonstanten. Die Gesetze waren irgendwie schon vor der anfänglichen Singularität da; oder besser, sie sind Raum und Zeit überhaupt transzendent. Diese Frage jedoch bleibt: Weshalb sind die Naturgesetze so, wie sie sind, und weshalb haben die Grundkonstanten die Werte, die sie haben?

Man erörtert diese Frage heute vielfach unter dem Gesichtspunkt des sogenannten kosmologischen anthropischen Prinzips: Von den vielen möglichen Universen konnte nur eines, in dem die Konstanten die hier und heute beobachteten Werte hatten, eine belebte Welt wie die unsere hervorbringen, in der intelligente Kosmologen entstehen können, die sich über sie Gedanken machen. Hätten die Konstanten andere Werte, gäbe es keine Sterne, keine Atome, keine Planeten, keine Menschen. Wenn die Konstanten auch nur ein wenig anders wären, gäbe es uns nicht. Wäre beispielsweise das Kräfteverhältnis zwischen den Kernkräften und der elektromagnetischen Kraft nur minimal anders, als es ist, dann gäbe es keine Kohlenstoffatome und folglich kein auf Kohlenstoff beruhendes Leben wie auf unserem Planeten. «Die Suche nach dem Heiligen Gral liegt für die moderne Physik in der Frage, weshalb die Konstanten gerade diese numerischen Werte haben.»[6]

Manche Physiker neigen einer Art Neo-Deismus zu: Ein mathematischer Schöpfergott hat die Konstanten erst einmal so abgestimmt, daß aus der Vielzahl möglicher Universen dieses eine verwirklicht wurde, in dem wir uns entwickeln konnten. Andere lassen Gott lieber ganz aus dem Spiel. Wenn man die Annahme umgehen möchte, daß ein mathematischer Geist zunächst einmal die Naturkonstanten abstimmte, kann man zum Beispiel davon ausgehen, daß unser Universum sich aus einer Art Schaum von möglichen Universen herausgebildet hat. Die Ur-Blase, die unser Universum wurde, war eine von vielen. Da wir aber hier sind, kann es nur die Konstanten haben, die es hat. Unser Vorhandensein setzt irgendwie eine Selektion voraus. Es mag unzählige fremde und für uns unbewohnbare Universen geben – dies jedenfalls ist das einzige, das wir erkennen können.

Wissenschaftliche Illusionen

Lee Smolin treibt diese Spekulationen sogar noch weiter, bis er schließlich zu einer Art kosmischem Darwinismus kommt: Vielleicht, sagt er, sind schwarze Löcher die Stellen, wo frühere Universen sozusagen Ableger treiben, junge Universen, die dann ein Eigenleben annehmen. Manche könnten kleine Mutationen in den Werten der Konstanten aufweisen und sich deshalb anders entwickeln. Nur Universen, die Sterne hervorbringen, können auch schwarze Löcher bilden und Kinder bekommen. Nach diesem kosmischen Fruchtbarkeitsprinzip können nur Universen wie unseres sich vermehren, und es gibt vielleicht viele mehr oder weniger ähnliche Universen, die ebenfalls bewohnbar sind.[7] Aber auch diese sehr spekulative Theorie erklärt noch nicht, weshalb es überhaupt Universen gibt, wodurch die Gesetze bestimmt sind, die in ihnen wirken, und was als Erhalter, Träger oder Gedächtnis der Konstanten-Mutanten in irgendeinem bestimmten Universum dient.

Alle diese metaphysischen Spekulationen, so ausgefallen sie auch wirken mögen, sind insofern durch und durch konventionell, als sie ewige Gesetze und konstante Konstanten – zumindest innerhalb eines bestimmten Universums – als selbstverständlich voraussetzen. Diese etablierten, ja eingefleischten Annahmen lassen die Konstanz der Konstanten als gesicherte Wahrheit erscheinen. Ihre Unwandelbarkeit ist ein Glaubensartikel, verwurzelt in Platonischer Philosophie und Theologie. Er geht jedoch weit über das hinaus, was als gesichertes Wissen gelten kann. Sogar in den letzten Jahrzehnten haben sich die Werte der Konstanten geändert. Und alle Bestrebungen, mit astronomischen Methoden über astronomische Entfernungen und Zeiträume Konstanten zu messen, gehen von der Annahme dessen aus, was sie beweisen wollen – von der universalen Konstanz der Natur. Sie stellen, wie ich weiter unten darlegen möchte, mehr oder weniger krasse Zirkelschlüsse dar. Und bloße empirische Daten können den kaum erschüttern, der wahrhaft glaubt. Zeigen die Messungen, was häufig vorkommt, Veränderungen der Konstanten, dann werden die Meßergebnisse einfach als Experimentalfehler ignoriert; die letzte Zahl ist immer die beste Annäherung an den «wahren» Wert einer Konstante.

Gewiß gibt es Schwankungen, die auf Meßfehlern beruhen; und diese Fehler werden mit der Verbesserung der Meßinstrumente und

-methoden geringer. Alle Messungen stoßen irgendwo an Grenzen des Auflösungsvermögens und werden immer nur mehr oder weniger akkurate Näherungswerte sein. Aber nicht alle Schwankungen müssen auf Fehlern beruhen oder durch die Grenzen der Meßapparatur bedingt sein. Vielleicht gibt es auch echte Schwankungen. Es ist denkbar, daß Konstanten in einem evolvierenden Universum mitsamt der Natur evolvieren. Vielleicht schwanken sie sogar zyklisch oder gar chaotisch.

Theorien der Konstantenveränderung

Mehrere Physiker, darunter Arthur Eddington und Paul Dirac, haben die Vermutung geäußert, daß zumindest einige der «Grundkonstanten» sich mit der Zeit ändern könnten. Dirac meinte insbesondere, die universale Gravitationskonstante G könnte mit der Zeit kleiner werden, weil die Schwerkraft mit zunehmender Ausdehnung des Universums nachläßt.[8] Aber wer so spekuliert, beeilt sich dann im allgemeinen zu versichern, daß er keineswegs die Idee der ewigen Gesetze anzweifelt; Konstanten, sagen sie, mögen sich ändern, aber nicht die ewigen Gesetze, nach denen sie sich ändern.

Die Vermutung, daß die Gesetze selbst sich ändern, ist radikaler. So sagte Alfred North Whitehead: Wenn wir die alte Idee fallenlassen, daß der Natur Gesetze *auferlegt* sind, und statt dessen annehmen, daß sie der Natur *immanent* sind, folgt daraus notwendig, daß sie mit der Natur evolvieren.

Da die Naturgesetze vom individuellen Charakter der die Natur bildenden Dinge abhängen, gilt: Wenn die Dinge sich ändern, so ändern sich in der Folge auch die Gesetze. Deshalb sollte die moderne evolutionäre Betrachtungsweise des physikalischen Universums die Naturgesetze als etwas auffassen, was sich mitsamt den Dingen, die die Welt bilden, entwickelt. Die Vorstellung, daß das Universum sich nach ewig feststehenden Gesetzen entwickelt, sollte aufgegeben werden.[9]

Ich würde die Gesetzesmetapher lieber ganz fallenlassen; sie suggeriert überholte Vorstellungen von einem Gesetze erlassenden Kaiser-Gott und von einer allmächtigen universalen Durchsetzungsinstanz für diese Gesetze. Dafür habe ich den Gedanken ins Spiel gebracht, daß die Regelmäßigkeiten der Natur eher so etwas wie Gewohnheiten sein könnten. Nach der Hypothese der morphischen Resonanz ist der Natur eine Art kumulatives Gedächtnis immanent. Die Natur wird also nicht von einem ewigen mathematischen Geist regiert, sondern ist von Gewohnheiten geformt, die der natürlichen Auslese unterliegen.[10] Gewohnheiten sind nicht alle von der gleichen fundamentalen Natur. Die Gewohnheiten von Wasserstoffatomen beispielsweise sind sehr alt und offenbar im ganzen Universum verbreitet, was man von den Gewohnheiten der Wasseramseln nicht sagen kann. Gravitationsfelder und elektromagnetische Felder, Atome, Galaxien und Sterne unterliegen archaischen Gewohnheiten, die bis in die Frühzeit der Geschichte unseres Universums zurückreichen. Aus dieser Sicht sind die «Grundkonstanten» der quantitative Ausdruck tiefsitzender Gewohnheiten. Vielleicht waren sie anfangs noch plastisch, wurden dann aber durch Wiederholung immer stärker festgelegt und nahmen schließlich mehr oder weniger gleichbleibende Werte an. Darin stimmt die Gewohnheitshypothese mit der konventionellen Annahme der Konstanz überein, wenn auch aus ganz anderen Gründen.

Selbst wenn man Spekulationen über die Evolution der Konstanten einmal beiseite läßt, gibt es noch mindestens zwei andere Gründe für die Vermutung, daß Konstanten sich vielleicht ändern. Erstens könnten sie von ihrer astronomischen Umgebung abhängig sein und sich im Zuge der Verlagerung des Sonnensystems innerhalb der Galaxis oder der Entfernung unserer Galaxis von anderen verändern. Zweitens könnten die Konstanten oszillieren oder fluktuieren. Sie könnten sogar auf chaotische Weise fluktuieren. Die moderne Chaostheorie hat uns die Augen dafür geöffnet, daß chaotisches Verhalten und nicht der gute alte Determinismus für die meisten Bereiche der Natur das Normale ist.[11] Bis jetzt sind die «Konstanten» noch unangetastet geblieben, weil der alte Platonismus doch noch stark genug ist. Aber was, wenn auch sie chaotischen Veränderungen unterliegen?

Die Metrologen haben die Möglichkeit, daß Konstanten sich vielleicht im Laufe von Jahrmillionen geringfügig ändern, durchaus ernstgenommen, und man hat sogar versucht, die Schwankungen durch indirekte Methoden abzuschätzen, zum Beispiel durch den Vergleich der Lichtqualitäten relativ naher und relativ weit entfernter Sterne und Galaxien, die sich in ihrem Alter um Millionen oder gar Milliarden von Lichtjahren unterscheiden. Diese Methoden lassen erkennen, daß regelhafte Veränderungen der Grundkonstanten, wenn es sie denn gibt, sehr klein sein müssen. Leider muß man bei diesen indirekten Methoden viele Annahmen machen, die sich nicht direkt überprüfen lassen. Die indirekt gewonnenen Anhaltspunkte für eine Konstanz der Konstanten beruhen mehr oder weniger auf Zirkelschlüssen. Ich werde darauf bei der Betrachtung einzelner Konstanten näher eingehen.

Selbst wenn die Durchschnittswerte der Konstanten wirklich über längere Zeit gleich bleiben, können die jeweils gemessenen Werte doch aufgrund von Veränderungen der kosmischen Umgebung um diese Mittelwerte schwanken oder vielleicht auch chaotisch fluktuieren. Doch sehen wir uns erst einmal die Fakten an.

Die Varianz der univeralen Gravitationskonstante

Die universale Gravitationskonstante G erschien erstmals in Newtons Gravitationsgleichung; nach dieser Gleichung ist die Anziehungskraft zwischen zwei Massen gleich G mal dem Produkt aus den beiden Massen, geteilt durch das Quadrat der Entfernung zwischen ihnen. Der Wert dieser Konstante ist, seit Henry Cavendish 1798 das erste Präzisionsexperiment durchführte, viele Male neu bestimmt worden. Die «besten» Werte der letzten gut hundert Jahre sind in Abbildung 11 dargestellt. Anfangs waren die Werte breit gestreut, dann zeichnete sich eine Konvergenz ab. Aber noch nach 1970 zeigen die «besten» Werte eine Schwankung zwischen 6,6699 und 6,6745; das macht einen Unterschied von 0,07 Prozent aus.[12] (Die Maßeinheit dieser Werte lautet $\times 10^{-11}$ m^3 kg^{-1} s^{-2}.)

Die universale Gravitationskonstante ist zwar von zentraler Bedeutung, aber trotzdem weniger gut definiert als alle anderen

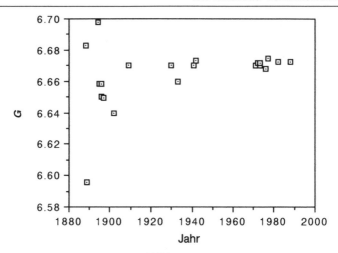

Abbildung 11
Die Bestwerte der universalen Gravitationskonstante von 1888 bis 1989.

Grundkonstanten. Alle Versuche, sie auf viele Stellen hinter dem Komma festzulegen, sind gescheitert; die Meßergebnisse sind einfach zu verschieden. Der Herausgeber der Zeitschrift *Nature* bezeichnet die Tatsache, daß G nur mit einer Genauigkeit von einem Fünftausendstel angegeben werden kann, als «einen Schandfleck der Physik».[13] Die Ungewißheit ist in den letzten Jahren sogar so groß gewesen, daß ganz neue Kräfte postuliert wurden, um die Gravitationsanomalien zu erklären.

Anfang der achtziger Jahre wurde G von Frank Stacey und seinen Kollegen in Australien in Bergwerken und tiefen Bohrlöchern gemessen. Ihr Wert lag etwa ein Prozent über dem derzeit gültigen. Bei einer Messung in der Hilton-Mine in Queensland beispielsweise wurde für G der Wert 6,734 ± 0,002 festgestellt, während als offizieller Wert 6,672 ± 0,003 angegeben wurde.[14] Die australischen Resultate waren wiederholbar und gleichbleibend,[15] aber niemand kümmerte sich groß darum – bis 1986. In dem Jahr erschütterte Ephraim Fischbach von der University of Washington in Seattle die gesamte wissenschaftliche Welt, als er behauptete, auch im Labor zeigten sich leichte Abweichungen von Newtons Schwerkraftgesetz,

Die Varianz der «Grundkonstanten»

die mit den australischen Ergebnissen im Einklang stünden. Er und seine Kollegen analysierten noch einmal die Daten einer 1920 von Roland Eötvös durchgeführten Versuchsreihe – ein Lehrbuchbeispiel für exaktes Messen –, und stellten fest, daß sich eine bisher als Zufallsfehler ignorierte Anomalie durch die gesamte Datenreihe zog.[16] Von diesen Befunden und den Beobachtungen in australischen Bergwerken ausgehend, postulierte Fischbach die Existenz einer bislang unbekannten Abstoßungskraft, der sogenannten fünften Kraft (die vier bekannten Kräfte sind schwache und starke Kernkraft, Elektromagnetismus und Gravitation).

In den folgenden Jahren gaben exakte Messungen der Gravitation in tiefen Bergwerksstollen, in Bohrlöchern im arktischen Eispanzer und auf hohen Türmen weitere Hinweise auf die fünfte Kraft.[17] Für die Interpretation der Daten mußten auch die örtlichen geologischen Verhältnisse berücksichtigt werden, da die Dichte des Gesteins die Messung der Gravitation beeinflußt. Die Experimentatoren behielten diesen Faktor genau im Auge und sorgten für entsprechende Korrekturen. Die Skeptiker beharrten jedoch darauf, die Resultate müßten auf verborgene Gesteinsschichten von ungewöhnlich hoher Dichte zurückzuführen sein.[18] Zur Zeit wird diese Sicht der Skeptiker für gültig angesehen, aber die fünfte Kraft läßt die Forscher nicht los und bleibt ein Gegenstand theoretischer Modelle und experimenteller Forschungen.[19]

Die mögliche Existenz einer fünften Kraft ist für die Frage der zeitlichen Änderung der Gravitationskonstante nicht besonders relevant. Doch die bloße Tatsache, daß die Möglichkeit einer neuen, die Gravitation beeinflussenden Kraft gegen Ende des zwanzigsten Jahrhunderts ernsthaft erwogen wird, zeigt deutlich, wie wenig genau die Schwerkraft noch über dreihundert Jahre nach der Veröffentlichung der *Principia* erfaßt ist.

Auch der von Paul Dirac und anderen Vertretern der theoretischen Physik geäußerten Vermutung, G könne mit fortschreitender Ausdehnung des Universums abnehmen, sind die Metrologen sorgfältig nachgegangen. Die zu erwartende Veränderung ist jedoch nach Diracs Berechnungen sehr klein; sie liegt in der Größenordnung von 5 zu 10^{11} pro Jahr. Das liegt weit außerhalb der heute auf der Erde zu erreichenden Meßgenauigkeit. Die «besten» Resultate der letzten zwanzig Jahre weisen Differenzen von mehr als 5 zu 10^4 auf. Die von Dirac vorausgesagte Veränderung ist mit anderen Worten etwa zehnmillionenmal kleiner als die Differenz zwischen den letzten Bestwerten.

Man hat Diracs Hypothese mit einer Reihe von indirekten Methoden zu überprüfen versucht. Manche machten sich geologische Besonderheiten zunutze, zum Beispiel die Neigungswinkel sehr alter Sanddünen, aus denen man die Gravitationskraft zur Zeit ihrer Bildung errechnen kann; andere halten sich an Aufzeichnungen über Sonnen- und Mondfinsternisse, die in den letzten dreitausend Jahren gemacht wurden; wieder andere bedienen sich modernster astronomischer Methoden. So hat man beispielsweise mittels einer ausgefeilten Radartechnik und der auf dem Mond aufgestellten Reflektoren die Entfernung zwischen Erde und Mond regelmäßig gemessen: Ein Teleskop sendet Laserpulse aus und fängt die Reflexionen wieder auf, und aus der Zeitdifferenz kann man die Entfernung errechnen. Noch genauere Radarmessungen wurden durch die Viking-Mission zum Mars möglich, wo die Pulse von gelandeten Raumsonden zur Erde zurückübermittelt wurden. Solche Messungen wurden zwischen 1976 und 1982 vorgenommen. Unter der Voraussetzung, daß die Lichtgeschwindigkeit einen festen Wert hat, kann man die Entfernung zwischen Erde und Mars auf etliche Meter genau bestimmen. Mit Hilfe komplexer Berechnungen, die auch die Bahnen der übrigen Himmelskörper im Sonnensystem berücksichtigten, wurden die Daten dann auf die Frage der Konstanz von G hin untersucht. Aber die Berechnungen enthielten viele Unwägbarkeiten, zum Beispiel Annahmen über den störenden Einfluß großer Asteroiden von unbekannter Masse auf die Marsbahn. Nach einer Berechnungsart ergab sich für G eine Varianz von weniger als 0,2 zu 10^{11} pro Jahr.[20] Eine andere Berechnungsart derselben Daten wies auf eine zehnmal größere Schwankungsbreite hin, die aber immer noch unter 1 zu 10^{10} pro Jahr lag.[21]

Eine weitere astronomische Methode besteht im Studium der Dynamik ferner Binär-Pulsare, an der sich ablesen läßt, ob der Wert der Gravitationskonstante während des Zeitraums der Beobachtung gleich geblieben ist. Auch hier sind viele Annahmen nötig, um die Berechnungen überhaupt durchführen zu können, so daß jeder, der andere Annahmen machen möchte, sie in Zweifel ziehen kann.[22]

Manche Physiker glauben, daß zumindest einige der Daten auf eine geringfügige Veränderung von G im Laufe der Zeit hindeuten.[23] Aufgrund der lunaren Daten meinen einige, daß G sich mindestens in dem von Dirac angedeuteten Maß ändere;[24] andere meinen, das sei nicht der Fall.[25] Brian Petley, der Nestor der britischen Metrologie, gelangt zu folgendem Urteil über diese verschiedenen Bestrebungen:

> Unter der Annahme, daß unsere kosmologische Zeitskala richtig ist und wir über die Gravitation ausreichend Bescheid wissen, sind die Schwankungen der Gravitationskonstante geringer als 1 zu 10^{10} pro Jahr. Diese Auffassung stützt sich auf eine ganze Reihe verschiedener Belege, darunter manche aus Experimenten von recht kurzer Dauer. Schließt man die von Dirac postulierte Änderung aus, kann man nur noch winzige zeitliche Änderungen von G annehmen oder vielleicht zyklische Schwankungen mit gegenwärtig nur geringen Veränderungen postulieren.[26]

Die Schwierigkeit liegt bei all diesen indirekten Beweisführungen darin, daß sie ein komplexes Geflecht theoretischer Voraussetzungen verlangen, zum Beispiel die Konstanz der übrigen Naturkonstanten. Sie sind nur im Rahmen des gegenwärtigen Paradigmas überzeugend. Anders gesagt: Wenn man von der Richtigkeit der modernen kosmologischen Theorien ausgeht (die selbst ja die Konstanz von G voraussetzen), dann sind die Daten in sich stimmig, sofern man alle tatsächlichen Schwankungen von Experiment zu Experiment oder von Methode zu Methode als Fehler betrachtet.

Die Abnahme der Lichtgeschwindigkeit von 1928 bis 1945

Nach Einsteins Relativitätstheorie ist die Geschwindigkeit des Lichts im Vakuum immer dieselbe – eine absolute Konstante. Ein Großteil der modernen Physik beruht auf der Annahme dieser Konstanz.

Schon von der Theorie her gibt es daher starke Widerstände, die Frage möglicher Veränderungen der Lichtgeschwindigkeit überhaupt zu stellen. Im übrigen ist in dieser Frage jetzt auch ein endgültiger Bescheid ergangen, denn die Lichtgeschwindigkeit wurde 1972 *per Definition* festgelegt. Der Wert lautet: 299792,458 ± 0,0012 Kilometer pro Sekunde.

Wie im Fall der universalen Gravitationskonstante haben frühere Messungen zu Ergebnissen geführt, die zum Teil erheblich vom heutigen offiziellen Wert abweichen. Die 1676 von Römer durchgeführte Bestimmung von c beispielsweise lag dreißig Prozent darunter, die von Fizeau (1849) ungefähr fünf Prozent darüber.[27] Die Entwicklung der «besten» Werte seit 1874 ist aus Abbildung 12 zu ersehen. Auf den ersten Blick scheint auch das wieder ein schönes Beispiel für den Fortschritt der Wissenschaft zu sein, wie sie sich Schritt für Schritt der Wahrheit annähert. Aber die Dinge liegen doch nicht ganz so einfach.

1929 veröffentlichte Birge eine Revision aller bis zum Jahr 1927 erhobenen Daten und kam zu dem Schluß, der beste Wert für die Lichtgeschwindigkeit sei 299769 ± 4 km/s. Er sagte, der mögliche Fehler sei hier geringer als bei jeder anderen Konstante; «der jetzige Wert von c ist völlig zufriedenstellend und kann als mehr oder weni-

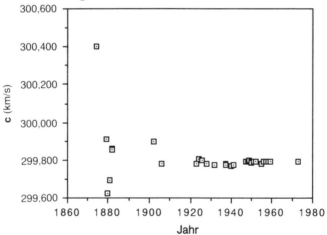

Abbildung 12
Die Bestwerte der Lichtgeschwindigkeit von 1874 bis 1972.

Autor	Jahr	Lichtgeschwindigkeit (km/s)
Birge (Revision früherer Werte)	1929	299 796 ± 4
Mittelstaedt	1928	299 778 ± 20
Michelson und andere	1932	299 774 ± 11
Michelson und andere	1935	299 774 ± 4
Anderson	1937	299 771 ± 10
Hüttel	1940	299 771 ± 10
Anderson	1941	299 776 ± 6
Birge (Revision)	1941	299 776 ± 4
Dorsey (Revision)	1945	299 773 ± 10
Heutiger definierter Wert	ab 1972	299 792,458 ± 0,0012

Tabelle 2: Die Lichtgeschwindigkeit 1928–1945[28]

ger dauerhaft festgelegt gelten.»[29] Aber noch während er schrieb, wurden beträchtlich niedrigere Werte für c gefunden, und 1934 äußerte Gheury de Bray die Vermutung, daß die Lichtgeschwindigkeit einer zyklischen Veränderung unterliegt.[30]

Zwischen etwa 1928 und 1945 schien die Lichtgeschwindigkeit ungefähr 20 km/s niedriger zu sein als vor und nach dieser Zeitspanne (Tabelle 2). Die «besten» Werte, von führenden Forschern nach verschiedenen Methoden ermittelt, zeigen eine eindrucksvolle Übereinstimmung, und die verfügbaren Daten wurden 1941 von Birge und 1945 von Dorsey zu einem «endgültigen» Wert kombiniert.

Gegen Ende der 40er Jahre erhöhte sich die Lichtgeschwindigkeit wieder. Natürlich gab es einige Aufregung, als die alten Werte sich plötzlich als falsch erwiesen. Der neue Wert lag rund 20 km/s höher, ganz in der Nähe des alten Wertes von 1927. Es bildete sich ein neuer Konsens (Abb. 13). Über dessen Lebensdauer, wenn er weiterhin von Messungen abhängig gewesen wäre, läßt sich nur spekulieren. Weiterer Uneinigkeit wurde nämlich 1972 dadurch vorgebeugt, daß man die Lichtgeschwindigkeit durch Definition festlegte.

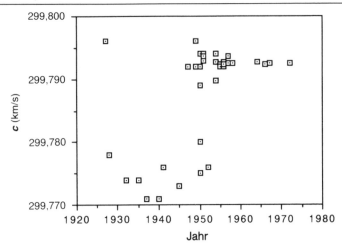

Abbildung 13
Werte der Lichtgeschwindigkeit von 1927 bis 1972. 1972 wurde der Wert durch Definition festgelegt.

Wie läßt sich die niedrigere Lichtgeschwindigkeit zwischen 1928 und 1945 erklären? Wenn hier einfach nur Experimentalfehler vorlägen, weshalb stimmen dann die Ergebnisse, die verschiedene Forscher nach verschiedenen Methoden ermittelten, so gut überein? Und weshalb ist die geschätzte Fehlerspanne so klein?

Eine Möglichkeit wäre, daß die Lichtgeschwindigkeit sich tatsächlich von Zeit zu Zeit ein wenig ändert. Vielleicht war sie wirklich fast zwanzig Jahre lang etwas niedriger. Doch solch eine Möglichkeit wurde von Forschern auf diesem Gebiet nicht ernsthaft erwogen, außer von de Bray. Der Glaube an einen festen Wert für c ist so tief, daß man die empirischen Daten irgendwie wegerklären muß. Diese denkwürdige Episode in der Geschichte der Lichtgeschwindigkeitsmessung wird heute im allgemeinen von der Pychologie der Metrologen her erklärt:

Diese Übereinstimmungstendenz bei Experimenten, die im gleichen Zeitraum durchgeführt werden, ist zartfühlend als «intellektuelle Phasenangleichung» umschrieben worden. Die meisten

Metrologen sind sich der möglichen Existenz eines solchen Effekts durchaus bewußt – es stehen ja auch immer hilfreiche Kollegen bereit, die mit Vergnügen darauf hinweisen... In der Schlußphase der Experimentierens werden nicht nur Fehler entdeckt, sondern man führt auch häufiger anregende Gespräche mit interessierten Kollegen, und die vorbereitenden Studien für die Niederschrift geben neue Perspektiven. Diese Umstände wirken zusammen und nehmen Einfluß auf das ins Auge gefaßte «Endresultat». Die Anschuldigung, daß man am ehesten dann aufhört, sich den Kopf über Korrekturen zu zerbrechen, wenn die eigenen Werte nah an den Resultaten anderer liegen, ist leicht zu erheben und schwer von der Hand zu weisen.[31]

Aber wenn man frühere Schwankungen in den Werten der Konstanten mit der Psychologie der Experimentatoren erklärt, dann stellt sich, wie andere bedeutende Metrologen anmerken, «eine beunruhigende Frage: Woher wissen wir, daß dieser psychologische Faktor heute nicht in gleicher Weise am Werk ist?»[32] Im Fall der Lichtgeschwindigkeit freilich ist diese Frage jetzt müßig. Die Lichtgeschwindigkeit ist nicht nur durch Definition festgelegt; zu allem Überfluß sind auch noch die Einheiten, in der sie ausgedrückt wird, vom Licht selbst her definiert.

Die Sekunde war früher als 1/86 400 eines mittleren Sonnentags definiert, heute jedoch legt man die Frequenz des Lichts zugrunde, das auf bestimmte Weise angeregte Cäsium-133-Atome emittieren. Eine Sekunde entspricht 9 192 631 770 Schwingungsperioden dieses Lichts. Und das Meter ist seit 1983 anhand der Lichtgeschwindigkeit definiert, die selbst wiederum durch Definition festgelegt ist.

Vorstellbar wäre aber, wie Brian Petley sagt,

> daß die Lichtgeschwindigkeit sich mit der Zeit ändert oder daß sie im Raum richtungsabhängig ist oder daß sie von der Bewegung der Erde um die Sonne oder in der Galaxis oder irgendeinem anderen Bezugsrahmen beeinflußt wird.[33]

Doch sollte es solche Veränderungen wirklich geben, wären wir blind für sie. Wir sind jetzt eingesperrt in ein künstliches System, wo solche Veränderungen nicht nur per Definition unmöglich sind, sondern auch praktisch nicht zu erkennen wären, weil die Einheiten so definiert sind, daß sie sich bei einer Änderung der Lichtgeschwindigkeit ebenfalls ändern würden und der Wert, in Kilometern pro Sekunde, exakt gleich bliebe.

Der Anstieg der Planckschen Konstante

Die Plancksche Konstante h ist für die Quantenphysik von tragender Bedeutung, unter anderem als Proportionalitätsfaktor in der Beziehung zwischen der Energie E und der Frequenz ν einer Strahlung; die entsprechende Formel lautet $E = h\nu$. Ihre Dimension ist die der Aktion – Energie mal Zeit.

Oftmals hören wir, die Quantentheorie sei ungeheuer erfolgreich und erstaunlich genau. Zum Beispiel: «Die Gesetze, mit denen die Quantenwelt beschrieben wird, sind die treffendsten und genauesten Werkzeuge, die wir für die richtige Beschreibung und Voraussage der Vorgänge in der Natur je hatten. In manchen Fällen weichen unsere theoretischen Voraussagen nur im ein Milliardstel oder weniger vom tatsächlich Gemessenen ab.»[34]

Ich habe dergleichen so oft gelesen und gehört, daß ich annahm, die Plancksche Konstante müsse ungeheuer genau bekannt sein, auf viele Stellen hinter dem Komma. Das scheint auch so zu sein, wenn man sie in einem wissenschaftlichen Handbuch nachschlägt – so lange jedenfalls, wie man nicht auch frühere Auflagen konsultiert. Der offizielle Wert hat sich nämlich im Laufe der Jahre geändert und zeigt eine deutliche Tendenz nach oben (Abb. 14).

Die größte Veränderung gab es zwischen 1929 und 1941, wo der Anstieg mehr als ein Prozent betrug. Diese Zunahme geht weitgehend darauf zurück, daß sich der Wert der Elementarladung (e) erheblich änderte. Experimentelle Messungen der Planckschen Konstante geben keine direkten Antworten, sondern haben auch die Ladung und/oder Masse des Elektrons zu berücksichtigen. Gibt es bei einer von beiden Größen oder bei beiden oder bei irgendeiner anderen Konstante Änderung, so ändert sich auch die Plancksche Konstante.

Die Varianz der «Grundkonstanten»

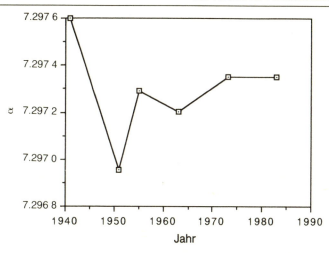

Abbildung 14
Bestwerte der Planckschen Konstante von 1919 bis 1988.

Ich habe in der Einleitung zum dritten Teil bereits über Millikans Arbeit zur Frage der Elektronenladung gesprochen. Sie erwies sich als eine der Wurzeln des Problems. Andere Forscher fanden beträchtlich höhere Werte als er, doch sie wurden kaum gehört. «Millikans Ruf und Autorität ließen die Meinung entstehen, die Frage des Wertes von e sei praktisch endgültig beantwortet.»[35] An die zwanzig Jahre konnte Millikans Wert sich behaupten, doch immer mehr deutete darauf hin, daß e in Wirklichkeit größer sein müsse. Richard Feynman schrieb darüber:

> Es ist interessant, sich die Geschichte der Messungen der Elementarladung nach Millikan anzusehen. Wenn man sie graphisch als Funktion der Zeit darstellt, sieht man, daß die nächste ein bißchen höher liegt als Millikans, die nächste wieder ein bißchen höher, und die nächste wieder ein bißchen höher, bis schließlich ein allgemein höheres Niveau erreicht ist. Weshalb mußten sie sich an die höhere Zahl erst über mehrere Schritte herantasten? Das ist eine Sache, die den Wissenschaftlern peinlich ist, denn sie zeigt, daß die Leute Sachen wie die folgende gemacht haben: Wenn sie zu einer Zahl kamen, die zu hoch über Millikans lag, suchten sie

nach Fehlern – und fanden auch welche. So kamen sie dann zu einer Zahl, die näher an Millikans lag und nicht so kraß wirkte. Damit eliminierten sie die Zahlen, die zu weit ab lagen. Es sind noch andere Dinge von dieser Art vorgekommen.[36]

Gegen Ende der dreißiger Jahre konnte man die Diskrepanzen nicht mehr ignorieren, aber man konnte Millikan auch nicht einfach seinen Hohepriesterstatus absprechen. Deshalb führte man die Korrektur auf einem Umweg ein, nämlich durch einen neuen Wert für die Viskosität der Luft (eine wichtige Variable für die Experimente mit Öltropfen), der Millikans Ergebnisse in die Nähe der neuen brachte.[37] Anfang der vierziger Jahre wurden noch höhere Werte gemessen, und die offizielle Zahl mußte wieder nach oben korrigiert werden. Und natürlich fand man auch wieder Gründe, Millikans Wert abermals so anzuheben, daß er zu dem neuen paßte.[38] Und immer wenn e größer wurde, mußte auch die Plancksche Konstante angehoben werden.

Autor	Jahr	h ($\times 10^{-34}$ Joule-Sekunden)
Bearden und Watts	1951	6,62363 ± 0,00016
Cohen und andere	1955	6,62517 ± 0,00023
Condon	1963	6,62560 ± 0,00017
Cohen und Taylor	1973	6,626176 ± 0,000036
Cohen und Taylor	1988	6,6260755 ± 0,0000040

Tabelle 3: Die Plancksche Konstante von 1951 bis 1988 (Revisionswerte)

Interessanterweise kroch die Plancksche Konstante von den fünfzigern bis in die siebziger Jahre weiter aufwärts (Tabelle 3). Jeder dieser Anstiege lag über dem Fehlerspielraum, der für den vorher akzeptierten Wert angegeben worden war. Der letzte Wert zeigt einen leichten Rückgang.

Mehrmals ist auch der Versuch unternommen worden, Veränderungen der Planckschen Konstante durch Untersuchung des Lichts von Sternen und Quasaren auf die Spur zu kommen, die man aufgrund der Rotverschiebung in ihrem Spektrum für sehr weit entfernt hält. Falls die Plancksche Konstante sich geändert hat, so der Grundgedanke, sollte auch das vor Milliarden von Jahren ausgesandte Licht sich irgendwie von jüngerem Licht unterscheiden. Man fand kaum einen Unterschied, und der eindrucksvolle Befund lautete, daß h sich jährlich um einen Faktor von weniger als 5 zu 10^{13} ändert. Kritiker haben jedoch darauf hingewiesen, daß man zwangsläufig solch eine Konstanz findet, wenn die Berechnungen unter der stillschweigenden Annahme durchgeführt werden, daß h konstant *ist* – die Argumentation verläuft kreisförmig.[39] (Strenggenommen lautet die Ausgangsannahme, daß das Produkt hc konstant ist; da jedoch c als konstant definiert ist, muß folglich auch h konstant sein.)

Verschiebungen in der Feinstrukturkonstante

Eine der Schwierigkeiten bei der Suche nach Veränderungen der Grundkonstanten besteht darin, daß man bei einer festgestellten Änderung des Wertes nicht weiß, ob nun die Konstante selbst sich ändert oder nur die Einheiten, in denen sie gemessen wird. Es gibt jedoch auch dimensionslose Konstanten, bei denen die Frage möglicher Änderungen der Einheiten sich nicht stellt, weil sie als reine Zahlen dargestellt werden. Ein Beispiel ist das Verhältnis der Protonenmasse zur Elektronenmasse. Auch die Feinstrukturkonstante ist dimensionslos. Manche Metrologen fordern, daß «säkulare Veränderungen physikalischer ‹Konstanten› anhand solcher Zahlen definiert werden sollten».[40]

Ich möchte deshalb in diesem Abschnitt die Anhaltspunkte für eine Veränderung der Feinstrukturkonstante α erörtern. Gebildet wird sie gemäß der Formel $\alpha = e^2/2hc\varepsilon_0$ aus der Ladung des Elektrons, der Lichtgeschwindigkeit, der Planckschen Konstante und der Permittivität des leeren Raums (ε_0). Sie ist das Maß der Stärke elektromagnetischer Wechselwirkungen, und ihr Wert wird als un-

Wissenschaftliche Illusionen

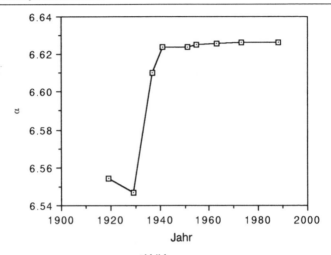

Abbildung 15
Bestwerte der Feinstrukturkonstante von 1941 bis 1983.

gefähr 1/137 angegeben. Diese Konstante gilt bei manchen theoretischen Physikern als eine kosmische Schlüsselzahl, die eine «Theorie von Allem» erklären können sollte.

Zwischen 1929 und 1941 nahm die Feinstrukturkonstante um etwa 0,2 Prozent von $7,283 \times 10^{-3}$ auf $7,2976 \times 10^{-3}$ zu.[41] Dieser Anstieg wurde zum größten Teil auf die Zunahme des Wertes der Elektronenladung (teilweise kompensiert durch die Abnahme der Lichtgeschwindigkeit) zurückgeführt. Wie bei den anderen Konstanten gab es eine gewisse Streuung der Resultate verschiedener Forscher; aus den «besten» Werten wurden von Zeit zu Zeit neue offizielle Endresultate errechnet. Die Entwicklung dieser Konsenswerte ab 1941 ist in Abbildung 15 dargestellt. Wie bei anderen Konstanten waren die Unterschiede im allgemeinen größer als nach den angegebenen Fehlertoleranzen zu erwarten gewesen wäre. Die Zunahme von 1951 bis 1963 beispielsweise war zwölfmal größer, als die 1951 angegebene Fehlertoleranz oder Standardabweichung; von 1963 bis 1973 betrug die Zunahme knapp das Fünffache der Fehlertoleranz von 1963. Tabelle 4 nennt die relevanten Zahlen.

Mehrere Kosmologen sind der Frage nachgegangen, ob die Feinstrukturkonstante sich vielleicht mit dem Alter des Kosmos ändert.[42]

Autor	Jahr	α ($\times 10^{-3}$)
Bearden und Watts	1951	7,296953 ± 0,000028
Condon	1963	7,297200 ± 0,000033
Cohen und Taylor	1973	7,2973506 ± 0,0000060

Tabelle 4: Die Feinstrukturkonstante von 1951 bis 1973

Man hat auch diese Frage durch Analyse des Lichts von fernen Sternen und Quasaren zu klären versucht, wiederum unter der Annahme, daß ihre Entfernung der Rotverschiebung ihres Lichts proportional ist. Die Resultate deuten darauf hin, daß sich an dieser Konstante wenig oder nichts geändert hat.[43] Doch wie bei allen anderen Bemühungen, die Konstanz der Konstanten aus astronomischen Beobachtungen abzuleiten, mußten viele Annahmen gemacht werden, zum Beispiel die Konstanz der anderen Konstanten, die Richtigkeit der gegenwärtigen Theorien und die Brauchbarkeit der Rotverschiebung als Maß der Entfernung. Alle diese Annahmen werden schon lange und bis heute von anderen Kosmologen und Astrophysikern in Zweifel gezogen.[44]

Keine Entscheidung?

Wie wir an den hier dargestellten vier Beispielen gesehen haben, lassen die in Laborversuchen gewonnenen Daten allerlei Schwankungen erkennen. Ähnliches ist auch bei den Werten der übrigen Grundkonstanten zu beobachten. Den wahren Konstanzgläubigen ficht das nicht an, denn man kann immer irgendwelche Experimentalfehler als Grund anführen. Da die Techniken ständig verbessert werden, genießt immer die letzte Messung das größte Vertrauen, und wenn sie von früheren abweicht, sind diese automatisch diskreditiert (es sei denn, sie besäßen hohen Prestigewert wie im Fall der Messung der Elektronenmasse durch Millikan). Außerdem scheinen die Metrologen die Genauigkeit ihrer Messungen meist zu überschätzen, da die angegebenen Fehlertoleranzen in der Regel kleiner sind als die bei der nächsten Messung tatsächlich ermittelte Differenz. Sollten die Metrologen allerdings ihre Fehlertoleranzen doch richtig einschätzen, dann würden größere Differenzen darauf hindeuten, daß doch die Konstanten selbst sich ändern. Das deutlichste Beispiel ist die Abnahme der Lichtgeschwindigkeit von 1928 bis 1945. Hat da wirklich die Natur ihren Kurs geändert, oder haben wir hier einen Fall von kollektivem Metrologenwahn vor uns?

Bislang gibt es nur zwei Arten von Theorien über die Grundkonstanten. Erstens: Konstanten sind wirklich konstant, und die Varianz der empirischen Daten ist auf Fehler dieser oder jener Art zurückzuführen. Mit dem Fortschreiten der Wissenschaft werden solche Fehler immer geringer. Bei stetig anwachsender Präzision kommen wir den wahren Werten der Konstanten immer näher. Das ist die herkömmliche Sicht. Zweitens: Etliche Vertreter der theoretischen Physik sind zu der Auffassung gelangt, daß Konstanten sich vielleicht mit wachsendem Alter des Kosmos auf eine stetige, regelmäßige Weise ändern. Verschiedene Ansätze, solche Ideen anhand astronomischer Beobachtungen zu überprüfen, scheinen gegen diese Möglichkeit zu sprechen. Doch diese Testmethoden sind mit einem Fragezeichen zu versehen. Sie setzen voraus, was sie beweisen wollen: daß nämlich die Konstanten wirklich konstant sind und die heutige Kosmologie in ihren wesentlichen Zügen korrekt ist.

Wenig Beachtung fand bisher eine dritte Möglichkeit, an die ich hier erinnern möchte: Die Konstanten könnten innerhalb gewisser Grenzen um einen Mittelwert schwanken, der selbst relativ konstant bleibt.

Die Idee der unwandelbaren Gesetze und Konstanten ist die letzte Bastion der klassischen Physik, für die überall und in alle Ewigkeit eine mathematische Ordnung herrscht, die alles nach ein für allemal feststehenden Regeln geschehen läßt und (zumindest im Prinzip) vollkommen vorhersagbar macht. Tatsächlich finden wir nichts dergleichen in der Menschenwelt, im Bereich des biologischen Lebens, im Wetter oder am Nachthimmel. Die Chaosrevolution hat diese perfekte Ordnung als schöne Illusion entlarvt.[45] Fast alles, was uns in der Welt und im Kosmos begegnet, ist von Natur aus chaotisch.

Die Varianz der «Grundkonstanten»

Die Veränderungen in den Werten der Grundkonstanten müssen nicht Meßfehler darstellen, die nur das Bild einer tatsächlich absoluten Konstanz stören; sie könnten auch auf tatsächliche geringfügige Änderungen der Werte hindeuten. Ich möchte jetzt ein simples Verfahren vorstellen, nach dem man zwischen diesen beiden Möglichkeiten unterscheiden kann. Dabei werde ich mich auf die Gravitationskonstante konzentrieren, weil bei ihr die Varianz am größten ist. Aber nach den gleichen Prinzipien könnte man sich auch jede andere Konstante vornehmen.

Ein Experiment, mit dem sich mögliche Schwankungen der universalen Gravitationskonstante aufdecken ließen

Das Prinzip ist ganz einfach. Wenn gegenwärtig in einem bestimmten Labor Messungen vorgenommen werden, ermittelt man den endgültigen Wert als Durchschnitt der Einzelmessungen, und alle unerklärlichen Schwankungen zwischen den Messungen werden auf Fehler zurückgeführt. Sollte es reale Schwankungen der gemessenen Größe geben – zum Beispiel aufgrund von Veränderungen im Umfeld der Erde oder weil die Konstante selbst chaotisch fluktuiert –, so würden sie natürlich durch die statistischen Verfahren eliminiert und nur als Zufallsfehler am Rande erscheinen. Solange man die Messungen nur in einem einzigen Labor durchführt, wird man nie auf eine dieser Möglichkeiten kommen oder gar zwischen ihnen unterscheiden können.

Ich schlage also eine Serie von Messungen der universalen Gravitationskonstante vor, regelmäßig – zum Beispiel monatlich – und nach den besten derzeit verfügbaren Methoden in etlichen Labors rund um die Welt durchgeführt. Über mehrere Jahre würde man diese Messungen vergleichen. Sollte der Wert für G, aus welchen Gründen auch immer, Schwankungen unterliegen, dann müßten diese sich an den verschiedenen Orten zeigen. Anders gesagt, die Werte könnten ein Muster erkennbar machen, etwa in der Form, daß der Wert in manchen Monaten hoch und in anderen niedrig ist. So ließen sich Variationsmuster erkennen, die sich dann nicht mehr als Zufallsfehler übergehen lassen.

Es wäre dann nötig, auch andere Möglichkeiten zu prüfen, zum Beispiel die, daß nicht G selbst sich ändert, sondern die Maßeinheiten. Der Ausgang dieser Forschungen ist nicht vorherzusehen. Wichtig ist, daß man nach *übereinstimmenden* Schwankungen Ausschau hält. Und schon *weil* man nach Schwankungen Ausschau hält, besteht eine größere Chance, daß man sie auch erkennt. Unter dem gegenwärtigen theoretischen Paradigma – Konstanten sind wirklich konstant – ist dagegen jeder bemüht, Veränderungen rechnerisch auszubügeln.

Anders als bei den übrigen in diesem Buch vorgeschlagenen Experimenten würde dieses natürlich einen ganz erheblichen Aufwand erfordern. Dennoch müßten die Kosten nicht unvertretbar hoch sein, wenn man Laboratorien beauftragt, die schon entsprechend ausgerüstet sind. Vielleicht können sogar Studenten die Messungen durchführen. Etliche kostengünstige Meßverfahren für G, die sich nach der klassischen Methode von Cavendish einer Torsionsfadenwaage bedienen, sind bereits beschrieben worden, und in jüngster Zeit hat man eine verbesserte Methode für Studenten entwickelt, die in der Genauigkeit nur um 0,1 Prozent hinter den aufwendigen Verfahren zurückbleibt.[46]

Dank der stetigen Verbesserung der metrologischen Verfahren dürfte es in Zukunft immer leichter werden, auch feinste Schwankungen der Konstanten aufzuspüren. Ich nehme an, daß G weitaus exakter zu bestimmen sein wird, wenn man von Raumschiffen oder Satelliten aus experimentieren kann – und über die geeigneten Techniken wird ja bereits diskutiert.[47] Das ist ein Gebiet, wo eine große Frage wirklich großen wissenschaftlichen Aufwand erfordern würde.

Aber es gibt auch eine Möglichkeit, solche Forschungen zunächst einmal mit sehr geringem Aufwand zu betreiben: alle Rohdaten durcharbeiten, die im Laufe der letzten Jahrzehnte bei Messungen der universalen Gravitationskonstante gewonnen wurden. Das würde natürlich die Kooperation der daran beteiligten Wissenschaftler voraussetzen, denn die vollständigen Daten haben sie nur in ihren Protokollbüchern und Labordateien, und viele sind nicht gern bereit, anderen Einblick zu gewähren. Doch sollten sie sich hilfsbereit zeigen, dann gäbe es schon genug Daten, um nach weltweiten Schwankungen des Wertes für G zu suchen.

Sollten bei den Grundkonstanten Schwankungen gefunden werden, hätte das gewaltige Implikationen. Aus wäre es dann mit der faden, aber bequemen Gleichförmigkeit der Natur, und wir müßten einsehen, daß Schwankungen und Veränderungen in der Natur der Natur liegen.

7. Die Erwartungen des Experimentators und ihre Auswirkungen

Prophezeiungen, die sich selbst erfüllen

Häufig fügen sich die Dinge so, wie wir erwartet oder vorhergesagt haben, aber das muß nicht unbedingt an einem geheimnisvollen Wissen um die Zukunft liegen; oft sorgen die Menschen einfach mit ihrem Verhalten dafür, daß eine Prophezeiung wahr wird. Wenn ein Lehrer beispielsweise in einem seiner Schüler einen Versager sieht, wird er sich ihm gegenüber vielleicht so verhalten, daß sein Versagen wahrscheinlich wird – und schon ist die Voraussage eingetroffen. Daß Prophezeiungen dazu tendieren, sich selbst zu erfüllen, ist in Wirtschaft, Politik und Religion bestens bekannt. Auch die praktische Psychologie bedient sich dieses Prinzips. In unzähligen Selbsthilfebüchern geht es um die Nutzung dieser Kräfte; sie stellen dar, wie man eine negative Grundhaltung in eine positive umwandelt, um dann in der Politik, im Geschäftlichen und in der Liebe erfolgreich zu sein. Zuversicht und Optimismus spielen auch in der Medizin eine große Rolle, ebenso beim Sport und bei vielen anderen Aktivitäten.

Wie man es auch deuten mag, positive und negative Erwartungen bestimmen mit, was tatsächlich geschehen wird. Prophezeiungen, die sich selbst erfüllen, gibt es in jedem Bereich. Wie also sieht es damit in der Wissenschaft aus? Viele Wissenschaftler machen sich mit starken Erwartungen und mit ebenso genauen wie tiefsitzenden Vorstellungen von möglich und unmöglich ans Experimentieren. Können ihre Erwartungen die Resultate beeinflussen? Sie können.

Erstens hängt von den Erwartungen bereits ab, was für Fragen man in oder mit einem Experiment stellt. Die Fragen wiederum bestimmen mit, was für Antworten man finden wird. Das ist in der Quantenphysik ganz explizit zum Prinzip erhoben worden: Der

Versuchsaufbau entscheidet bereits darüber, welche Arten von Antworten überhaupt möglich sind, zum Beispiel ob die Antwort in Wellen- oder Teilchenform haben wird. Doch das Prinzip ist ganz allgemein anwendbar: «Die Anlage der Untersuchung ist wie eine Schablone. Sie bestimmt, wieviel von der ganzen Wahrheit sichtbar wird und auf welches Muster sie hindeutet.»[1]

Von der Erwartung des Experimentators hängt auch ab, was er sieht; sie läßt ihn sehen, was er sehen will, und im allgemeinen übersehen, was er nicht sehen will. Diese Voreingenommenheit betrifft aber nicht nur die Beobachtungen selbst, sondern auch die Aufzeichnung und Analyse der Daten – bis hin zur Aussonderung unliebsamer Daten als Irrtum und der höchst selektiven Veröffentlichung von Ergebnissen, die ich in der Einleitung zum dritten Teil erörtert habe.

Und drittens könnte die Erwartungshaltung des Experimentators auf ungeklärte Weise auch ganz direkt das Geschehen mitbestimmen. Was dieser mysteriöse Prozeß sein mag und wie mysteriös er wirklich ist – das ist die Frage, der ich in diesem Kapitel nachgehen möchte.

Der Experimentator-Effekt

Hawthorne heißt der Ort, wo eine amerikanische Elektrizitätsgesellschaft von 1927 bis 1929 in einem ihrer Elektrizitätswerke eine Untersuchung durchführte, die Generationen von Studenten der Sozialpsychologie bestens vertraut ist. Sie machte etwas deutlich, was seitdem als «Hawthorne-Effekt» bekannt ist.[2] Man wollte herausfinden, welchen Einfluß verschiedene Pausenzeiten und Erfrischungen auf die Produktivität haben. Groß war das Erstaunen, als die Produktivität im Laufe der Versuche um ungefähr dreißig Prozent anstieg, und dies ganz unabhängig von den jeweiligen experimentellen Veränderungen. Die Aufmerksamkeit, die man den Arbeitern schenkte, erwies sich als wirksamer als die wechselnden äußeren Bedingungen, unter denen sie arbeiteten.

Der Hawthorne-Effekt könnte in vielen Forschungsgebieten eine Rolle spielen, zumindest in Psychologie, Medizin und Verhaltensforschung. Die Wissenschaftler beeinflussen Mensch oder Tier schon dadurch, daß sie ihnen Aufmerksamkeit schenken. Doch der Einfluß ist vielleicht nicht nur von dieser allgemeinen Art, sondern auch ganz spezifisch verhaltenssteuernd. Menschen und Tiere verhalten sich im allgemeinen eher so, wie es der Erwartung des Experimentators entspricht.

Diesen Zug in Richtung der erwarteten Resultate bezeichnet man als «Experimentator-Effekt» oder genauer als «Experimentator-Erwartungs-Effekt». In Verhaltensforschung und Medizin sind sich die meisten Wissenschaftler dieses Effekts wohlbewußt und versuchen sich mit der «Blind»-Methodik dagegen abzusichern. Bei Einfachblindversuchen kennt der Proband die Versuchsanordnung und den Gegenstand des Versuchs nicht. Beim Doppelblindversuch kennt der Versuchsleiter sie auch nicht. Eine dritte Partei legt Art und Abfolge der Versuche fest, und auch der Experimentator erhält erst Einblick, wenn die Datensammlung abgeschlossen ist.

So wichtig der Experimentator-Effekt auch bei Forschungen mit Menschen und Tieren genommen wird, niemand weiß, welche Rolle er in anderen Bereichen der Wissenschaft spielt. Verbreitet ist die Ansicht, der Experimentator-Effekt sei gut genug bekannt und nur in Verhaltensforschung, Psychologie und Medizin von Belang. Anderswo nimmt man kaum Notiz von diesem Effekt, wie jeder sehr leicht feststellen kann, indem er einfach mal einige Fachzeitschriften verschiedener anderer Bereiche durchsieht. Bei biologischen, chemischen, physikalischen oder technischen Forschungen werden Doppelblindverfahren selten angewandt, falls überhaupt. Die Wissenschaftler scheinen hier nichts zu ahnen von der Möglichkeit, daß der Experimentator unbewußt die Systeme beeinflussen könnte, die er studiert.

Im Hintergrund dräut der Gedanke, daß so manches in der Schulwissenschaft auf den Einfluß der Experimentator-Erwartung zurückzuführen sein könnte, vielleicht sogar durch psychokinetische oder andere paranormale Effekte. Und Erwartungen sind nicht nur die Erwartungen einzelner, sondern auch der Konsens, der unter ihresgleichen besteht. Wissenschaftliche Paradigmen – grundlegende Wirklichkeitsmodelle der gesamten wissenschaftlichen Gemeinschaft – sind von großem Einfluß auf die generelle Erwartungshaltung und könnten sich auf die Ergebnisse unzähliger Experimente auswirken.

Manchmal hört man im Scherz sagen, daß die Kernphysiker neue subatomare Teilchen weniger entdecken als vielmehr erfinden. Wenn genügend einflußreiche Wissenschaftler von einem theoretisch postulierten neuen Teilchen glauben, daß man es finden könnte, werden teure Beschleunigungs- und Kollisionsapparaturen gebaut, um nach ihnen zu fahnden. Und richtig, das neue Teilchen wird aufgespürt – als Spur in einer Blasenkammer oder auf der fotografischen Platte. Je häufiger man es entdeckt, desto leichter wird es, es immer wieder zu finden. Man kommt zu einem neuen Konsens: Es existiert. Der Erfolg rechtfertigt nachträglich die Investition der gewaltigen Summen, um die es hier geht, und die Finanzierung noch größerer Atomknacker, mit denen man weitere vorausgesagte Teilchen aufspüren kann, und so weiter. Die Natur selbst ist offenbar bereit, uns dieses Spielchen endlos weitertreiben zu lassen, und wenn es eine Grenze gibt, besteht sie allenfalls darin, daß die Forschungsetats die Abermilliarden, die für solche Forschungen nötig sind, einfach nicht mehr hergeben.

In der Physik sind zwar kaum empirische Untersuchungen zur Frage des Experimentator-Effekts durchgeführt worden, aber es gab hochintellektuelle Diskussionen über die Rolle des Beobachters in der Quantenphysik. Wo philosophisch über den Beobachter gesprochen wird, bekommt man das Gefühl, es sei vom völlig unvoreingenommenen Geist des idealen objektiven Wissenschaftlers die Rede. Wo man aber mögliche aktive Einflüsse dieses Geistes ernsthaft erwägt, eröffnen sich viele Möglichkeiten – sogar die, daß er vielleicht psychokinetische Kräfte besitzt. Vielleicht gibt es im Bereich des Allerkleinsten, in der Quantenphysik, nachweisbare Einflüsse des Geistes auf die Materie. In diesem Bereich geschieht nichts nach starr deterministischen Schemata, sondern die Dinge zeigen Tendenzen und Wahrscheinlichkeiten, und es könnte sein, daß der Geist in diesen subtilen Wahrscheinlichkeiten einen Ausschlag gibt. Von diesem Gedanken gehen viele Spekulationen der Parapsychologen aus;[3] er beinhaltet außerdem eine Erklärungsmöglichkeit für das Ineinandergreifen geistiger und körperlicher Prozesse im Gehirn.[4]

Im Bereich der experimentellen Verhaltensforschung an Tieren, auf die ich weiter unten zurückkommen werde, gibt es experimentelle Anhaltspunkte für den Einfluß von Experimentator-Erwartungen auf das Verhalten der Tiere. Aber auf den meisten anderen Gebieten der Biologie denkt man im allgemeinen gar nicht an die Möglichkeit solcher Effekte. Ein Embryologe beispielsweise weiß sehr wohl, daß man sich vor einseitiger, durch Vorweg-Annahmen geprägter Beobachtung hüten und geeignete statistische Verfahren anwenden muß, aber er wird kaum ernsthaft an die Möglichkeit denken, daß seine Erwartungen nicht nur seine Beobachtungen färben, sondern auf geheimnisvolle Weise auch die Entwicklung des embryonalen Gewebes selbst beeinflussen können.

Wenn in Psychologie und Medizin vom Experimentator-Effekt die Rede ist, meint man in der Regel Einflüsse, die durch «subtile Hinweise» übermittelt werden. Aber wie subtil solch ein «Wink» tatsächlich sein kann, das ist eine andere Frage. Im allgemeinen wird angenommen, daß hier nur Kommunikationen über die bekannten fünf Sinne im Spiel sind, die wiederum auf bekannten physikalischen Prinzipien beruhen. Die bloße Möglichkeit «paranormaler» Einflüsse wie Telepathie und Psychokinese wird unter anständigen Wissenschaftlern nicht einmal erwogen. Ich glaube, wir sollten diese Möglichkeit lieber ins Auge fassen, anstatt sie einfach außer acht zu lassen; wir sollten den Experimentator-Effekt unter dem Gesichtspunkt erforschen, daß es den Einfluß des Geistes auf die Materie vielleicht doch gibt. Betrachten wir aber zuerst das, was bereits bekannt ist.

Erwartung und beobachtetes Verhalten

Menschen verhalten sich im allgemeinen so, wie es erwartet wird. Wenn wir von den Leuten erwarten, daß sie freundlich sind, werden sie es auch eher sein, als wenn wir Feindseligkeiten von ihnen erwarten und uns entsprechend verhalten. Psychotherapiepatienten haben bei einem Analytiker der Freud-Schule eher Freudsche Träume und bei einem Analytiker der Jung-Schule eher Jungsche Träume. Es gibt unzählige Beispiele aus allen Bereichen menschlicher Erfahrung, an denen dieses Prinzip sichtbar wird.

Die Erwartungen des Experimentators und ihre Auswirkungen

Neben der Fülle persönlicher Erfahrungen und dem, was wir vom Hörensagen wissen, wirken Experimente zur Frage des Einflusses von Erwartungen auf das Verhalten ein wenig gegenstandslos. Dennoch sind sie wichtig, denn nur durch systematische Erforschung kann der Effekt schließlich Gegenstand des wissenschaftlichen Diskurses werden. Hunderte von Experimenten haben bereits gezeigt, daß der Experimentator den Ausgang psychologischer Untersuchungen in der Tat dadurch beeinflussen kann, daß er sie unmerklich, aber stetig in Richtung seiner Erwartungen lenkt.[5]

Ein Beispiel: Vierzehn Psychologiestudenten höheren Semesters erhielten ein «Sondertraining» in einer «neuen Methode, das Rorschach-Verfahren zu erlernen». Dabei ging es wie immer bei Rorschach-Tests darum, Versuchspersonen Tintenkleckse vorzulegen und sie zu fragen, was sie darin sähen. Sieben der vierzehn Studenten erhielten nun allerdings die Information, daß die Versuchspersonen bei erfahrenen Psychologen eher menschliche als tierische Bilder sähen. Die anderen sieben Studenten bekamen zwar die gleichen Tintenkleckse, aber die entgegengesetzte Information: bei erfahrenen Psychologen eher tierische Bilder. Und tatsächlich, bei der zweiten Gruppe waren Tierbilder signifikant häufiger als bei der ersten.

Es läßt sich aber auch empirisch zeigen, daß der Erwartungseffekt durchaus längerfristig wirksam sein kann als bei solchen kurzzeitigen Laborexperimenten. In der Schule etwa spielen Erwartungen eine große Rolle für die Behandlung der Schüler durch den Lehrer und folglich für ihren Lernerfolg. Das Lehrbuchbeispiel zu diesem Gegenstand, «Pygmalion-Experiment» genannt, lieferten der Harvard-Psychologe Robert Rosenthal und seine Kollegen mit einem Versuch an einer Grundschule in San Francisco. Diese bekannten und anerkannten Wissenschaftler erzeugten in den Lehrern die Erwartung, daß bestimmte ihrer Schüler bald intellektuell aufblühen und noch im laufenden Schuljahr merklich gesteigerte Leistungen zeigen würden. Dazu führten sie einfach mit allen Kindern der Schule einen Test durch. Sie gaben ihm den klangvollen Namen «Harvard-Leistungsschwellen-Test» und sagten, er stelle eine neue Methode dar, «intellektuelle Wachstumsschübe» vorauszusagen. Die Lehrer jeder Klasse erhielten dann die Namen jener zwanzig Prozent ihrer Schüler, die bei dem Test am besten abgeschnitten hatten – angeblich. Tatsächlich handelte es sich um einen gewöhnlichen nichtverbalen Intelligenztest, und die Namen der Schüler, bei denen ein baldiges intellektuelles Erblühen zu erwarten war, wurden nach dem Zufallsprinzip ausgewählt.

Am Ende des Schuljahrs wurden alle Kinder wieder demselben Intelligenztest unterzogen. Im ersten Schuljahr zeigten die «vielversprechenden» Kinder einen im Durchschnitt um 15,4 Punkte höheren Intelligenzquotienten als die Kontrollkinder; im zweiten Schuljahr betrug die Differenz noch 9,5 Punkte. Die «vielversprechenden» Kinder erzielten nicht nur bessere Ergebnisse, sondern die Lehrer bezeichneten auch eher sie als sympathisch, gut integriert, positiv, neugierig und fröhlich. Von der dritten Klasse aufwärts war dieser Effekt viel schwächer, vermutlich deshalb, weil die Lehrer sich hier schon auf eigene Erwartungen festgelegt hatten; die von Rosenthal und seinen Kollegen erzeugte Erwartung hatte es hier viel schwerer, sich gegen die bereits etablierte Reputation der einzelnen Schüler durchzusetzen.[6] Viele nachfolgende Studien haben diese Ergebnisse bestätigt und vertieft.[7]

Kritisch wurde gegen Rosenthal und seine Kollegen vorgebracht, sie hätten unbedingt Experimentator-Effekte finden wollen und dadurch ihren eigenen Ergebnissen einen entsprechenden Drall gegeben. Rosenthal konterte, wenn dem so sei, dann wäre das doch wohl der stärkste Beweis für die Existenz des Effekts:

> Wir könnten eine Untersuchung durchführen, bei der wir Erwartungsforscher nach dem Zufallsprinzip in zwei Gruppen einteilen: In der ersten werden Erwartungsexperimente wie gewohnt durchgeführt, in der zweiten würde man spezielle Sicherungen einbauen, die dafür sorgen, daß die einzelnen Experimentatoren nichts von den Erwartungen des Versuchsleiters wissen. Nehmen wir an, der durchschnittliche Erwartungseffekt sei in der ersten Gruppe 7 und in der zweiten Null. Wir würden das immer noch als Anzeichen für das Phänomen des Erwartungseffekts werten![8]

In Medizin und Verhaltensforschung gehören Doppelblindverfahren zur Routinevorsorge gegen den Experimentator-Effekt, aber diese Methoden sind doch noch unsicher. Es können sich trotzdem noch Erwartungseffekte einschleichen, wie man besonders deutlich am Placebo-Effekt in der medizinischen Forschung sieht.

Der Placebo-Effekt

Placebos sind Behandlungsformen ohne spezifischen therapeutischen Wert, die trotzdem vielen Menschen helfen. Die medizinische Forschung hat gezeigt, daß es den Placebo-Effekt praktisch überall in der Medizin gibt. Therapeutische Forschungen, die nicht auch den Placebo-Effekt untersuchen, gelten im allgemeinen als unzuverlässig. Der Placebo-Effekt spielt bei vielen Krankheiten und Beschwerden eine Rolle, zum Beispiel bei Husten, Stimmungsschwankungen, Angina pectoris, Kopfschmerzen, Seekrankheit, Angst- und Spannungszuständen, schweren und anhaltenden Asthmaanfällen, Depression, Erkältung, Lymphosarkom, Sekretions- und Motilitätsstörungen des Magens, Dermatitis, Rheumatoid-Arthritis, Fieber, Warzen, Schlaflosigkeit und Schmerzsymptomen verschiedenster Ursache.[9]

Viele therapeutische Erfolge können – ganz abgesehen von der Therapie oder den Theorien, auf denen sie beruht – zu einem großen Teil auf den Placebo-Effekt zurückgeführt werden. Das war sicher auch früher so, und es ist ganz bestimmt heute so. Eine zusammenfassende Untersuchung zahlreicher verschiedener pharmazeutischer Tests hat ergeben, daß Placebos im Durchschnitt ein Drittel bis die Hälfte der Wirksamkeit spezifischer Medikamente erreichen – eine beachtliche Wirkung für Zuckerpillen, die so gut wie nichts kosten. Aber nicht nur Pillen aus Zucker können als Placebos Verwendung finden; es gibt auch Zucker-Beratung, Zucker-Psychotherapie und sogar Zucker-Chirurgie. Bei Angina pectoris beispielsweise wird manchmal ein mammakoronarer Bypass gelegt (Verbindung einer Thorax-Arterie mit einem Herzkranzgefäß). Zum Austesten dieser Methode wurde bei einer Kontrollgruppe von Patienten nur der äußere Schnitt gelegt, die Operation selbst aber nicht durchgeführt. Ergebnis: «Die Schmerzreduzierung war bei den tatsächlich Operierten und bei den nur scheinbar Operierten gleich groß. Bei beiden Gruppen zeigten sich auch physiologische Veränderungen, zum Beispiel eine Verringerung der negativen T-Zacken im EKG.»[10]

Was also sind Placebos? Schon die Geschichte des Wortes ist interessant. Es stammt aus der Bibel und war im Mittelalter das erste Wort eines Gesangs, der bei Begräbnisfeiern angestimmt wurde: *Placebo domino* – «Ich will dem Herrn gefallen.»[11] Später wurde es für bezahlte Trauersänger verwendet, die (anstelle der Familie, deren Aufgabe das ursprünglich war) an der Bahre des Verstorbenen «Placebos sangen». Im Laufe einiger Jahrhunderte wurde das Wort in seiner Bedeutung immer geringschätziger und bezeichnete schließlich Schmeichler, Kriecher und Schnorrer. In einem medizinischen Lexikon erscheint es erstmals 1785, und auch hier in einem abschätzigen Sinn; es heißt dort, es handle sich um «eine gebräuchliche Methode der Medizin».[12]

Den bezahlten Placebo-Sängern des Mittelalters wird in aller Regel nicht viel an dem jeweiligen Verstorbenen gelegen gewesen sein. Dennoch wurde ihr Singen im Rahmen des überlieferten Rituals als gut und segenstiftend angesehen. Heute haben Placebos einen therapeutischen Zusammenhang, aber ihre Wirksamkeit hängt auch von Überzeugungen und Erwartungen ab – denen der Ärzte und Patienten. Aber jede Behandlungsmethode in jeder traditionellen oder modernen Gesellschaft braucht solch einen Zusammenhang, in dem die jeweiligen Techniken dem Kranken plausibel erscheinen und vom Arzt als heilkräftig angesehen werden.

Schulmediziner erklären die Wirksamkeit traditioneller oder «unwissenschaftlicher» Heilmethoden häufig sehr schnell als Placebo-Effekt, und sie sehen das Placebo-Phänomen auch gern bei anderen Fachrichtungen, während sie ihre eigene davon ausnehmen. Das hat sich bei einer empirischen Untersuchung der Einstellung zum Placebo-Effekt gezeigt; Chirurgen nehmen die Chirurgie aus, Internisten die medikamentöse Behandlung, Psychotherapeuten die Psychotherapie und Psychoanalytiker die Psychoanalyse.[13] In der medizinischen Forschung wird der Placebo-Effekt außerdem meist als ärgerlicher Störfall angesehen. Aber das ist vielleicht ganz gut so, denn die andere Seite dieser Münze ist ja der Glaube der Mediziner an die ganz besondere Wirksamkeit ihrer eigenen Techniken, die dann aufgrund dieses Glaubens – das heißt durch den Placebo-Effekt – tatsächlich heilkräftig sind!

Am stärksten zeigt sich der Placebo-Effekt bei Doppelblindversuchen, bei denen sowohl die Patienten als auch die Ärzte glauben, es werde hier ein hochwirksames neues Verfahren erprobt. Schätzen die Ärzte das Verfahren als nicht so effektiv ein, nimmt auch der Placebo-Effekt ab. Bei einfachen Blindversuchen, wo die Ärzte, nicht aber die Patienten wissen, welche Patienten das Placebo erhalten haben, verlieren die Placebos noch mehr an Wirksamkeit. Unter offenen Bedingungen, das heißt, wenn die Patienten wissen, daß sie Placebos erhalten, erreicht der Effekt seine niedrigste Stufe. Die Methoden wirken also am besten, wenn sie von den Patienten und den Ärzten für sehr heilkräftig gehalten werden. Das gilt sogar für den umgekehrten Fall, daß echte Medikamente als Placebos ausgegeben werden; wenn Ärzte und Patienten daran glauben, bewirken die Medikamente weniger, als sie sonst erfahrungsgemäß bewirken können.[14]

Verringerte Erwartung führt zu einem verringerten Placebo-Effekt. Das zeigt sich an neuen «Wunderdrogen», die zuerst große Hoffnungen wecken, dann aber die Erwartungen nicht erfüllen können. Dieses Muster erkannte im vorigen Jahrhundert schon der französische Arzt Armand Trousseau, der seinen Kollegen riet, «möglichst viele Kranke mit neuen Arzneien zu behandeln, solange sie noch ihre Heilkraft besitzen».[15] Viele Beispiele gibt es auch aus unserer Zeit. Chlorpromazin beispielsweise galt für einige Zeit als hochwirksames Mittel bei Schizophrenie, doch dann schwand der Glaube an seine Heilkraft wieder. Bei weiteren Tests wurde es für immer weniger wirksam befunden. Mit der Wirkung der Placebos ging es gleichfalls abwärts. «Als die Forscher merkten, daß die neue ‹Wunderdroge› nicht so heilkräftig war, wie sie gehofft hatten, ging vielleicht ihre Erwartung und möglicherweise auch ihr Interesse an den Patienten zurück.»[16] Hier noch ein besonders frappierendes Beispiel aus den fünfziger Jahren:

> Bei einem Mann mit Krebs in fortgeschrittenem Stadium zeigte die Strahlentherapie keine Wirkung mehr. Er bekam eine einzige Injektion der Experimentaldroge Krebiozen, die von manchen

damals als «Wunderheilmittel» angesehen wurde (inzwischen aber in Mißkredit geraten ist). Der Erfolg war für den Arzt des Patienten ein regelrechter Schock; er sagte, die Tumoren «schmelzen wie Schneebälle auf dem Ofen». Später las der Patient Untersuchungen, die von der Unwirksamkeit des Medikaments sprachen, und da begann sein Krebs sich wieder auszubreiten. Einer Eingebung folgend, verabreichte sein Arzt ihm intravenös ein Placebo und sagte, es sei eine «neue, verbesserte» Form von Krebiozen. Wieder schwand der Krebs mit kaum glaublicher Schnelligkeit. Aber dann las der Mann in der Zeitung die offizielle Verlautbarung der American Medical Association: Krebiozen sei völlig wertlos. Da war es um seinen Glauben geschehen, und ein paar Tage später war er tot.[17]

Das Prinzip ist auch in der medizinischen Forschung selbst zu erkennen. Neue Behandlungsformen sind bei denen, die an sie glauben, in der Regel wirksamer als bei Skeptikern. «Quantitativ zeigt sich ein ausgeglichenes Bild. Die anfängliche Wirksamkeit von 70 bis 90 Prozent in den enthusiastischen Berichten reduzierte sich auf die 30 bis 40 Prozent ‹Basis›-Placebowirksamkeit in den Berichten der Skeptiker.»[18]

Ganz erstaunlich ist an den Placebos, daß die Patienten durch sie nicht nur Besserung erfahren, sondern manchmal auch toxische Reaktionen oder Nebenwirkungen. Eine zusammenfassende Darstellung von 67 pharmazeutischen Doppelblindtests, durchgeführt mit 3549 Patienten, offenbarte, daß 29 Prozent der Patienten während der Behandlung mit Placebos Nebenwirkungen erlebten, zum Beispiel Appetitlosigkeit, Übelkeit, Kopfschmerz, Schwindel, Zittern und Hautausschläge.[19] Die Nebenwirkungen waren manchmal so stark, daß sie zusätzliche medizinische Maßnahmen erforderlich machten. Außerdem zeigten sie eine Beziehung zur Erwartung der Ärzte und Patienten hinsichtlich der aktiven Droge, die bei diesem Test verwendet wurde.[20] Bei einem großangelegten Doppelblindtest oraler Empfängnisverhütungsmittel berichteten dreißig Prozent der Frauen, die das Placebo bekommen hatten, von einer Verminderung des Geschlechtstriebs, siebzehn Prozent klagten über vermehrte Kopfschmerzen, vierzehn Prozent über vermehrte Menstruationsschmerzen und acht Prozent über ungewöhnliche Nervosität und Reizbarkeit.[21]

Der Kraft von Segnungen steht die Kraft der Flüche gegenüber, und so auch der heilenden Kraft der Placebos die krankmachende Kraft von Verfahren, die man für schädlich hält; man spricht hier von «negativen Placebos» oder «Nocebos». Es gibt in Afrika, Lateinamerika und anderswo besonders auffällige Beispiele, die von den Ethnologen als «Voodoo-Tod» bezeichnet werden und den Glauben an die Kraft der Hexerei zum Hintergrund haben. Nicht ganz so spektakulär geht es bei Laborexperimenten zu, wenn man den Versuchspersonen beispielsweise mitteilt, daß man einen schwachen elektrischen Strom durch ihren Kopf leiten wird und es dadurch möglicherweise zu Kopfschmerzen kommt. Zwei Drittel der Versuchsteilnehmer bekamen Kopfschmerzen, obwohl überhaupt kein Strom geflossen war.[22] Die Wirkung von Placebos und Nocebos hängt von den Grundüberzeugungen einer Gesellschaft ab, zum Beispiel vom Glauben an die wissenschaftliche Medizin. «Einfach ausgedrückt: Der Glaube macht krank, der Glaube tötet, der Glaube heilt.»[23]

Der Einfluß der Erwartung auf Tiere

Tiere reagieren nicht auf alle Menschen gleich, wie jeder Haustierbesitzer oder Tierabrichter weiß. Sie erkennen die Menschen, an die sie gewöhnt sind, und bleiben bei Fremden eher zurückhaltend. Sie scheinen auch zu spüren, ob man freundlich gesinnt ist, ob man Angst oder Zutrauen hat, und sie reagieren auf Erwartungen. Schon von der Alltagserfahrung her scheint es uns kaum erstaunlich, daß Wissenschafter, die mit Tieren experimentieren, sie auch persönlich beeinflussen. Ihre Einstellungen und Erwartungen teilen sich den Tieren mit.

Die klassische Untersuchung über die Auswirkungen der Experimentator-Erwartung auf Tiere stammt aus den sechziger Jahren und wieder von Robert Rosenthal und seinen Kollegen. Sie nahmen Studenten als Experimentatoren und Ratten als Versuchstiere. Die Ratten stammten aus standardisierter Laborzüchtung und wurden willkürlich in zwei Gruppen eingeteilt – die «labyrinthschlauen» und «labyrinthdummen» Ratten. Den Studenten sagte man, diese Tiere seien generationenlang auf gute beziehungsweise schlechte Leistungen im Standardlabyrinth gezüchtet worden. Natürlich erwarteten die Studenten, daß die «schlauen» Ratten schneller lernen würden als die «dummen». Und siehe da, eben das fanden sie auch. Alles in allem gab es bei den «schlauen» Ratten 51 Prozent mehr richtige Reaktionen als bei den «dummen» Ratten, und sie lernten um 29 Prozent schneller.[24]

Diese Befunde wurden in anderen Laboratorien und mit anderen Lernarten bestätigt.[25] Ähnliche Experimentator-Effekte hat man auch bei Plattwürmern beobachtet; das sind niedere Lebewesen, die im Schlamm am Grund von Tümpeln und in anderen nassen Lebensräumen zu Hause sind. Bei einem Experiment wurde eine Anzahl solcher im wesentlichen identischen *Planaria*-Würmer in zwei Gruppen eingeteilt; die eine wurde als Züchtung mit relativ wenigen Kopfdrehungen und Kontraktionen («reaktionsschwache Würmer») ausgegeben, die andere als Zuchtstamm mit vielen Kopfdrehungen und Kontraktionen («reaktionsstarke Würmer»). Mit diesen Vorgaben stellten die Experimentatoren bei den «reaktionsstarken» Würmern durchschnittlich fünfmal mehr Kopfdrehungen und zwanzigmal mehr Kontraktionen fest als bei den anderen.[26]

Die Experimentatoren, die diesen Erwartungseffekt zeigten, waren wie bei Rosenthals Rattenversuch Studenten der unteren Semester, die vielleicht eine besondere Bereitschaft – oder gar den Wunsch – haben, das zu sehen, was man ihnen suggeriert. Bei erfahrenen Beobachtern werden solche direkten Suggestionen vielleicht nicht zu so starken Erwartungseffekten führen. Das zeigte sich, als man den *Planaria*-Versuch mit solchen erfahrenen Experimentatoren durchführte. Die Zahl der Kontraktionen der «reaktionsstarken» Würmer war bei ihnen nur zwei- bis siebenmal – und nicht zwanzigmal – größer als die der «reaktionsschwachen» Würmer. Immerhin, ein zwei- bis siebenfaches Übergewicht ist immer noch ein beachtlicher Effekt, der eine eindeutige Verfälschung durch Erwartung erkennen läßt.

Auch wenn erfahrene Beobachter nicht so leicht mit einem konkreten Fall an der Nase herumzuführen sind, könnte es aber sein, daß sie sich – mehr als junge, noch weltoffene Studenten – auf eine bestimmte Sicht der Wirklichkeit festgelegt haben und die Erwartungshaltung bei ihnen dadurch generell stärker ist als bei Studenten. Sie schaffen dadurch vielleicht ein bestimmtes Erwartungsklima unter ihren Kollegen und Technikern, und das könnte sich auf das Verhalten ihrer Tiere auswirken.

Erwartungseffekte werden zwar erst seit den sechziger Jahren systematisch erforscht (und sind inzwischen durch Hunderte von Spezialstudien belegt),[27] aber bekannt sind sie schon viel länger. Bertrand Russell brachte es mit seinem charakteristischen Witz und Scharfsinn schon 1927 auf den Punkt:

> In welcher Weise die Tiere lernen, ist in den letzten Jahren mit ausdauerndem, geduldigem Beobachten und Experimentieren eingehend studiert worden ... Man kann sagen, daß diese so sorgfältig beobachteten Tiere mit ihrem Verhalten alles in allem die Philosophie bestätigen, an die ihr Beobachter glaubte, bevor er mit dem Beobachten begann. Und damit nicht genug, zeigen sie auch noch die nationale Eigenart des Beobachters. Von Amerikanern studierte Tiere jagen hektisch umher, zeigen eine unglaubliche Umtriebigkeit und erreichen das gewünschte Ergebnis schließlich durch Zufall. Von Deutschen beobachtete Tiere sitzen da und denken, bis sie die Lösung schließlich aus der Tiefe ihres Bewußtseins heraufbefördern.[28]

Experimentator-Effekte in der Parapsychologie

Experimentator-Effekte sind den Parapsychologen aus mehreren Gründen bestens bekannt. Erstens ist erfahrenen Experimentatoren seit langem bewußt, daß Versuchspersonen am ehesten dann paranormale Fähigkeiten zeigen, wenn sie entspannt sind und die Atmosphäre positiv ist und etwas von Begeisterung hat. Wenn ihnen ängstlich oder unbehaglich zumute ist oder sie von den Wissenschaftlern nüchtern und unpersönlich behandelt werden, fallen ihre Leistungen ab. Es kann dann sogar sein, daß sie gar keine paranormalen Kräfte zeigen, keine «Psi-Effekte» erzeugen, wie es im Jargon der Parapsychologie heißt.

Zweitens haben Forscher auf diesem Gebiet übereinstimmend beobachtet, daß medial sehr begabte Menschen ihre Kräfte häufig verlieren, wenn Fremde als Beobachter zugegen sind. Einer der großen parapsychologischen Forscher, J. B. Rhine, hat diesen Effekt sogar im Laufe einer Versuchsreihe mit einer begabten Versuchsperson, Hubert Pearce, quantifiziert; ihm war aufgefallen, daß Pearce' Trefferquoten sofort absanken, wenn während der Arbeit jemand zu Besuch kam. «Wir fingen an, die Anzeichen für diesen Effekt zu notieren; manchmal luden wir eigens zu diesem Zweck jemanden ein, und manchmal machten wir uns einen zufälligen Besucher zunutze. Wir notierten bei sieben Besuchern (einer kam zweimal), wann sie eintraten und wann sie den Raum wieder verließen. Alle ließen Pearce' Trefferquote absinken.»[29]

Dieser Effekt, daß Fremde die Versuchsperson aus dem Konzept bringen, ist dann besonders stark, wenn diese Außenstehenden skeptisch sind oder gar dem Experiment selbst oder den beteiligten Personen Feindseligkeit entgegenbringen. Zeigen sie sich aber freundlich oder helfen sogar ein wenig bei den Experimenten, anstatt als unbeteiligte Beobachter dazusitzen, dann gewöhnen die Versuchspersonen sich an sie, und ihre Psi-Fähigkeiten kehren zurück.[30] Skeptiker schließen aus der Ergebnislosigkeit parapsychologischer Tests in Gegenwart von Skeptikern, daß paranormale Kräfte unter rigorosen wissenschaftlichen Bedingungen nicht aufzufinden sind und daher nicht existieren. Doch der Effekt könnte auch auf ihre negativen Erwartungen und ihren störenden Einfluß zurückzuführen sein, die sie mehr oder weniger subtil mitzuteilen verstehen.

Drittens ist unter Parapsychologen wohlbekannt, daß manche Experimentatoren bei ihren Forschungen durchwegs positive Resultate erzielen und andere nicht. Dieser Effekt wurde in den fünfziger Jahren von zwei britischen Forschern gemeinsam systematisch untersucht. Der eine, C. W. Fisk, erhielt bei seinen Experimenten immer wieder positive Resultate. Der andere, D. J. West, später Professor für Kriminologie in Cambridge, war für gewöhnlich erfolglos, wenn er paranormale Phänomene aufzuspüren versuchte. Bei diesem Experiment bereitete jeder von ihnen die Hälfte der Testgegenstände vor und führte am Ende auch selbst die Auswertung durch. Die Versuchspersonen wußten nicht, daß zwei Experimentatoren beteiligt waren, und es fanden auch keine direkten Begegnungen statt; sie erhielten die Tests mit der Post und schickten sie auch wieder zurück. Fisks Hälfte des Experiments zeigte mit hoher Signifikanz Clairvoyance- und Psychokinese-Effekte. Bei Wests Daten war keine Abweichung von der Zufallswahrscheinlichkeit zu erkennen. Sie schlossen daraus, daß West ein «Unglücksrabe» sei.[31]

Viertens stellt man in der Psychokineseforschung immer wieder fest, daß Experimentatoren, denen das Aufspüren psychokinetischer Effekte besonders leichtzufallen scheint, selbst gute Versuchspersonen sind. Helmut Schmidt beispielsweise, der Erfinder des Schmidt-Apparats, eines elektronischen Zufallsgenerators, der durch den Willen beeinflußbar zu sein scheint, so daß er bestimmte Muster von Zahlen generiert, hat festgestellt, daß er selbst häufig seine beste Versuchsperson ist.[32] Ein anderer Forscher, Charles Honorton, hat sogar gezeigt, daß psychokinetische Einflüsse seiner Versuchspersonen auf Zufallsgeneratoren eher auf ihn selbst zurückgingen.[33] Die Versuchspersonen zeigten psychokinetische Kräfte, wenn er zugegen war; auch bei ihm selbst waren sie deutlich zu erkennen, wenn er als Versuchsperson fungierte. Aber wenn die Versuche in seiner Abwesenheit von anderen geleitet wurden, ging der Psi-Effekt verloren. Honorton und sein Kollege Barksdale schlossen daraus, «daß die übliche Sicht der Grenzen zwischen Versuchspersonen und Versuchsleitern nicht ohne weiteres aufrechtzuerhalten ist». Sie deuteten ihre Befunde als «psi-vermittelten Experimentator-Effekt».[34]

Aus solchen Experimentator-Effekten ergeben sich sehr weitreichende Folgerungen. Wenn Parapsychologen durch ihren Einfluß auf die Versuchspersonen gezielt oder unabsichtlich psi-vermittelte Experimentator-Effekte herbeiführen können, und das sogar aus der Ferne wie bei dem Experiment von Fisk und West, dann läßt sich die Trennung zwischen Versuchsleiter und Versuchsperson nicht mehr aufrechterhalten. Und wenn Menschen außerdem noch physikalische Ereignisse wie den radioaktiven Zerfall beeinflussen können, muß die alte Trennung von Geist und Materie ebenfalls aufgegeben werden. Und überhaupt: Weshalb sollte es psi-vermittelte Experimentator-Effekte nur in der Parapsychologie geben? Könnten sie nicht in vielen anderen Bereichen der Wissenschaft auch auftreten?

Wie paranormal ist die normale Wissenschaft?

Es gibt gute Gründe für die verbreiteten Vorurteile gegen die Parapsychologie, die darauf hinauslaufen, daß ihr der Status der Wissenschaftlichkeit nicht zuerkannt wird. Die Existenz paranormaler Phänomene würde die Illusion der Objektivität ernsthaft in Frage stellen. Man könnte dann nämlich argwöhnen, daß viele Resultate der anerkannten Wissenschaft durch subtile unbewußte Einflüsse aufgrund der Erwartungen der Experimentatoren zustande kommen. Und eine besondere Ironie liegt in dem Umstand, daß vielleicht gerade im schulwissenschaftlichen Ideal des leidenschaftslosen Beobachtens die beste Voraussetzung für paranormale Effekte liegt:

> Wenn der Experimentator seine Apparaturen präpariert, seine Versuchstiere vorbereitet und dann den Dingen ihren Lauf läßt in der Zuversicht, daß der Versuch schon klappen und die Tiere ihre Sache schon machen werden, können wir uns des Eindrucks nicht erwehren, daß hier etwas von Magie und Ritual oder vielleicht Bittgebet im Spiel ist. Etwas wird in Gang gesetzt in dem Vertrauen, daß es die gewünschten Resultate erbringen wird, und sobald der Experimentator dies getan hat, schafft er eine psychologische Distanz zwischen sich selbst und dem Ergebnis. Er ist nicht darauf aus, die Dinge in die gewünschte Richtung zu *lenken*, sondern vertraut darauf, daß sie diese Richtung nehmen werden ... Das sind vielleicht die allerbesten Voraussetzungen für psychokinetische Effekte.[35]

Diese Möglichkeit haben die Physiker David Bohm und andere tatsächlich in einem Aufsatz mit dem Titel «Wissenschaftler in der Konfrontation mit dem Paranormalen» erwogen, der in der Zeitschrift *Nature* erschien. Sie stellten fest, daß die entspannten Bedingungen, die für die Manifestation psychokinetischer Phänomene

Voraussetzung sind, sich in der wissenschaftlichen Forschung ganz allgemein als besonders förderlich erweisen. Spannung, Angst und Feindseligkeit andererseits hemmen nicht nur den Psi-Effekt, sondern wirken sich auch auf Experimente in den sogenannten «harten» Naturwissenschaften aus. «Wenn Teilnehmer an physikalischen Experimenten unter Spannung stehen oder ablehnend eingestellt sind und eigentlich nicht wollen, daß das Experiment klappt, werden die Erfolgschancen dadurch erheblich gemindert.»[36]

Die Möglichkeit paranormaler Einflüsse wird von den Advokaten der Schulmeinung im allgemeinen rundweg geleugnet oder einfach ignoriert. Organisierte Skeptisten machen es sich zur Aufgabe, die Wissenschaft psi-frei zu halten. Über jede Andeutung von Psi-Effekten fallen diese Hüter der Wissenschaft sofort her und versuchen, sie mit einem oder mehreren der folgenden Gründe zu diskreditieren:

- inkompetentes Experimentieren;
- selektive Beobachtung, Aufzeichnung und Darstellung der Daten;
- bewußte oder unbewußte Täuschung;
- durch subtile Fingerzeige vermittelte Experimentator-Effekte.

Es ist nur zu berechtigt, daß die Skeptisten auf diese möglichen Fehlerquellen in der parapsychologischen Forschung hinweisen. Aber dieselben Verzerrungsgefahren gibt es in der Schulwissenschaft auch. Die Parapsychologen sind sich der Auswirkungen jeder Erwartungshaltung sehr bewußt, eben weil man ihnen so genau auf die Finger sieht. Und kurioserweise ist gerade in der Schulwissenschaft und ihren unumstrittenen Forschungsbereichen die Gefahr besonders groß, daß Erwartungseffekte sich unbemerkt auswirken können.

Unbestreitbar ist die Gefahr der Experimentator-Effekte in Medizin und Verhaltensforschung. Deshalb wird hier den «subtilen Fingerzeigen» soviel Bedeutung beigemessen. Man ist sich hier einig, daß subtile Fingerzeige wie Gesten, Augenbewegungen, Körperhaltungen und Gerüche Mensch und Tier beeinflussen können. Skeptiker legen sehr viel Wert auf die Bedeutung solcher Fingerzeige, und mit Recht. Ein gern zitiertes Beispiel für die Bedeutung der subtilen Kommunikation ist die Geschichte vom Schlauen Hans, einem berühmten Pferd im Berlin der Jahrhundertwende. Dieses Pferd, so schien es, konnte in Gegenwart seines Besitzers rechnen und das Ergebnis dann durch Hufscharren bekanntgeben. Betrug schien in diesem Fall unwahrscheinlich, denn der Besitzer ließ auch andere Personen (und das unentgeltlich) Aufgaben stellen. 1904 untersuchte der Psychologe Oskar Pfungst die Angelegenheit und kam zu dem Ergebnis, das Pferd erhalte Hinweise durch die wahrscheinlich unbewußten Gesten seines Besitzers oder anderer Aufgabensteller. Er stellte aber auch fest, daß er das Pferd, jede verräterische äußere Regung sorgfältig vermeidend, auch dadurch zur richtigen Antwort bewegen konnte, daß er sich einfach auf die Zahl konzentrierte.[37]

Niemand bestreitet, daß subtile Fingerzeige des Experimentators sich über die normalen Sinneskanäle auf Versuchspersonen und Versuchstiere auswirken können. Die Skeptiker behaupten, daß scheinbare telepathische Kommunikation so zu erklären ist. Doch wenn das auch vielfach so sein mag, bleibt doch die Möglichkeit, daß sowohl subtile sensorische Hinweise als auch «paranormale» Einflüsse eine Rolle spielen könnten.

Die Geschichte vom Schlauen Hans und Pfungsts Untersuchung ist Generationen von Psychologiestudenten immer wieder erzählt worden. Weniger bekannt ist, daß nach Pfungsts 1911 veröffentlichten Untersuchungsergebnissen auch andere Forscher sich der rechenbegabten Pferde annahmen und feststellten, daß noch etwas anderes als subtile sensorische Fingerzeige im Spiel sein mußte. Als Maurice Maeterlinck sich beispielsweise mit den berühmten rechnenden Pferden von Elberfeld beschäftigte, kam ihm der Verdacht, daß die Tiere eher seine Gedanken lasen, als daß sie subtilen Fingerzeigen folgten. Nach einer Serie immer strenger werdender Versuche kam er schließlich auf einen, «dem gerade aufgrund seiner Einfachheit kaum mit vertrackten und weit hergeholten Zweifeln zu begegnen war». Er nahm drei mit jeweils einer Ziffer beschriebene Karten, mischte sie und legte sie mit dem Gesicht nach unten auf ein Brett, so daß das Pferd nur die leere Rückseite sah. «Es war daher in diesem Augenblick keiner einzigen Menschenseele auf der Welt die Ziffernfolge bekannt.» Dennoch scharrte das Pferd ohne die geringste Unsicherheit die von den drei Ziffern gebildete Zahl. Dies Experiment ließ sich auch mit den anderen rechnenden Pferden durchführen, «sooft ich es auch versuchen mochte».[38] Hier ist sogar die Möglichkeit der Telepathie ausgeschlossen, da Maeterlinck selbst die Zahl nicht kannte. Man muß vermuten, daß Clairvoyance im Spiel war, das unmittelbare Wissen um die verdeckte Zahl, oder Präkognition, also das Wissen um das, was in Maeterlincks Geist sein würde, wenn er die Karten dann umdrehte.

Seit über achtzig Jahren wird die Geschichte vom Schlauen Hans als Triumph der skeptischen Haltung kolportiert und hat eine geradezu mythische Bedeutung gewonnen als Beleg für die Unseriosität dieses und aller Versuche, paranormale Phänomene zu postulieren. Was aber, wenn die sogenannten subtilen Fingerzeige selbst zu einem Teil paranormaler Art sind? Hier liegt ein Tabu vor, denn diese Möglichkeit darf man nicht einmal erörtern, geschweige denn empirisch erforschen. Doch immerhin, einer der Kollegen Rosenthals an der Harvard University ließ ihm gegenüber durchblicken, daß parapsychologische Einflüsse vielleicht doch von einiger Bedeutung sein könnten. Rosenthal stand damals am Beginn seiner Forschungen zur Frage des Erwartungseffekts, und er schrieb darüber später:

> Hätte ich Sinn dafür gehabt und den Mut, dann hätte ich leicht eine Untersuchung durchführen können, in der Experimentatoren mit Erwartungen bezüglich der Reaktionen ihrer Probanden keinen sensorischen Kontakt zu diesen Personen hätten haben können. Meine Voraussage wäre damals gewesen und wäre heute noch, daß unter diesen Bedingungen keine Erwartungseffekte auftreten können. Aber ich habe diese Untersuchung nie durchgeführt.[39]

Vielleicht würde Rosenthals Voraussage sich als falsch erweisen, wenn es jemand doch täte. Vielleicht sind manche Auswirkungen der Experimentator-Erwartung doch paranormal. Solche subtilen Einflüsse müssen keine alternative Erklärung darstellen, sondern können neben den subtilen sensorischen Hinweisen wirksam sein und genauso unbewußt bleiben.

In Medizin und Verhaltensforschung wird den Experimentator-Effekten zwar große Bedeutung beigemessen, da man sie aber als subtile sensorische Fingerzeige erklärt, gibt es auf anderen Gebieten keinen Grund, ihnen viel Beachtung zu schenken, denn wer sollte beispielsweise in der Biochemie der Empfänger subtiler sensorischer Hinweise sein? Mag sein, daß Menschen oder Ratten auf so etwas reagieren, aber ein Enzym in einem Reagenzglas wohl kaum. Gewiß, die Beobachtung mag von Vorurteilen geprägt sein, doch das ist ein Einfluß ganz anderer Art, der keine Einwirkung auf den Untersuchungsgegenstand darstellt. Der Wissenschaftler mag etwas «sehen», was seinen Erwartungen entspricht, aber das Gesehene, sagt man in solchen Fällen, ist dann nur in seinen Augen und nicht in den Dingen. Aber im Grunde sind das nur Annahmen. Es gibt praktisch keine Untersuchungen über den Einfluß der Experimentator-Erwartung auf Gebieten wie Agrarwissenschaft, Genetik, Molekularbiologie, Chemie und Physik. Man geht davon aus, daß die hier untersuchten Gegenstände auf solche Einflüsse nicht reagieren können und es daher überflüssig ist, entsprechende Vorkehrungen zu treffen. Doppelblindverfahren werden außer in der Verhaltensforschung, Psychologie und Medizin sehr selten angewandt.

Ich möchte jetzt einige Tests darstellen, mit denen man untersuchen könnte, ob nicht der Experimentator-Effekt viel weiter verbreitet ist, als man bisher angenommen hat.

Experimente
zur Frage des möglichen paranormalen Experimentator-Effekts

Wenn man nach Experimentator-Effekten sucht, setzt man vielleicht am besten da an, wo die beobachteten Phänomene eine hohe Varianz zeigen, eine in den Dingen selbst liegende Unbestimmtheit, in der Erwartungen einen Wirkungsspielraum haben. Dieser Spielraum ist in der Verhaltensforschung, wo Erwartungseffekte erwiesenermaßen gang und gäbe sind, zu groß und in der Physik makroskopischer Systeme – etwa der Dynamik von Billardkugeln –, wo ein hoher Grad an Uniformität und Voraussagbarkeit herrscht, wahrscheinlich zu klein (obwohl ich mir auch hier vorstellen könnte, daß in der heißen Endphase eines Billardspiels unbewußte psychokinetische Kräfte wirksam werden können).

Variierende statistische Resultate sind in den meisten Bereichen der Sozial- und Biowissenschaften die Regel – Soziologie, Ökologie, Veterinärmedizin, Agrarwissenschaft, Genetik, Entwicklungsbiologie, Mikrobiologie, Neurophysiologie, Immunologie und so weiter. So ist es auch in der Quantenphysik, wo Wahrscheinlichkeiten das Bild bestimmen. In vielen anderen Bereichen wird Varianz als zur Natur der Dinge gehörig betrachtet; zum Beispiel sind alle Kristalle, auch alle Schneeflocken, verschieden. Selbst da, wo es ganz mechanistisch zugeht, bei der Massenproduktion von Maschinen und Apparaten, finden sich Unterschiede. Ihre Haltbarkeit und Störanfälligkeit wird statistisch erfaßt, und die Zahlen für verschiedene Fabrikate kann man dann in Testzeitschriften nachlesen. Und jeder hat schon von «Montagsautos» oder anderen Montagsproduktionen gehört, von extrem unzuverlässigen Einzelstücken einer Serie, die manchmal sogar als «verhext» angesehen werden.

Ich möchte hier einen allgemeinen Typ von Experimenten umreißen, die man auf vielen Gebieten durchführen kann. In der Versuchsanordnung halte ich mich an Rosenthals Standardverfahren, nur wird es hier auf Gebiete angewendet, auf denen bisher noch nicht geforscht wurde. Es geht darum, Gegenstände zu finden, die für die Experimentator-Erwartung empfänglich sind, und dann die Empfänglichkeit verschiedener Untersuchungsobjekte zu vergleichen. Hier zwei extreme Beispiele.

Im ersten Beispiel erhalten Studenten radioaktive Markierungsstoffe, wie sie in der biochemischen und biophysikalischen Forschung routinemäßig eingesetzt werden. Beide Proben sind von gleicher Radioaktivität, aber man sagt den Studenten, sie seien verschieden. Die Aufgabe besteht darin, mit Standardverfahren wie Geiger- oder Szintillationszählern die Radioaktivität der beiden Proben zu ermitteln. Zeigt sich eine Tendenz, dort mehr Radioaktivität zu entdecken, wo man sie erwartet?

Das zweite Beispiel ist aus dem Bereich der Konsumforschung. Die Testteilnehmer erhalten jeder ein Standardprodukt, etwa eine automatische Kamera, und man sagt ihnen, es gehe um die Erforschung des «Montagseffekts», der bekanntlich für überdurchschnittlich viele «Gurken» in der Produktion verantwortlich ist. Die Hälfte der Kameras, die alle einer völlig durchschnittlichen Charge entnommen sind, werden als «Montagmorgenprobe» bezeichnet. Die übrigen heißen «zuverlässige Kontrollgeräte». Man sorgt durch geeignete Gebrauchsbestimmungen dafür, daß sämtliche Kameras in etwa der gleichen Belastung ausgesetzt werden, und die Teilnehmer werden aufgefordert, regelmäßig von allen eventuell auftretenden Problemen zu berichten. Zeigt sich bei den angeblichen Montagskameras eine Tendenz zu mehr Defekten?

Ich nehme an, daß der Kameraversuch einen deutlicheren Erwartungseffekt zeigen würde als das Radioaktivitäts-Experiment. Es gibt hier einfach mehr Ansatzpunkte für den Einfluß von Erwartungen; vielleicht achten die Leute mit den «Montags»-Kameras mehr auf Defekte oder behandeln sie weniger achtsam. Auch unbewußte paranormale Einflüsse können hier wirksam werden, etwa in dem Sinne, daß negative Erwartungen die «Montags»-Kameras irgendwie «verhexen». Aber auch das Radioaktivitäts-Experiment läßt Raum für allerlei Einflüsse – bewußte oder unbewußte Fehler bei der Vorbereitung der Analyseproben oder ein psychokinetischer Einfluß auf den radioaktiven Zerfall selbst beziehungsweise auf die Meßinstrumente. Sollten diese Experimente Hinweise auf die Wirksamkeit von Erwartungseffekten erbringen, könnte man weitere Untersuchungen folgen lassen, um zwischen möglichen paranormalen Effekten und anderen Einflußgrößen zu unterscheiden.

Ich möchte jetzt fünf Experimente dieser generellen Art kurz umreißen.

1. Ein Kristallisationsexperiment

Viele Verbindungen kristallisieren selbst aus übersättigten Lösungen nicht ohne weiteres aus; es kann Stunden, Tage oder sogar Wochen dauern, bis Kristalle sich bilden. Man kann den Vorgang aber durch Zugabe von Kristallisationskernen beschleunigen, um die herum die Kristalle sich bilden. Zu diesem Versuch erhalten Studenten die übersättigte Lösung einer schwer kristallisierbaren Substanz und dazu zwei Proben eines feinen Pulvers: Die eine wird als «Kernbildungsverstärker», die andere als «inaktive Kontrollsubstanz» bezeichnet. Tatsächlich sind die beiden Pulver identisch. In jedes einer Reihe von Gefäßen mit der gleichen Menge der übersättigten Lösung geben die Studenten eine kleine, exakt bemessene Menge des «Kernbildungsverstärkers»; bei einer zweiten, gleich großen Anzahl identischer Gefäße mit der gleichen Menge der übersättigten Lösung benutzen sie jeweils die gleiche Menge der «inaktiven Kontrollsubstanz». Sie untersuchen die Proben in regelmäßigen Abständen und notieren, wo sich Kristalle gebildet haben. Zeigt sich bei den Proben, bei denen schnellere Kristallisierung erwartet wird, eine Tendenz dazu?

2. Ein biochemisches Experiment

Studenten im biochemischen Praktikum erhalten zwei Proben eines bestimmten Enzyms. Die eine, sagt man ihnen, wurde mit einer Hemmsubstanz behandelt, die die Wirksamkeit des Enzyms partiell blockiert; die andere wird als unbehandelte Kontrollprobe dargestellt. Wieder sind beide Proben in Wirklichkeit identisch. Sie messen die Enzymaktivität nach biochemischen Standardverfahren. Zeigt sich bei dem «gehemmten» Enzym eine Aktivitätsminderung gegenüber der «Kontrollprobe»?

3. Ein genetisches Experiment

Man gibt Studenten im genetischen Praktikum Samen einer schnellwüchsigen Pflanzenart, beispielsweise *Arabidopsis thaliana*, eine kleine Pflanze aus der Senf-Familie, die in der genetischen Forschung häufig verwendet wird. Der Samenvorrat wird in zwei Proben eingeteilt. Die eine ist die Kontrollprobe. Die andere kommt in eine schwer mit Blei abgeschirmte und mit Warnzeichen übersäte «Strahlenkammer» (die aber in Wirklichkeit keinerlei Strahlenquellen enthält) und bleiben dort für eine genau festgelegte Zeit, bevor sie unter größtmöglichem Aufwand an Sicherheitsmaßnahmen wieder herausgenommen werden. Die Studenten gehen also davon aus, daß die Samen starker mutationsinduzierender Strahlung ausgesetzt waren. Beide Proben werden jetzt unter identischen Bedingungen zur Keimung gebracht, und die Studenten beobachten sie und verzeichnen die Anzahl abnormer Wuchsformen in beiden Proben. Finden sie in der «bestrahlten» Probe mehr «Mutanten»?

4. Noch ein genetisches Experiment

Die Teilnehmer sind wiederum Studenten in einem genetischen Praktikum. Versuchsgegenstand sind Taufliegen mit mutierten Genen, zum Beispiel Bithorax-Genen, durch die es mit einer gewissen Häufigkeit zur Ausbildung von zwei Flügelpaaren anstelle des normalen einen Flügelpaars kommt (Abb. 16). Solche Mutationen sind rezessiv; das heißt, daß nur Fliegen mit einem doppelten Satz der mutierten Gene (von beiden Elterntieren) das doppelte Flügelpaar entwickeln. Kreuzt man solche mutierten Fliegen mit normalen Fliegen, so sind die Tiere der ersten nachfolgenden Generation äußerlich normal (weil sie nur einen Satz der mutierten Gene haben). Kreuzt man dann jedoch diese Hybriden miteinander, so zeigt sich

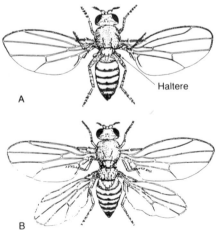

Abbildung 16
A Eine normale Taufliege der Spezies *Drosophila melanogaster*.
B Eine Mutante, bei der das dritte Thorax-Segment zu einem Duplikat des zweiten abgewandelt ist. Die Gleichgewichtsorgane (Schwingkölbchen oder Halteren) sind zu einem zweiten Flügelpaar ausgebildet. Solche Fliegen nennt man «Bithorax-Mutanten».

Die Erwartungen des Experimentators und ihre Auswirkungen

bei der folgenden Generation das Phänomen der Mendelschen Segregation: Die meisten Tiere sehen normal aus, aber ein kleiner Teil zeigt die mutierte Form in verschiedenen Graden.[40]

Man gibt den Studenten eine Anzahl von Hybrid-Taufliegen aus derselben Population, die in zwei Gruppen eingeteilt sind. Von der einen sagt man, sie habe ein «Verstärker»-Gen, das für die häufigere und stärkere Ausbildung des Bithorax-Bildes in der nachfolgenden Segregations-Generation sorge. Die Tiere der anderen Gruppe werden als Träger eines «Hemmungs»-Gens von entgegengesetzter Wirkung dargestellt.

Die Studenten züchten nun die Fliegen mit dem «Verstärker»-Gen und dem «Hemmungs»-Gen weiter und untersuchen die folgenden Generationen sorgfältig. Zeigt sich in der Population mit dem «Verstärker»-Gen eine stärkere Tendenz zur Biothorax-Form, und ist das Bild hier im Durchschnitt stärker ausgeprägt? (Die Fliegen beider Populationen sollte man konservieren, zum Beispiel in Alkohol, so daß sie auch später noch von anderen erneut untersucht werden können.)

5. Ein agrarwissenschaftliches Experiment

Man kündigt Studenten der Landwirtschaft an, daß sie einen Versuch mit einem vielversprechenden neuen Wuchsstoff durchführen werden, der bei regelmäßiger Anwendung im Sprühverfahren zu erhöhten Erträgen führe. Ein Feldexperiment beispielsweise mit Bohnen wird vorbereitet: ungefähr gleiche Anbauflächen, die nach dem Zufallsprinzip in Test- und Kontrollflächen eingeteilt werden. In der Zeit der Blüte und des Fruchtansatzes werden die Pflanzen auf den Testflächen wöchentlich einmal mit dem «Wuchsstoff» besprüht, die Testpflanzen mit Wasser. Nachtürlich ist der «Wuchsstoff» auch nur Wasser. Die Pflanzen werden genau beobachtet, und man verzeichnet alle erkennbaren Unterschiede zwischen den Test- und Kontrollpflanzen. Wenn die Bohnen reif sind, räumen die Studenten die Anbauflächen vollständig ab und ermitteln getrennt sowohl das Gesamtgewicht der Pflanzen jeder Anbaufläche als auch das Gesamtgewicht des Ertrags an Samen. Wachsen die «geförderten» Pflanzen besser, und erbringen sie einen höheren Ertrag als die «Kontrollpflanzen»?

Ich glaube, ich brauche keine weiteren Beispiele zu schildern. Es liegt auf der Hand, daß man auf vielen Forschungsgebieten nach den gleichen Prinzipien verfahren könnte. Solche Experimente wären besonders leicht und ohne besonderen Aufwand im Rahmen studentischer Praktika durchzuführen, sofern man sich der Mitarbeit des Kursleiters versichern kann.

Täuschung

Solche Experimente haben den Nachteil, daß man die Teilnehmer hinters Licht führen muß. Darin folgen sie den von Rosenthal und seinen Kollegen geprägten Vorbildern und der medizinischen Forschung mit Placebos. Manch einer mag das ethisch bedenklich finden, und ich bin auch nicht ganz glücklich mit der Manipulation der Erwartung durch Täuschung. Aber ich glaube, daß solche Forschungen doch zu rechtfertigen sind, weil sie das Ausmaß möglicher Erwartungseffekte in der Naturwissenschaft und die Gefahren der Selbsttäuschung sichtbar machen können.

Andererseits glaube ich auch, daß solche Täuschungsmanöver sich selbst unwirksam machen, wenn man zu häufig auf sie zurückgreift. Wenn Experimente dieser Art interessante und signifikante Resultate erbringen, wenn solche Forschungen dann üblich und entsprechend intensiv publiziert werden, muß man damit rechnen, daß sich die Studenten immer häufiger auf Täuschungen durch ihre Kursleiter einstellen. Sie werden sich dann nicht mehr ohne weiteres Erwartungen suggerieren lassen und die gewünschten Erwartungseffekte produzieren. Allerdings wäre dieser Lerneffekt des wachsenden Bewußtseins für die Auswirkungen von Erwartungen gewiß ein wertvoller Beitrag zu ihrer wissenschaftlichen Ausbildung.

Die Wirkung der in diesen Experimenten angewandten Täuschungsmanöver könnte relativ schwach sein, weil Studenten in ihrer Erwartungshaltung nicht so verbissen sind, persönlich nicht so sehr engagiert; sie absolvieren lediglich praktische Übungen, die niemand übermäßig wichtig nimmt. Anders ist es bei Forschern, die schon im Beruf stehen; sie haben die gegenwärtig akzeptierten Paradigmen internalisiert, und da es für sie um Karriere und Reputation geht, könnte bei ihnen die Erwartungshaltung – und daher der Hang zur Selbsttäuschung – viel stärker sein.

Besonders interessant wäre die Suche nach Erwartungseffekten auf umstrittenen wissenschaftlichen Gebieten, vor allem dann, wenn die Verfechter einer bestimmten Theorie Resultate erhalten, die aus ihrer Sicht positiv sind, während die Gegner zu entgegengesetzten Ergebnissen kommen. Man könnte beide Parteien des Disputs in ein neutrales Labor einladen und dort unter vorher vereinbarten standardisierten Bedingungen die gleichen Experimente ausführen lassen. Erhalten sie dann immer noch die ihren jeweiligen Erwartungen entsprechenden entgegengesetzten Resultate, dann könnte man diesen Erwartungseffekt, auch unter dem Gesichtspunkt möglicher paranormaler Einflüsse, im einzelnen weiter untersuchen.

Vielleicht würde man aus dieser Idee sogar Forschungszentren einer neuen Art entwickeln, wo man nicht nur methodologischen Fragen nachgeht, sondern auch eine Art wissenschaftlichen Vermittlungsdienst einrichtet (vielleicht mit Beratungsmöglichkeiten für Besucher, die hier einen Disput austragen wollen).

Wie es weitergehen könnte

Zeigen sich hier signifikante Erwartungseffekte, so müßte man die Untersuchungen fortsetzen, um herauszufinden, was für Faktoren normaler oder paranormaler Art im Spiel sein mögen. Sollte sich beispielsweise beim Experiment Nummer 4 eine der Experimentator-Erwartung entsprechende Verschiebung im Verhältnis der normalen zu den abnormen Fliegen der zweiten Hybridgeneration zeigen, so würde man zunächst nach erwartungsgefärbten Unregelmäßigkeiten in der Datenaufzeichnung suchen. Eine unabhängige dritte Partei würde die konservierten Fliegen «blind» zählen, das heißt, ohne zu wissen, welche Rolle die einzelnen Fliegengruppen im Rahmen des Experiments spielen. Vielleicht würde das schon zeigen, daß der ganze Experimentator-Effekt in nichts weiter als voreingenommenem Zählen bestand. Es könnte aber auch zeigen, daß nur ein Teil der Verfälschung aus dieser Phase des Experiments stammt und es ansonsten wirklich eine Verschiebung im Verhältnis der normalen zu den abnormen Fliegen gibt. Dann wäre noch zu überprüfen, ob die Experimentatoren vielleicht nicht alle Fliegen der zweiten Generation konserviert und gezählt haben, sondern nur Stichproben, die vielleicht bereits eine Verfälschung enthalten. Zeigt sich nun, daß wirklich alle Fliegen konserviert wurden, dann müßte man, was die Verschiebung der Zahlenverhältnisse angeht, allmählich auch an paranormale Einflüsse denken.

Zur Klärung dieser Frage müßte man ein neues Experiment durchführen, eine Wiederholung des ersten Versuchs, aber mit einigen Änderungen: Die Experimentatoren dürften zwar zuschauen, aber alle notwendigen Handgriffe zur Vermehrung und Versorgung der Fliegen würden jetzt von Leuten getan, die nicht wissen, was für Erwartungen hier untersucht werden. Zeigt sich der Erwartungseffekt jetzt immer noch, obwohl die Experimentatoren keine Möglichkeit hatten, mit äußeren Mitteln verfälschend in das Geschehen einzugreifen, dann darf man schließen, daß er auf paranormale Einflüsse zurückgeht.

Die Entdeckung subtiler paranormaler Erwartungseffekte auf diesem oder anderen Gebieten der Wissenschaft wäre gewiß eine Sensation und für manchen schockierend. Und mancherlei Folgerungen würden sich daraus ergeben. Eine der wichtigsten würde die Konsenswirklichkeit betreffen, auf der eine empirische Wissenschaft beruht. Man betrachtet wissenschaftliche Daten dann als objektiv, wenn sie von unabhängigen Beobachtern reproduziert werden können. Auf neuen Forschungsgebieten gibt es jedoch noch keinen Konsens. Erst wenn solch ein Konsens sich bildet, lassen die Kontroversen allmählich nach, und die relevanten Experimente erbringen zunehmend Resultate, die mit den Erwartungen übereinstimmen. Wo aber ist hier die Ursache und wo die Wirkung? Bildet ein Konsens der Erwartungen sich aufgrund wiederholbarer Resultate, oder ist der Erwartungskonsens die Grundlage für reproduzierbare Resultate? Vielleicht wirken die beiden Kausalverknüpfungen zusammen. Vorrangig ist aber das Gewicht der Konsenswirklichkeit auf jeden Fall für die wissenschaftliche Ausbildung.

Studenten der Naturwissenschaften verbringen während ihrer

Praktika viele Stunden im Labor, wo sie die Standardexperimente durchführen, die ihnen die Grundprinzipien des derzeit gültigen Paradigmas vor Augen führen. Solche Experimente pflegen zu den «richtigen» Resultaten zu kommen, zu denen nämlich, die den etablierten Erwartungsmustern entsprechen. Aber nicht immer ist das so. Ich habe jahrelang solche Praktika der Anfangssemester geleitet und mußte immer wieder staunen, zu welch unterschiedlichen Ergebnissen die Studenten kommen. Natürlich werden abweichende Ergebnisse schnellstens auf Fehler oder mangelnde Erfahrung zurückgeführt. Und in Studenten, deren Experimente immer wieder aus der Reihe tanzen, sieht man nicht gerade die großen Forscher der Zukunft. Sie schneiden bei praktischen Prüfungen schlecht ab und werden wahrscheinlich nicht die wissenschaftliche Laufbahn einschlagen. Voll ausgebildete Wissenschaftler dagegen haben alle Selektionsprozesse ihrer Ausbildung überstanden und hinreichend bewiesen, daß sie in der Lage sind, bei den Standardexperimenten zu den erwarteten Resultaten zu gelangen. Ist dieser Erfolg einfach ein Zeugnis ihres praktischen Könnens? Oder ist hier klammheimlich eine unbewußte Fähigkeit im Spiel, die den Erwartungen entsprechenden Experimentator-Effekte herbeizuführen?

Schlußbetrachtung zum dritten Teil

Wenn Konstanten sich als variabel erweisen, würde das eine tiefgreifende Veränderung unseres Naturverständnisses bewirken. Daß aber das Gebäude der etablierten Naturwissenschaft wie ein Kartenhaus einstürzen würde, halte ich für unwahrscheinlich. Wissenschaftler sind im allgemeinen recht pragmatisch, und sie würden sich auf die neuen Bedingungen vermutlich ohne große Schwierigkeiten einstellen. Man würde die jeweils gültigen Werte der «Konstanten» regelmäßig in Zeitschriften wie *Nature* veröffentlichen – ähnlich einem Wetterbericht oder den Aktien- und Währungskursen im Wirtschaftsteil der Tageszeitung. Wer gerade den neuesten Wert braucht, würde sich an diese Veröffentlichungen halten, aber für die meisten praktischen Zwecke würde wohl ein Mittelwert genügen.

Praktisch also könnten sich die Wissenschaftler sicherlich auf schwankende Werte einstellen, aber der in der Naturwissenschaft herrschende Geist dürfte sich grundlegend wandeln. Der alte Glaube an die mathematische Konstanz der Natur würde jetzt naiv erscheinen. Die Natur würde sich jetzt mit einem Eigenleben darstellen, nicht bis ins Detail vorauszuberechnen und voller Überraschungen – wie das wirkliche Leben. Sicher wird man die Schwankungen der Konstanten mit mathematischen Modellen zu erfassen versuchen, aber Voraussagen aufgrund dieser Modelle werden vielleicht nicht treffender sein als Voraussagen aufgrund von mathematischen Modellen des Wetters oder der Wirtschaftskonjunktur.

Pragmatisch würden die meisten Wissenschaftler wahrscheinlich auch dann reagieren, wenn sich herausstellte, daß Experimentator-Effekte weitaus verbreiteter sind, als man gegenwärtig annimmt. Man würde das Doppelblindverfahren in möglichst vielen Bereichen der Naturwissenschaft einführen. In der Praxis wäre das für viele Biologen, Chemiker und Physiker sicherlich eher ein Ärgernis, eine

Prozedur, die einem beim Forschen ein bißchen den Spaß verdirbt; aber in der experimentellen Psychologie und in der medizinischen Forschung lebt man damit seit Jahrzehnten, und so ist es ganz offensichtlich möglich, sich darauf einzustellen.

Doch auch Doppelblindverfahren können den Einfluß von Erwartungen nicht ganz ausschalten, wie wir bei der Erörterung des Placebo-Effekts (S. 221–225) gesehen haben. Unter Doppelblindtest-Bedingungen sucht der Experimentator überall nach dem erwarteten Effekt, da er nicht weiß, bei welcher Probe oder welchem Probanden er sich zeigen wird. Durch diese Erwartung erhält der Effekt eine Tendenz, in der Kontrollgruppe aufzutreten: Patienten, die Placebos erhalten, zeigen häufig die erwarteten Wirkungen – und Nebenwirkungen – der gerade untersuchten Behandlungsform.

Wenn sich zeigen würde, daß man Experimentator-Effekte nicht nur in Medizin und Psychologie, sondern auf den meisten Gebieten der Wissenschaft ernst nehmen muß, würde die dann entstehende Debatte und das vermehrte Interesse wahrscheinlich zu verstärkten Forschungsbemühungen zu dieser Frage und dann auch zu einer entsprechenden finanziellen Ausstattung führen. Niemals jedenfalls könnte man wieder so naiv, wie es heute noch üblich ist, an die Objektivität der Experimentatoren glauben.

Wie steht es um die in diesem Buch vorgeschlagenen Experimente? Ist bei ihnen nicht auch die Gefahr des Experimentator-Effekts gegeben? Vielleicht, aber, wie ich glaube, nur in geringem Maße. Die Experimente bedienen sich des Blindverfahrens, wo immer es möglich ist. Denken wir etwa an die Experimente mit Haustieren, die zu wissen scheinen, wann ihre Besitzer heimkommen. Die Person, die das Tier zu Hause beobachtet, sollte das «blind» tun, das heißt ohne zu wissen, wann der Abwesende heimkommen wird. Wenn man dann noch alle sensorischen Hinweise und Routinen ausschaltet, und das Tier weiß immer noch, wann sein Besitzer nach Hause kommt, sind drei Erklärungen möglich: Entweder besteht eine direkte Verbindung zwischen dem Tier und seinem Besitzer, oder es reagiert auf die Erwartungsregungen der beobachtenden Person, die ihrerseits eine telepathische Verbindung zum Heimkehrenden hat – oder beides.

Mit weiteren Untersuchungen könnte man dann vielleicht zwischen diesen Möglichkeiten unterscheiden. Die Möglichkeit des telepathiebedingten Experimentator-Effekts könnte man direkt untersuchen. Man könnte bei der daheimbleibenden Person prüfen, wie gut sie auch ohne das Tier die Heimkehr des Abwesenden erspüren kann. Und das Verhalten des Haustiers könnte man von einer automatischen Videokamera überwachen lassen, ohne daß noch ein Mensch zugegen ist. Gibt das Tier dann immer noch zu erkennen, daß es die Heimkehr des Abwesenden spürt, könnte man nicht mehr von einem Experimentator-Effekt sprechen.

Oder nehmen wir das Taubenexperiment aus dem zweiten Kapitel: Wenn sich herausstellt, daß Tauben einen um viele Kilometer verlegten Schlag noch finden können, würde der Gedanke, daß sie es aufgrund der Experimentator-Erwartung können, die Sache noch rätselhafter machen und außerdem den Richtungssinn der Tauben weiterhin unerklärt lassen. Und schließlich, wenn wir bei dem Termitenexperiment des dritten Kapitels feststellen, daß die separierten Termiten trotzdem ein koordiniertes Verhalten zeigen, würde der Experimentator-Effekt als Erklärungsprinzip schon ziemlich an den Haaren herbeigezogen wirken.

Die Messung von Konstanten (Kapitel 6) kann man schlecht «blind» durchführen, aber Erwartungseffekte lassen sich gering halten, wenn man die an verschiedenen Orten durchgeführten Messungen vergleicht, um zu sehen, ob es Korrelationen gibt. Natürlich darf man das erst nach dem Abschluß der Messungen tun.

Diese Beispiele zeigen, daß praktisches Forschen nach wie vor möglich sein wird, auch wenn sich zeigen sollte, daß Experimentator-Erwartungen praktisch überall mit im Spiel sind. Die gegenwärtige Annahme einer scharfen Trennung zwischen Subjekt und Objekt, zwischen Experimentator und Experimentalsystem, wird man dagegen aufgeben müssen.

Es könnte sich natürlich auch herausstellen, daß Erwartungseffekte in den meisten Bereichen der Naturwissenschaft selten oder gar nicht beteiligt sind und daß es nicht den geringsten Anhaltspunkt für paranormale Einflüsse gibt. Davon gehen die meisten Wissenschaftler aus, und für Skeptisten ist es sogar Glaubensinhalt. Damit wäre dieser Glaube zum erstenmal empirisch überprüft worden. Man hätte versucht, ihn zu widerlegen, und das Mißlingen dieses

Versuchs würde diesem Glauben einige Glaubwürdigkeit geben. Deshalb sollten Skeptisten mutig zu ihren Überzeugungen stehen und solche Forschungen genauso willkommen heißen, wie es andere tun, die wie ich glauben, daß paranormale Erwartungseffekte in der herkömmlichen wissenschaftlichen Forschung möglich, wenn nicht wahrscheinlich sind.

Zusammenfassung und Ausblick

Die in diesem Buch vorgeschlagenen Forschungsprogramme stellen einige der geheiligten Grundannahmen der Schulwissenschaft auf den Prüfstand. Sieben typische «wissenschaftliche» Überzeugungen werden untersucht. Sie gelten als so selbstverständlich, werden so selten hinterfragt, daß sie nicht einmal als Hypothesen aufgefaßt werden, sondern schlicht als die einzig vernünftige Betrachtungsweise. Gegenteilige Anschauungen oder Vermutungen gelten als «unwissenschaftlich». Diese sieben sind:

1. Haustiere können keine unerklärlichen Kräfte besitzen.
2. Heimfinde- und Wanderverhalten sind anhand der bekannten Sinne und physikalischen Kräfte vollständig zu erklären.
3. Insektenstaaten sind keine Superorganismen mit einer geheimnisvollen Seele oder einem übergreifenden Feld. Dergleichen gibt es nicht.
4. Menschen spüren nicht, wenn sie von hinten angestarrt werden, es sei denn aufgrund von subtilen Fingerzeigen.
5. Phantomgliedmaßen sind nicht wirklich «da draußen», wo sie zu sein scheinen, sondern im Gehirn.
6. Die Grundkonstanten der Natur sind konstant.
7. Kompetente Berufswissenschaftler lassen nicht zu, daß ihre Überzeugungen sich in ihren Daten niederschlagen.

Nach der derzeitigen wissenschaftlichen Schulmeinung gibt es keinen Grund, wertvolle Forschungsmittel zu verschwenden, um die Möglichkeit zu erkunden, daß diese Annahmen falsch sein könnten. Es lohnt sich nicht einmal, darüber auch nur nachzudenken, zumal es ja so viele echte wissenschaftliche Probleme gibt, mit denen man vorankommen muß. Es handelt sich bei diesen Sätzen nicht um widerlegbare Hypothesen, sondern um gesicherte Wissenschaft. Die Alternativen sind einfach unwissenschaftlich, und die Frage, ob man sie ernst nehmen soll, stellt sich gar nicht erst. Da könnte man sich genausogut mit der Frage befassen, ob der Mond aus Quark ist.

Ich habe keinen Hang zum Wetten, sonst würde ich versuchen, einen Buchmacher zur Annahme von Wetten über den Ausgang der sieben Experimente zu bewegen. Vermutlich würden die meisten Anhänger des etablierten wissenschaftlichen Weltbilds ihr Geld darauf setzen, daß diese Experimente keine von der Schulwissenschaft nicht erklärbaren Effekte ans Licht bringen werden. Aber manche würden auch auf das Gegenteil wetten, und die Chancenverteilung wäre dann das Maß der Erwartungen beider Seiten. Wieviel Geld würden beispielsweise *Sie* darauf setzen, daß Haustiere die Rückkehr ihrer Besitzer nicht spüren, wenn wirklich alle sensorischen Anhaltspunkte ausgeschaltet sind? Oder wieviel würden Sie darauf setzen, daß sie es können?

Ich kann den Ausgang der hier vorgeschlagenen Experimente nicht voraussehen, aber ich glaube – sonst hätte ich dieses Buch nicht geschrieben –, es besteht die Chance, daß zumindest einige von ihnen zu sehr interessanten Ergebnissen führen.

Die Forschungen, zu denen hier angeregt werden soll, stellen für die Schulwissenschaft ein Tabu dar, und deshalb hat sich bisher noch kaum jemand mit dergleichen abgegeben. Genau deswegen sind hier noch echte Entdeckungen möglich. Wir stehen vielleicht an der Schwelle einer neuen Ära der Wissenschaft, einer Zeit neuer Impulse und Entdeckungen, einer Zeit der Öffnung und der allgemeinen Beteiligung. Nach zehn, zwanzig Jahren würde der Hang zur Rechtgläubigkeit wohl eine neue Schulmeinung entstehen lassen, die wiederum eine neue Exklusivität wissenschaftlicher Kreise nach sich zieht. Aber bis dahin, bis die Bürokratie das Ruder wieder in der Hand hat, könnte es eine aufregende Zeit sein.

Wie könnten diese Experimente die Welt verändern? Ich glaube vor allem dadurch, daß sie zu einer Öffnung der Wissenschaft in praktischer wie in theoretischer Hinsicht beitragen. Solch eine Änderung in der Wissenschaft hätte tiefgreifende gesellschaftliche Folgen. Man würde viele überlieferte Anschauungen neu bewerten, zum Beispiel den Glauben an rätselhafte Fähigkeiten der Tiere oder an das Gefühl, angestarrt zu werden. Wir würden unsere Verbundenheit miteinander und mit der Welt um uns her stärker empfinden. Und es wäre vielleicht der entscheidende Schlag gegen die Vorstellung, daß wir die Natur unterwerfen und ausbeuten dürfen, wie es uns gerade wünschenswert erscheint; daß wir den Rest der Natur wie lebloses Material behandeln dürfen, ohne uns um etwas anderes als die eigenen unmittelbaren Interessen kümmern zu müssen. Auch unser Erziehungssystem würde sich grundlegend verändern, und wahrscheinlich würde das allgemeine Interesse an der Wissenschaft ganz erheblich zunehmen.

Zweitens könnten die Experimente des ersten Teils uns ein neues Verständnis von den Kräften der Tiere – und des Menschen – geben. Sie könnten Hinweise auf unsichtbare Verbindungen zwischen Tieren und Menschen, zwischen Tieren und ihrer Heimat und zwischen den Angehörigen von sozialen Gruppierungen erbringen. Die Natur dieser Verbindungen müßte dann durch weitere Forschungen aufgeklärt werden, aber was auch immer man da finden mag, wird wohl weit über das hinausgehen, was die Schulweisheit sich träumen lassen könnte. Sehr viele Phänomene aus dem Bereich der Tiere und des Menschen bedürften der Neuinterpretation, zum Beispiel das Wanderverhalten der Tiere, der Richtungssinn, das Knüpfen sozialer Bindungen und die Organisation von Gesellschaften.

Drittens könnten die Experimente im 4. und 5. Kapitel die bisher selbstverständliche Trennung von Geist und Körper, von Subjekt und Objekt hinfällig machen und uns ein neues Verständnis der Beziehung zu unserem eigenen Körper und der Welt geben. Das hätte sehr weitreichende psychologische, medizinische, kulturelle und philosophische Implikationen.

Viertens könnten die Experimente des dritten Teils den wissenschaftlichen Glauben an die Konstanz der Natur und die Objektivität der wissenschaftlichen Forschung untergraben. Sie würden auf nicht mehr überhörbare Weise bewahrheiten, was der Wissenschaftsphilosoph Karl Popper einmal gesagt hat:

Die Wissenschaft ruht nicht auf Grundgestein. Das kühne Gebäude ihrer Theorien erhebt sich gleichsam aus dem Sumpf. Es ist einem Pfahlbau ähnlich. Die Pfähle werden von oben her in den

Schlußbetrachtung

Grund getrieben, aber nicht bis hinunter zu irgendeiner natürlichen oder «gegebenen» Basis.[1]

So könnte sich zeigen, daß die Konstanz der «Naturkonstanten», lange als eine «natürliche oder gegebene Basis» für das Gebäude der Wissenschaft angesehen, auch nur solch ein Pfahl im Sumpf ist. Ebenso könnte es mit der Annahme sein, daß die Erwartungen des Experimentators keine wesentliche Fehlerquelle für die Forschung darstellen. Je unsicherer diese Fundamente werden, desto deutlicher wird man sehen, daß wir die Pfähle doch noch tiefer in den Boden treiben oder auf andere Träger, zum Beispiel Schwimmkörper, zurückgreifen müssen.

Und schließlich: Was auch immer diese Experimente ergeben mögen, zuallermindest, hoffe ich, wird dieses Buch zeigen, daß es vieles gibt, was wir noch nicht verstehen. Viele Grundfragen sind noch offen. Und wir müssen auch uns selbst offenhalten.

Anhang

Praktische Details

1. Wenn Haustiere spüren, daß ihre Besitzer heimkommen

Es ist sehr wichtig, daß man detailliert buchführt über die Zeiten, zu denen das Tier Erwartungsverhalten zeigt, und über die Zeiten, zu denen der Besitzer sich auf den Heimweg macht. Außerdem ist genau zu notieren, auf welche Weise und auf welchem Weg er nach Hause kommt. Wenn man Videoaufnahmen macht, um das Erwartungsverhalten des Haustiers zu zeigen, muß auch die Zeit genau verzeichnet werden. Am einfachsten ist das dadurch zu erreichen, daß man eine Uhr im Bildausschnitt aufstellt.

2. Wie finden Tauben nach Hause?

Informationen über örtliche Taubenzüchterverbände sind zu erhalten bei:

Verband deutscher Brieftaubenzüchter e.V.
Schönleinstraße 43
45131 Essen
Tel. 0201/872240

Wer die Adressen von Taubenzüchterverbänden anderer Länder braucht, schreibe an:

Fédération Colombophile Internationale
39 Rue de Livourne
Ixelles

Anhang

Bruxelles 1050
Belgien

Einzelheiten über Schlagbausätze, Zubehör, Futter und so weiter sowie über die Bezugsquellen kann man der Zeitschrift *Die Brieftaube* entnehmen. Zu beziehen über den Zeitschriftenhandel oder direkt von

Verband deutscher Brieftaubenzüchter e.V.
(Anschrift siehe oben.)

3. Die Organisation des Termitenlebens

Die Leser, die in tropischen Ländern leben, wo Termiten allenthalben frei zugänglich sind, können nach Herzenslust in der hier vorgeschlagenen Weise experimentieren. Ratsam wäre es natürlich, sich über die Spezies, mit der man arbeiten möchte, erst einmal gründlich zu informieren – bei Zoologen, spezialisierten Amateuren und den im Land lebenden Menschen, aber auch anhand der verfügbaren Literatur.

Für uns übrige, die wir in gemäßigten Klimazonen leben, ist immerhin die Arbeit mit Ameisen möglich, wie ich sie am Ende des Kapitels beschrieben habe. Es gibt verschiedene Methoden, Ameisenkolonien zu halten, und die Behälter kann man aus billigen Materialien selbst herstellen. Anleitungen dazu sowie alles, was man über Beschaffung, Zucht und Ernährung der Ameisen wissen muß, ist in den beiden folgenden Quellen dargestellt (siehe Literaturverzeichnis):

Hölldobler und Wilson, Kapitel 20.
Skaite, Kapitel 7.

Es gibt auch durchsichtige Kunststoffbehälter speziell für die Ameisenzucht; Informationen im zoologischen Fachhandel.

Praktische Details

4. Das Gefühl, angestarrt zu werden

Die Testresultate sollten in einer zweispaltigen Trefferliste festgehalten werden. Jede Zeile steht für einen Versuch, richtige Antworten bekommen einen Haken, falsche ein Kreuz. Als Beispiel ist hier die Trefferliste einer zwanzigminütigen Testperiode abgebildet.

Für die statistische Auswertung nach dem t-Test mit gepaarten Daten ermittelt man zu jeder Testperiode die Gesamtzahl der richtigen und falschen Antworten; in unserem Beispiel sind es 21 richtige und 15 falsche Antworten. Für ein aussagekräftiges Ergebnis braucht man möglichst viele von diesen Datenpaaren, mindestens aber zehn, entweder immer mit denselben Personen oder aber mit wechselnden Personenpaaren gewonnen. Wie man die statistische Signifikanz des Gesamtergebnisses errechnet, ist in statistischen Lehrbüchern nachzulesen. Mit dem Computer ist diese Berechnung leicht durchzuführen, wenn man ein Programm wie Statworks oder StatView zur Verfügung hat.

5. Die Wirklichkeit der Phantomgliedmaßen

Die Niederschrift der Daten kann nach dem Muster des für Kapitel 4 gegebenen Beispiels erfolgen, nur ersetzt man «schaut» und «schaut nicht» durch «Phantom vorhanden» und «Phantom nicht vorhanden». Die Ergebnisse kann man wie in Abbildung 11 (S. 196) als Zahl der richtigen Antworten im Verhältnis zur Zahl der Versuche graphisch darstellen. Sie können auch nach einer ganzen Reihe von Tests statistisch ausgewertet werden (nach dem für Kapitel 4 dargestellten Verfahren).

6. Die Varianz der «Grundkonstanten»

Eine statistische Untersuchung der an verschiedenen Orten und zu verschiedenen Zeiten gewonnenen Daten auf Korrelationen der «Fehler» hin würde eine etwas aufwendigere Form der Korrelationsanalyse erfordern, und bevor man sich daran versucht, sollte

Anhang

Trefferliste für Blick-Experiment

| Resultate erzielt mit .... angeschaut von .... |
| Datum .... Ort .... |
| Uhrzeit .... |

	schaut (Kopf)	schaut nicht (Zahl)
	✔	✘
	✔	✘
	✔	✘
	✘	✘
		✘
		✔
	✔	✔
	✘	
	✘	
	✔	✘
	✔	✔
		✘
	✔	
	✘	
	✔	
	✘	
	✔	✔
	✔	
	✔	✔
	✔	
	✘	✘
		✔
	✘	✔
	✔	✔

Spaltensummen	richtig 13	richtig 8
	falsch 7	falsch 8
Gesamtsummen	richtig 21	falsch 15

man sich von jemandem beraten lassen, der etwas von Statistik versteht.

7. Die Erwartungen des Experimentators und ihre Auswirkungen

Der statistische Vergleich der mit jeweils zwei Proben gewonnenen Ergebnisse – zum Beispiel der Aktivitätsgrad der «gehemmten» und «aktivierten» Enzyme – kann auch hier mit Hilfe des t-Tests mit gepaarten Daten erfolgen; man nimmt dazu die Daten aus jedem Experiment als Datenpaar. Die von jedem einzelnen Experimentator gemessene Aktivität der «gehemmten» und der «aktivierten» Enzyme bildet dann ein gepaartes Daten-Set.

Was können Sie mit Ihren Ergebnissen tun?

Wenn man solch ein Experiment plant und durchführt, empfiehlt es sich, mit Freunden oder Kollegen darüber zu sprechen, die vielleicht wertvolle Anregungen zur Verbesserung des Verfahrens geben können. Nach Abschluß des Experiments sollte man einen Bericht darüber schreiben, der auch die angewandte Methode im einzelnen darstellt, die Daten selbst wiedergibt und (wo sie angebracht ist) eine statistische Analyse enthält. Auch hier können Freunde und Kollegen vielleicht mit konstruktiver Kritik zu einer besseren Präsentation und klareren Darstellung der Resultate beitragen.

Ich wäre sehr dankbar, wenn Sie Ihren Bericht an eines der Koordinationszentren für das Sieben-Experimente-Projekt schicken könnten. Das britische Zentrum ist unter der Ägide des Scientific and Medical Network eingerichtet worden. Die Koordinationszentren werden die Ergebnisse der einzelnen Forscher kollationieren, Kontakte zwischen den Forschern knüpfen, bei der Veröffentlichung der Resultate helfen und Verbindung mit ähnlichen Koordinationsgruppen in anderen Ländern halten. Solche Gruppen sind bereits in Frankreich, Deutschland, den Niederlanden, Spanien und

Anhang

den Vereinigten Staaten entstanden, wo auch dieses Buch erscheint. Von jedem Koordinationszentrum werden Netzwerke von wissenschaftlichen Beratern für das Sieben-Experimente-Projekt aufgebaut. In Deutschland wende man sich an:

«Sieben-Experimente-Projekt»
Südliches Schloßrondell 1
80638 München

Laufende Berichterstattung

Im *Newsletter* des Scientific and Medical Network werden regelmäßig Berichte über den Fortschritt des Projekts erscheinen. Weitere Informationen erhält man durch den Direktor:

David Lorimer
Scientific and Medical Network
Lesser Halings, Tilehouse Land
Denham, Middlesex UB9 5DG
England

In den Vereinigten Staaten befindet sich das Koordinationszentrum für das Sieben-Experimente-Projekt im Institute for Noetic Sciences bei San Francisco. Berichte werden im *Bulletin* des Instituts erscheinen. Nähere Informationen unter:

Seven Experiments Project
Institute of Noetic Sciences
475 Gate Five Road, Suite 300
Sausalito, California 94965
USA

Dank

Die Entwicklung der hier vorgetragenen Ideen wurde durch einen Zuschuß des Institute of Noetic Sciences gefördert, dem ich als Senior Fellow angehöre; außerdem hat das Institut seine Hilfe bei der Koordination dieses Forschungsprogramms in Nordamerika angeboten. Weitere finanzielle Unterstützung erhielt das Projekt dank der Großzügigkeit von Frau Elisabeth Buttenberg durch die Schweisfurth-Stiftung in München.

Für Informationen, Diskussionen und Ratschläge zu den in diesem Buch behandelten Forschungsgebieten bin ich vielen Menschen zu Dank verpflichtet, insbesondere aber Ralph Abraham, Sperry Andrews, Susan Blackmore, Jules Cashford, Christopher Clarke, Larry Dossey, Lindy Dufferin und Ava, Dorothy Emmet, Suitbert Ertel, Winston Franklin, Karl Geiger, Brian Goodwin, David Hart, Sandra Houghton, Nicholas Humphrey, Thomas Hurley, Francis Huxley, dem verstorbenen Brian Inglis, Rick Ingrasci, Stanley Krippner, Anthony Laude, David Lorimer, Terence McKenna, Dixie MacReynolds, Wim Nuboer, Brendan O'Regan, Brian Petley, Robbie Robson, Robert Rosenthal, Miriam Rothschild, Robert Schwartz, James Serpell, George Sirk, Dennis Stillings, Louis van Gasteren, Rex Weyler und meiner Frau Jill Purce. Außerdem erhielt ich eine Fülle wertvoller Informationen von über dreihundert Informanten, Experimentatoren und Korrespondenten, vor allem im Zusammenhang mit dem Verhalten von Haustieren, dem Heimfindevermögen der Tauben, der Erfahrung von Phantomgliedmaßen und dem Gefühl, angestarrt zu werden. Ich bin sehr dankbar für all diese großzügig gewährte Hilfe.

Ich danke all denen, die dieses Buch in den verschiedenen Stadien seiner Entstehung ganz oder in Teilen gelesen haben und deren Kritiken und Kommentare für das Buch ein großer Gewinn waren, insbesondere Ralph Abraham, Christopher Clarke, Suitbert Ertel, Nicholas Humphrey, Francis Huxley, Brian Petley, Kit Scott und meinen Lektoren Christopher Potter und Andrew Coleman.

Dank auch an Christopher Sheldrake, der die Abbildungen 3, 4 und 7 zeichnete, sowie für die freundliche Erlaubnis, Illustrationsmaterial zu verwenden, an Stanley Krippner (Abb. 10) und Rick Osman (Abb. 1 und 2).

Anmerkungen

(Bibliographische Angaben zu den in Kurzform
genannten Werken im Literaturverzeichnis)

Einführung

1. Eine interessante Darstellung dieses Wandels in Großbritannien gibt Berman.
2. Kuhn.

ERSTER TEIL

Einleitung

1. Popper und Eccles.
2. Zur Geschichte dieser Kontroverse siehe Sheldrake 1985, 1993a.
3. So waren beispielsweise Hans Driesch und Henri Bergson, die Hauptvertreter des Vitalismus zu Beginn unseres Jahrhunderts, beide auch Präsidenten der British Society for Psychical Research; und der Naturforscher Eugène Marais wurde durch seine vitalistischen Anschauungen zu sehr originellen Forschungen über das Verhalten gesellig lebender Tiere angeregt (seine Termitenforschungen werden im dritten Kapitel besprochen). Und unter den Erforschern des Paranormalen finden wir immer schon eine allgemeine Aufgeschlossenheit für ungewöhnliche Kräfte bei Tieren; siehe zum Beispiel Haynes.
4. Occam wandte sich mit seiner Argumentation gegen die Platoniker und ihre Vorstellung von ewigen universalen Ideen, die entweder für sich oder als Ideen im Geist Gottes existieren. Genauso läßt sich die Argumentation aber auf die Vorstellung von universalen mathematischen Naturgesetzen anwenden, die unabhängig vom menschlichen Geist existieren. Viele Mechanisten und ganz gewiß viele Physiker sind insgeheim Platoniker, und auf diese Seite ihres Denkens wenden sie Occams Rasiermesser nicht an. Occam selbst benutzte sein Messer auch gegen die Aristoteliker und ihre Lehre von einer nichtmateriellen Essenz, die den materiellen Dingen innewohnt. Aus dieser Sicht wird auch die reale Existenz von Feldern, etwa des universalen Gravitationsfelds oder der elektromagnetischen Felder, eine höchst zweifelhafte Sache. Aber auch in diesem Fall nehmen die meisten Mechanisten Occams Rasiermesser nicht wirklich ernst. Die meisten gehen davon aus, daß die anerkannten physikalischen Felder tatsächlich existieren und nicht bloße Modelle im Geist der Physiker sind.
5. Manche sehen hier sogar den großen Kampf des Guten gegen das Böse toben, gegen «die schlummernde Bestie», wie Gerald Holton, ein Harvard-Wissenschaftler, gesagt hat. Erst kürzlich wieder mahnte er die Verteidiger der mechanistischen Wissenschaft (die er für die einzig «angemessene» hält), auf der Hut zu

Anhang

sein und dieser Bestie «die Zähne auszubrechen»; das seien sie «ihrem eigenen Glauben schuldig» (Holton).
6. Dies ist eingehender erörtert in Sheldrake, 1993a.
7. Siehe beispielsweise Prigogine und Stengers; Gleick; Waldrop.
8. Diese Entwicklungen und ihre Implikationen sind erörtert in Sheldrake, 1993b.

1. Wenn Haustiere spüren, daß ihre Besitzer heimkommen

1. Long, S. 78 f.
2. Ebenda, S. 81 f.
3. Serpell, 1986, S. 103 f.
4. Ebenda, S. 107.
5. The New Penguin English Dictionary, Harmondsworth (Penguin) 1986.
6. Die bekannteste Gruppe in den USA heißt CSICOP – «Committee for the Scientific Investigation of Claims of the Paranormal». CSICOP veranstaltet jährliche Skeptisten-Konferenzen und gibt eine Zeitschrift mit dem Titel The Skeptical Inquirer heraus. Ähnliche Skeptisten-Organisationen haben sich jetzt auch in anderen Ländern gebildet und geben eigene Zeitschriften wie The British and Irish Skeptic heraus.
7. Serpell, 1986, S. 11 f.
8. Humphrey.
9. Woodhouse, 1980, S. 202.
10. Smith.
11. Bardens, 1987.
12. Ebenda, S. 27.

2. Wie finden Tauben nach Hause?

1. 1. Mose 8,8–11.
2. McFarland.
3. Inglis.
4. Burnford.
5. Ebenda.
6. Carthy; Matthews.
7. Matthews.
8. Carthy.
9. Witherby.
10. Baker, 1980.
11. Berthold, 1991.
12. Keeton, 1981.
13. Able.
14. Hasler et al.
15. J. L. Gould, 1990.
16. Schmidt-Koenig und Ganzhorn.
17. Darwin, 1876, Kapitel 1; 1878, Kapitel 5.
18. Darwin, 1873.
19. J. J. Murphy.
20. Matthews.
21. Ebenda.
22. Wallraff.
23. Matthews.

24. Keeton, 1974.
25. Zum Beispiel Wallraff.
26. Matthews, S. 86.
27. Ebenda, S. 87.
28. Osman und Osman, S. 83.
29. Schmidt-Koenig und Schlichte.
30. Schmidt-Koenig, 1979.
31. Schmidt-Koenig und Schlichte.
32. Schmidt-Koenig, 1979, S. 102.
33. Matthews.
34. Keeton, 1974; Lipp.
35. Schmidt-Koenig, 1979.
36. Einzelheiten zum Flugweg zeitverschobener Vögel in Papi et al., 1991.
37. Keeton, 1981.
38. Coemans und Vos.
39. Auch eine eingehendere Analyse der Bewegung von Aerosolen zeigt, daß nicht viel für diese Idee spricht. Es könnte jedoch sein, daß die Navigation nach dem Geruchssinn unter bestimmten meteorologischen und atmosphärischen Bedingungen bei kurzen Entfernungen begünstigt ist, zum Beispiel an einer geraden Küste mit ziemlich regelmäßigen Luftbewegungen. Vielleicht sind diese Voraussetzungen in Italien häufig gegeben, wo ja das auf Navigation nach dem Geruchssinn hindeutende Material in der Hauptsache gesammelt wurde. Siehe Waldvogel.
40. Schmidt-Koenig, 1987.
41. Matthews.
42. Papi, 1986, 1991.
43. Papi et al., 1978. Kritisch diskutiert werden Papis Resultate von J. L. Gould, 1982, und Schmidt-Koenig, 1979.
44. Keeton, 1981; J. L. Gould, 1982; Schmidt-Koenig, 1979.
45. Zum Beispiel Papi, 1982.
46. Schmidt-Koenig, 1979; Wiltschko, Wiltschko und Jahnel; siehe auch Wiltschko, Wiltschko und Walcott.
47. Kiepenheuer et al.
48. Walcott, 1991.
49. Matthews.
50. Zum Beispiel Wiltschko und Wiltschko, 1976, 1991, und Wiltschko.
51. Baker, 1989.
52. J. L. Gould, 1982.
53. Schmidt-Koenig und Ganzhorn; weitere Beispiele in Walcott, 1989.
54. Schietecat; Walcott, 1991.
55. Wiltschko und Wiltschko, 1988; Schmidt-Koenig und Ganzhorn.
56. Walcott und Green.
57. Moore.
58. Keeton, 1972.
59. Moore.
60. Moore et al.; siehe auch Papi et al., 1992.
61. Walcott, 1991, S. 49.
62. Schmidt-Koenig und Ganzhorn.
63. Rhine, 1951.

Anhang

64. Pratt, 1953, 1956.
65. Matthews, S. 95 f.
66. Davies und Gribbin, S. 217 f.
67. Thom, 1975, 1983; Abraham und Shaw.
68. Abgedruckt in Osman und Osman.
69. Ebenda, S. 50.
70. Ebenda.
71. Hill.
72. Hutton.
73. Persönliche Korrespondenz mit Dr. Hans-Peter Lipp von der Universität Zürich-Irchel, Leiter des Taubendienstes der schweizerischen Armee.
74. Spruyt. (Auf niederländisch; ich danke Herrn Louis van Gasteren, der mir diese Information zugänglich machte und die relevanten Stellen übersetzte.)
75. Rhine und Feather.
76. Ebenda.
77. Rhine, 1951, S. 241.
78. Rhine und Feather, S. 17.
79. Long, S. 95.
80. Ebenda, S. 97 ff.

3. Die Organisation des Termitenlebens

1. Baring und Cashford, S. 73.
2. Frisch.
3. Griaule, 1965, S. 17.
4. Evans-Pritchard, S. 353.
5. E. O. Wilson.
6. Noirot; Frisch.
7. E. O. Wilson, S. 228.
8. Ebenda, S. 317 ff.
9. Ebenda, S. 231.
10. Zum Beispiel Wilson und Sober; Seeley; Moritz und Southwick; Robinson.
11. Einer der ersten, die diesen Vergleich zogen, war Hofstadter.
12. Zum Beispiel Seeley und Levien; Gordon et al.
13. Sole et al.
14. Historisch ist der Begriff des morphogenetischen Feldes in Sheldrake, 1993a, betrachtet.
15. Sheldrake, 1985, 1993a.
16. Stuart, 1963.
17. Stuart, 1969.
18. Hölldobler und Wilson, S. 227.
19. Dunpert.
20. Stuart, 1969; Franks; Hölldobler und Wilson.
21. E. O. Wilson, S. 229.
22. Becker, 1976, 1977.
23. Marais, 1973, S. 119 f.
24. Ebenda, S. 121.
25. Ebenda, S. 154.

Zweiter Teil

Einleitung
1. Siehe zum Beispiel Palmer; Haraldsson; Clarke; Gallup und Newport.
2. Piaget, 1973, S. 70, 72, 78.
3. Whyte.
4. Carus, S. 1.

4. Das Gefühl, angestarrt zu werden
1. Piaget, 1973, S. 61 f.
2. Ebenda, Kapitel 1.
3. Poortman.
4. Doyle.
5. Haynes, 1973, S. 41.
6. London, 1991, S. 77 f.
7. Long, S. 91 f.
8. 1986, während eines Besuchs der Mind Science Foundation (San Antonio, Texas), sprach ich mit William Braud und Sperry Andrews über das Gefühl, angestarrt zu werden, und über mögliche Experimente; anschließend starteten die beiden ein Projekt zu diesem Gegenstand, dessen vorläufige Ergebnisse hier wiedergegeben sind.
9. Elsworthy.
10. Markus 7,22; Sprüche 28,22.
11. Heaton.
12. Eine aufschlußreiche Darstellung des mythologischen Aspekts der Augen und Blicke gibt Huxley.
13. Bacon, S. 31 f.
14. Budge.
15. Titchener.
16. Ebenda.
17. Coover.
18. Poortman.
19. Poortman hat seine Daten nicht statistisch ausgewertet; ich habe das nachgeholt (und dabei den t-Test mit gepaarten Daten-Sets benutzt). Die Wahrscheinlichkeit, daß der Effekt auf Zufall beruht, ist p = 0,042, liegt also unterhalb des Niveaus von p = 0,05, das üblicherweise zur Beurteilung der Signifikanz herangezogen wird.
20. Peterson.
21. Williams.
22. Braud et al.; Braud.
23. Eine Analyse der Gesamtergebnisse aus jedem der zehn Experimente mit dem gepaarten t-Test ergibt ein Signifikanzniveau von p = 0,005; demnach ist die Wahrscheinlichkeit, daß die Resultate auf Zufallsschwankungen beruhen, 1 zu 200.
24. Die Ergebnisse kann man statistisch mit dem t-Test analysieren; man benutzt dabei die Gesamtzahl aller richtigen und falschen Antworten in jedem Test als Datenpaar.
25. Die statistische Signifikanz war p = 0,02 (Mastrandrea).
26. Einiges davon ist erörtert in Sheldrake, Abraham, McKenna, Kapitel 5.

Anhang

5. Die Wirklichkeit der Phantomgliedmaßen
1. Barja und Sherman.
2. James, S. 249.
3. Melzack, 1992.
4. Sherman et al.
5. Fischer; Melzack, 1989.
6. Melzack, 1989.
7. Ebenda.
8. Ebenda.
9. Sacks, Kapitel 6.
10. Simmel.
11. Weinstein und Sarsen; Weinstein, Sarsen und Vetter.
12. Vetter und Weinstein.
13. Weinstein, Sarsen und Vetter.
14. Melzack, 1992.
15. Ebenda.
16. Bromage und Melzack.
17. Melzack und Bromage; Bromage und Melzack.
18. Melzack und Bromage, S. 263.
19. Ebenda, S. 271.
20. Ebenda.
21. Gross und Melzack.
22. Feldman.
23. Melzack, 1992, S. 120.
24. Mitchell, S. 352.
25. Sacks, 1985, S. 66.
26. Barja und Sherman.
27. Zum Beispiel 2. Mose 21,24.
28. Mitchell, S. 357.
29. Frazer, 1911, Bd. 1, Kapitel 3, S. 52.
30. James.
31. Frazier und Kolb.
32. Soloman und Schmidt.
33. Eine wunderbar klare Betrachtung dieses Phänomens bietet Green, 1968b.
34. Zitiert in Blackmore, S. 48.
35. Monroe, 1992.
36. Monroe, 1989.
37. Zitiert in Moody, 1976, S. 35.
38. Lorimer, Crookall, 1961, 1964, 1972, hat Hunderte von Fällen gesammelt.
39. Green, 1968a; LaBerge.
40. Melzack, 1992, S. 121.
41. Melzack, 1989, S. 4.
42. Zum Beispiel Karagalla und Kunz.
43. Melzack, 1992.
44. Ebenda.
45. Shreeve.
46. Ebenda.
47. Melzack, 1989, S. 9.
48. Ebenda, S. 14.

49. Poeck und Orgass.
50. Fischer.
51. Zuk.
52. Technische Einzelheiten bei Dumitrescu.
53. Chaudhury et al.
54. Hubacher und Moss; Krippner; Stillings.
55. Stanley Krippner, persönlicher Austausch, Juli 1993.

DRITTER TEIL

Einleitung
1. Eine aufschlußreiche Erörterung gibt Suzuki.
2. Keller.
3. Broad und Wade, 1985, S. 197.
4. S. J. Gould, 1984, S. 27.
5. Medawar.
6. Broad und Wade, 1985, S. 27.
7. Westfall.
8. Broad und Wade, 1985, S. 34.
9. Ebenda.
10. Ebenda, S. 78.
11. Ebenda. S. 141 f.
12. Ebenda, S. 81.
13. Ebenda.
14. 3. Mose 16,20–22.
15. Broad und Wade, 1985, S. 219.
16. Ebenda, S. 218.

6. Die Varianz der «Grundkonstanten»
1. Petley.
2. Birge, 1929.
3. Vgl. Sheldrake, 1993a, Kapitel 1 und 2.
4. Siehe zum Beispiel Wilber, S. 101–111; Dürr, S. 67–78.
5. Pagels, 1985, S. 11.
6. Barrow und Tipler, S. 5.
7. Davies, 1992, S. 221 f.
8. Zum Beispiel Dirac.
9. Whitehead, 1933, S. 143.
10. Sheldrake, 1985, 1993a,b.
11. Gleick.
12. Messungen durch Luther und Sagitor, zitiert in Petley.
13. Maddox, 1986.
14. Holding und Tuck.
15. Zum Beispiel Holding et al.
16. Fischbach et al.
17. Anderson; Maddox, 1988.
18. Parker und Zumberge.
19. Fischbach und Talmadge.

Anhang

20. Hellings et al.
21. Reasenberg.
22. Damour et al.
23. Zum Beispiel Wessen; Flandern.
24. Flandern
25. Petley, S. 46–50.
26. Ebenda, S. 47 f.
27. «Light», in *Encyclopaedia Britannica*, 15. Auflage.
28. Daten aus Friesen; Petley, S. 295.
29. Birge, 1929, S. 68.
30. de Bray.
31. Petley, S. 294 f.
32. Bearden und Thomsen.
33. Petley, S. 68.
34. Barrow, S. 157.
35. Friesen, S. 431.
36. Feynman, 1985, S. 312 f.
37. Friesen; Birge, 1941.
38. Birge, 1945.
39. Petley, S. 46; Barrow und Tipler, S. 241.
40. Cook.
41. Birge, 1929, 1941.
42. Barrow und Tipler.
43. Petley.
44. Zum Beispiel Arp et al.
45. Gleick.
46. Dousse und Rheme.
47. Eine umfassende Bibliographie bietet Gillies.

7. Die Erwartungen des Experimentators und ihre Auswirkungen
1. Lewis.
2. Reber, S. 317.
3. Siehe zum Beispiel Wolman.
4. Diesen Ansatz vertritt zum Beispiel der Neurophysiologe Sir John Eccles; siehe Popper und Eccles.
5. Rosenthal und Rubin.
6. Rosenthal, 1976.
7. Zum Beispiel Rosenthal, 1991.
8. Rosenthal und Rubin, S. 412 f.
9. I. White et al.; M. Murphy, Kapitel 12.
10. Evans.
11. Aus Psalm 114,9 der *Vulgata*.
12. Shapiro.
13. Ebenda.
14. Evans, S. 17.
15. Zitiert in Benson und McCallie.
16. Evans, S. 17.
17. Zitiert in Dossey, S. 203.
18. Benson und McCallie.

19. Pogge.
20. S. Ross und L. W. Buckalew in White, Tursky und Schwartz.
21. Evans.
22. Schweiger und Parducci.
23. R. A. Hahn in White, Tursky und Schwartz, S. 182.
24. Rosenthal, 1976, Kapitel 10.
25. Ebenda.
26. Ebenda, S. 7.
27. Rosenthal, 1976; Rosenthal und Rubin.
28. Zitiert in Rosenthal, 1976, Kapitel 10.
29. Rhine, 1934.
30. R. White.
31. Kennedy und Taddonio.
32. Schmidt, 1973, 1974.
33. Honorton.
34. Honorton und Barksdale.
35. Stamford.
36. Hasted et al.
37. Inglis, S. 194.
38. Ebenda, S. 195.
39. Rosenthal, 1985.
40. Siehe zum Beispiel Waddington; Ho et al.

Zusammenfassung und Ausblick
1. Popper, 1959, S. 111.

Literaturverzeichnis

Able, K. T.: «The effects of overcast skies on the orientation of free-flying nocturnal migrants», in *Avian Navigation*, hrsg. v. Floriano Papi und H. G. Wallraff, Berlin (Springer) 1982.
Abraham, Ralph, und C. D. Shaw: *Dynamics. The Geometry of Behavior*, Santa Cruz (Aerial Press) 1984.
Anderson, I.: «Icy tests provide firmer evidence for the fifth force», in *New Scientist* 11, August 1988, S. 29.
Arp, H. C., et al.: «The extragalactic universe: an alternative view», in *Nature* 346, 1990, S. 807–812.

Bacon, Francis: «Über den Neid», in *Essays*, hrsg. v. L. L. Schücking, Wiesbaden (Dieterich'sche Verlagsbuchhandlung) 1940.
Baker, R. Robin: *Tierwanderungen*, München (Christian) 1980.
–: *Human Navigation and Magneto-Reception*, Manchester (Manchester University Press) 1989.
Bardens, Dennis: *Psychic Animals. An Investigation of their Secret Powers*, London (Hale) 1987. Deutsch: *Die geheimen Kräfte der Tiere*, München (Heyne Sachbuch 42) 1989.
Baring, A., und J. Cashford: *The Myth of the Goddess*, London (Viking) 1991.
Barja, R. H., und R. A. Sherman: *What to Expect When You Lose a Limb*, Fort Gordon, Georgia (Eisenhower Army Medival Center) 1985.
Barrow, J. D.: *The World Within the World*, Oxford (Oxford University Press) 1988.
–, und F. J. Tipler: *The Anthropic Cosmological Principle*, Oxford (Oxford University Press) 1986.
Bearden, J. A., und J. S. Thomsen: «Résumé of atomic constants», in *American Journal of Physics* 27, 1959, S. 569–576.
Bearden, J. A., und H. M. Watts: «A re-evaluation of the fundamental atomic constants«, in *Physical Review* 21, 1951, S. 73–81.
Becker, G.: «Reaction of termites to weak alternating magnetic fields», in *Naturwissenschaften* 63, 1976, S. 201.
–: «Communication between termites by biofields», in *Biological Cybernetics* 26, 1977, S. 41–51.
Benson, H., und D. McCallie: «Angina pectoris and the placebo effect», in *New England Journal of Medicine* 300, 1979, S. 1424–1429.
Berman, Morris: «‹Hegemony› and the amateur tradition in British science», in *Journal of Social History* 8, 1974, S. 30–50.
Berthold, Peter: «Spatiotemporal programmes and the genetics of orientation», in *Orientation in Birds*, hrsg. v. Peter Berthold, Basel (Birkhäuser) 1991.
–: *Vogelzug*, Darmstadt (Wissenschaftliche Buchgesellschaft) ²1992.
Birge, R. T.: «Probable values of the general physical constants», in *Reviews of Modern Physics* 1, 1929, S. 1–73.

–: «A new table of the general physical constants», in *Reviews of Modern Physics* 13, 1941, S. 233–239.
–: «The 1944 values of certain atomic constants with particular reference to the electronic charge», in *American Journal of Physics* 13, 1945, S. 63–73.
Blackmore, Susan J.: *Beyond the Body. An Investigation of Out-of-the-Body Experiences*, London (Paladin) 1983.
Braud, W. G.: «Human interconnectedness: research indications», in *ReVision* 14, 1992, S. 140–148.
–, et al.: «Electrodermal correlates of remote attention: autonomic reactions to an unseen gaze», in *Proceedings of Parapsychological Association 33rd Annual Convention, USA*, Metuchen, New Jersey (Scarecrow Press) 1990.
Broad, William, und N. Wade: *Betrayers of the Truth. Fraud and Deceit in Science*, Oxford (Oxford University Press) 1985. Deutsch: *Betrug und Täuschung in der Wissenschaft*, Basel (Birkhäuser) 1984.
Bromage, P. R., und R. Melzack: «Phantom limbs and the body schema», in *Canadian Anaesthetics' Society Journal* 21, 1974, S. 267–274.
Budge, Ernest A. W.: *Amulets and Superstitions*, Oxford (Oxford University Press) 1930.
Burnford, Sheila: *The Incredible Journey*, London (Hodder & Stoughton) 1961. Deutsch: *Die unglaubliche Reise*, München (Heyne) 1966.

Carthy, John D.: *Animal Navigation*, London (Unwin) 1963. Deutsch: *Tiere auf Wanderung*, Frankfurt/M (Umschau) 1968.
Carus, Carl Gustav: *Psyche. Zur Entwicklungsgeschichte der Seele*, Leipzig (A. Kröner) ca. 1920.
Chaudhury, J. K., et al.: «Some advances in phantom leaf photography and identification of critical conditions for it», vorgelegt bei der 4. Jahreskonferenz der International Kirlian Research Association, 13.–15. Juni 1980.
Clarke, D.: «Belief in the paranormal: a New Zealand survey», in *Journal of the Society for Psychical Research* 57, 1991, S. 412–425.
Coemans, M., und J. Vos: «On the perception of polarized light by the homing pigeon», Dissertation, Universität Utrecht, 1992.
Cohen, E. R., et al.: «Analysis of variance of the 1952 data on the atomic constants and a new adjustment, 1955», in *Reviews of Modern Physics* 27, 1955, S. 363–380.
Cohen, E. R., und B. N. Taylor: «The 1973 least-squares adjustment of the fundamental constants», in *Journal of Physical and Chemical Reference Data* 2, 1973, S. 663–734.
–: «The 1986 CODATA recommended values of the fundamental physical constants», in *Journal of Physical and Chemical Reference Data* 17, 1988, S. 1795–1803.
Condon, Edward U.: «Adjusted values of constants» (1963), in *Handbook of Physics*, hrsg. v. E. U. Condon und H. Odishaw, New York (McGraw-Hill) ²1967.
Cook, A. H.: «Secular changes of the units and constants of physics», in *Nature* 160, 1957, S. 1194f.
Coover, J. E.: «The feeling of being stared at», in *American Journal of Psychology* 24, 1913, S. 570–575.
Crookall, Robert: *The Study and Practice of Astral Projection*, London (Aquarian Press) 1961.

Anhang

–: *More Astral Projections*, London (Aquarian Press) 1964.

–: *Case-Book of Astral Projection*, Secaucus, New Jersey (University Books) 1972.

Damour, T., et al.: «Limits on the variability of G using binary pulsar data», in *Physical Review Letters* 61, 1988, S. 1151–1154.

Darwin, Charles: «Origin of certain instincts», in *Nature* 7, 1873, S. 417f.

–: *Von der Entstehung der Arten*, Stuttgart (Schweizerbart) 1876.

–: *Das Variieren der Tiere und Pflanzen im Zustande der Domestication*, Stuttgart (Schweizerbart) 1878.

Davies, Paul: *The Mind of God*, London (Simon & Schuster) 1992. Deutsch: *Gott und die moderne Physik*, München (Goldmann Sachbuch 11476) 1989.

–, und J. Gribbin: *The Matter Myth. Towards 21st-Century Science*, London (Viking) 1991. Deutsch: *Auf dem Weg zur Weltformel*, Berlin (Byblos) 1993.

de Bray, E. J. G.: «Velocity of light», in *Nature* 133, 1934, S. 948.

Dirac, Paul: «Cosmological models and the large numbers hypothesis», in *Proceedings of the Royal Society A* 338, 1974, S. 439–446.

Dossey, Larry: *Meaning and Medicine*, New York (Bantam) 1991.

Dousse, J. C., und C. Rheme: «A student experiment for the accurate measurement of the Newtonian gravitational constant», in *American Journal of Physics* 55, 1987, S. 706–711.

Doyle, Arthur Conan: «J. Habakuk Jephson's Statement», in *The Conan Doyle Stories*, London (Murray) 1956.

Dröscher, Vitus B.: *Magie der Sinne im Tierreich*, München (dtv 1798) 1980.

Dumitrescu, I. F.: *Electrographic Imaging in Medicine and Biology*, Suffolk (Neville Spearman) 1983.

Dunpert, K.: *The Social Biology of Ants*, Boston (Pitman) 1981.

Dürr, Hans-Peter (Hrsg.): *Physik und Transzendenz*, Bern u. a. (Scherz) 1986.

Elsworthy, F.: *The Evil Eye*, London (Murray) 1895.

Evans, F. J.: «Unravelling placebo effects», in *Advances: Institute for the Advancement of Health* 1:3, 1984, S. 11–20.

Evans-Pritchard, Edward E.: *Witchcraft Oracles and Magic Among the Azande*, Oxford (Oxford University Press) 1937. Deutsch: *Hexerei, Orakel und Magie bei den Zande*, Frankfurt/M. (Suhrkamp) 1978.

Feldman, S.: «Phantom limbs», in *American Journal of Psychology* 53, 1940, S. 590ff.

Feynman, Richard P.: *Surely You're Joking, Mr. Feynman. Adventures of a Curious Character*, New York (Norton) 1985. Deutsch: *Sie belieben wohl zu scherzen, Mr. Feynman. Abenteuer eines neugierigen Physikers*, München (Serie Piper 1347) ²1993.

Fischbach, E., et al.: «Reanalysis of the Eötvös experiment», in *Physical Review Letters* ,56, 1986, S. 3–6.

Fischbach, E., und C. Talmadge: «Six years of the fifth force», in *Nature* 356, 1992, S. 207–215.

Fischer, R.: «Out on a (phantom) limb», in *Perspectives in Biology and Medicine*, Winter 1969, S. 259–273.

Flandern, T. C. van: «Is the gravitational constant changing?» in *Astrophysical Journal* 248, 1981, S. 813.

Franks, N. R.: «Army ants: a collective intelligence», in *American Scientist* 77, 1989, S. 139–145.
Frazer, James G.: *The Golden Bough*, Part 1, London (Macmillan) 1911. Deutsch: *Der goldene Zweig*, Leipzig (Hirschfeld) 1928.
Frazier, S. H., und L. C. Kolb: «Psychiatric aspects of the phantom limb», in *Orthopedic Clinics of North America* 1, 1970, S. 481–495.
Friesen, S. von: «On the values of the fundamental atomic constants», in *Proceedings of the Royal Society A* 160, 1937, S. 424–440.
Frisch, Karl von: *Tiere als Baumeister*, Frankfurt/M (Ullstein) 1974.

Gallup, G. H., und F. Newport: «Belief in paranormal phenomena among adult Americans», in *Skeptical Inquirer* 15, 1991, S. 137–146.
Gillies, G. T.: «Resource letter MNG-1: measurements of Newtonian Gravitation», in *American Journal of Physics* 58, 1990, S. 525–534.
Gleick, James: *Chaos – die Ordnung des Universums*, München (Droemer Knaur) 1990.
Gordon, D. M., et al.: «A parallel distributed model of the behaviour of ant colonies», in *Journal of Theoretical Biology* 156, 1992, S. 293–307.
Gould, J. L.: «The map sense of pigeons», in *Nature* 296, 1982, S. 205–211.
–: «Why birds (still) fly south», in *Nature* 347, 1990, S. 331.
Gould, Stephen J.: *The Mismeasure of Man*, Harmondsworth (Pelican) 1984. Deutsch: *Der falsch vermessene Mensch*, Frankfurt/M. (Suhrkamp, stw 583) 1986.
Green, C.: *Lucid Dreams*, Oxford (Institute of Psychophysical Research) 1968a.
–: *Out-of-the-Body-Experiences*, Oxford (Institute of Psychophysical Research) 1968b.
Griaule, Marcel: *Conversations with Ogotemmêli*, Oxford (Oxford University Press) 1965 (Original französisch). Deutsch: *Schwarze Genesis. Ein afrikanischer Schöpfungsbericht*, Freiburg u. a. (Herder) 1970.
Gross, Y., und R. Melzack: «Body-image: dissociation of real and perceived limbs by pressure-cuff ischemia», in *Experimental Neurology* 61, 1978, S. 680–688.

Haraldsson, E.: «Representative national surveys of psychic phenomena», in *Journal of the Society for Psychical Research* 53, 1985, S. 145–158.
Hasler, A. D., et al.: «Olfactory imprinting and homing in salmon», in *American Scientist* 66, 1978, S. 347–355.
Hasted, J. B., et al.: «Scientists confronting the paranormal», in *Nature* 254, 1975, S. 470 ff.
Haynes, Renée: *The Hidden Springs. An Enquiry into Extra-Sensory Perception*, London (Hutchinson) 1973. Deutsch: *Verborgene Quellen. Alte und neue Erfahrungen mit dem Übersinnlichen*, München, Zürich (Piper) 1974.
Heaton, J. M.: *The Eye. Phenomenology and Psychology of Function and Disorder*, London (Tavistock Press) 1978.
Hellings, R. W., et al.: «Experimental test of the variability of G using Viking lander ranging data», in *Physical Review Letters* 51, 1983, S. 1609–1612.
Hill, C.: «Boomerang flying», in *Racing Pigeon Pictorial* 15, 1985, S. 116 ff.
Hindley, J., und C. Rawson: *How Your Body Works*, London (Usborne) 1988.
Ho, M. W., et al.: «Effects of successive generations of ether treatment on penetrance and expression of the *Bithorax* phenocopy in *Drosophila melanogaster*», in *Journal of Experimental Zoology* 225, 1983, S. 357–368.

Anhang

Hofstadter, Douglas R.: *Gödel, Escher, Bach*, Stuttgart (Klett-Cotta) ³1985.
Holding, S. C., et al.: «Gravity in mines – an investigation of Newton's law», in *Physical Review D* 33, 1986, S. 3487–3497.
Holding, S. C., und G. J. Tuck: «A new mine determination of the Newtonian gravitational constant», in *Nature* 307, 1984, S. 714 ff.
Hölldobler, B., und E. O. Wilson: *The Ants*, Berlin (Springer) 1990.
Holton, G.: «How to think about the ‹anti-science› phenomenon», in *Public Understanding of Science* 1, 1992, S. 103–128.
Honorton, C.: «Has science developed the confidence to confront claims of the paranormal?» in *Research in Parapsychology*, hrsg. v. Joanna D. Morris et al., Metuchen, New Jersey (Scarecrow Press) 1975.
–, und W. Barksdale: «PK performace with waking suggestions for muscle tension versus relaxation», in *Journal of the American Society for Psychical Research* 66, 1972, S. 208–212.
Hubacher, J., und T. Moss: «The ‹phantom leaf› effect as revealed through Kirlian photography», in *Psychoenergetic Systems* 1, 1976, S. 223–232.
Humphrey, Nicholas: *Consciousness Regained. Chapters in the Development of Mind*, Oxford (Oxford University Press) 1983.
Hutton, A. N.: *Pigeon Lore*, London (Faber & Faber) 1978.
Huxley, Francis: *The Eye. The Seer and the Seen*, London (Thames & Hudson) 1990.

Inglis, Brian: *The Hidden Power*, London (Jonathan Cape) 1986.
James, W.: «The consciousness of lost limbs», in *Proceedings of the American Society for Psychical Research* 1, 1887, S. 249–258.

Kahn, F.: *The Secret of Life. The Human Machine and How It Works*, London (Odhams) 1949.
Karagalla, S., und D. Kunz: *The Chakras and the Human Energy Fields*, Wheaton, Illinois (Quest Books) 1989.
Keeton, William T.: «Effects of magnets on pigeon homing», in *Animal Orientation and Navigation*, hrsg. v. S. R. Galler et al., Washington, D. C. (NASA) 1972.
–: «The mystery of pigeon homing», in *Scientific American*, Dez. 1974.
–: «Orientation and navigation of birds», in *Animal Migration*, hrsg. v. David J. Aidley, Cambridge (Cambridge University Press) 1981.
Keller, Evelyn F.: *Liebe, Macht und Erkenntnis. Männliche oder weibliche Wissenschaft?*, München u. a. (Hanser) 1986.
Kennedy, J. E., und J. L. Taddonio: «Experimenter effects in parapsychological research», in *Journal of Parapsychology* 40, 1976, S. 1–33.
Kiepenheuer, J., et al.: «Home-related and home-independent orientation of displaced pigeons with and without olfactory access to environmental air», in *Animal Behaviour* 45, 1993, S. 169–182.
Krippner Stanley: *Human Possibilities. Mind Exploration in the UDSSR and Eastern Europe*, New York (Doubleday) 1980.
Kuhn, Thomas S.: *Die Struktur wissenschaftlicher Revolutionen*, Frankfurt/M. (Suhrkamp, stw 25) 1973.

LaBerge, Stephen: *Hellwach im Traum*, München (moderne verlags-gesellschaft) 1991.
Lewis, Clive S.: *The Discarded Image*, Cambridge (Cambridge University Press) 1964.

Lipp, H. P.: «Nocturnal homing in pigeons», in *Comparative Biochemistry and Physiology* 76A, 1983, S. 743-749.
London, Jack: *The Call of the Wild*, London (Mammoth) 1991. Deutsch: *Der Ruf der Wildnis*, Zürich (Diogenes, detebe 21511) 1987.
Long, William J.: *How Animals Talk*, New York (Harper) 1919.
Lorimer, David: *Survival? Body, Mind and Death in the Light of Psychic Experience*, London (Routledge and Kegan Paul) 1984.

McFarland, D.: «Homing», in *The Oxford Companion to Animal Behaviour*, hrsg. v. D. McFarland, Oxford (Oxford University Press) 1981.
Maddox, J.: «Turbulence assails fifth force», in *Nature* 323, 1986, S. 665.
-: «The stimulation of the fifth force», in *Nature* 335, 1988, S. 393.
Marais, Eugène N.: *The Soul of the White Ant*, Harmondsworth (Penguin) 1973. Deutsch: *Die Seele der weißen Ameise*, München, Wien (Langen-Müller) 1970.
Mastrandrea, M.: «The feeling of being stared at», Projektbericht, Neuva Middle School, Hillsborough, California, 1991.
Matthews, G. V. T.: *Bird Navigation*, Cambridge (Cambridge University Press) ²1968.
Medawar, Peter B.: *The Art of the Soluble*, London (Methuen) 1968. Deutsch: *Die Kunst des Lösbaren*, Göttingen (Vandenhoeck & Ruprecht) 1972.
Melzack, R.: «Phantom limbs, the self and the brain», in *Canadian Psychology* 30, 1989, S. 1-16.
-: «Phantom limbs», in *Scientific American*, April 1992, S. 120-126.
-, und P. R. Bromage: «Experimental phantom limbs», in *Experimental Neurology* 39, 1973, S. 261-269.
Mitchell, S. W.: *Injuries of Nerves and their Consequences*, Philadelphia (Lippincott) 1872.
Monroe, Robert A.: *Der Mann mit den zwei Leben. Reisen außerhalb des Körpers*, München (Knaur Tb. Esoterik 4150) 1992.
-: *Far Journeys*, New York (Doubleday) 1985. Deutsch: *Der zweite Körper. Außerkörperliche Reisen und Erfahrungen*, München (Goldmann Tb. 12059) 1989.
Moody, Raymond A.: *Life After Life*, New York (Bantam) 1976. Deutsch: *Leben nach dem Tod*, Reinbek (Rowohlt) 1977.
Moore, B. R.: «Magnetic fields and orientation in homing pigeons: experiments of the late W. T. Keeton», in *Proceedings of the National Academy of Sciences, USA* 85, 1988, S. 4907 ff.
-, et al.: «Pigeons fail to detect low-frequency magnetic fields», in *Animal Learning and Behavior* 15, 1987, S. 115 ff.
Moritz, Robin F., und E. F. Southwick: *Bees as Superorganisms. An Evolutionary Reality*, Berlin (Springer) 1992.
Murphy, J. J.: «Instinct: a mechanical analogy», in *Nature* 7, 1873, S. 483.
Murphy, M.: *The Future of the Body*, Los Angeles (Jeremy P. Tarcher) 1992. Deutsch: *Der Quanten-Mensch*, Wessobrunn (Integral) 1994.

Noirot, C.: «The nests of termites», in *The Biology of Termites*, hrsg. v. Kumar Krishna und F. M. Weesner, New York (Academic Press) 1970.

Osman, A. H. und W. H.: *Pigeons in Two World Wars*, London (The Racing Pigeon Publishing Co.) 1976.

Pagels, Heinz: *Perfect Symmetry*, London (Michael Joseph) 1985. Deutsch: *Die Zeit vor der Zeit. Das Universum bis zum Urknall*, Frankfurt/M. u. a. (Ullstein) 1987.
Palmer, J.: «A community mail survey of psychic experiences», in *Journal of the American Society for Psychical Research* 73, 1979, S. 221–251.
Papi, Floriano: «Olfaction and homing in pigeons: ten years of experiments», in *Avian Navigation*, hrsg. v. F. Papi und H. G. Wallraff, Berlin (Springer) 1982.
–: «Pigeon navigation: solved problems and open questions», in *Monitore Zoologia Italiana (NS)* 20, 1986, S. 471–517.
–: «Olfactory navigation», in *Orientation in Birds*, hrsg. v. Peter Berthold, Basel (Birkhäuser) 1991.
–, et al.: «Homing strategies of pigeons investigated by clock shift and flight path reconstruction», in *Naturwissenschaften* 78, 1991, S. 370–373.
–, et al.: «Do American and Italian pigeons rely on different homing mechnisms?», in *Journal of Comparative Psychology* 128, 1978, S. 303–317.
–, et al.: «Orientation-disturbing magnetic treatment affects the pigeon opioid system», in *Journal of Experimental Biology* 166, 1992, S. 169–179.
Parker, R. L., und M. A. Zumberge: «An analysis of geophysical experiments to test Newton's law of gravity», in *Nature* 342, 1989, S. 29–32.
Peterson, D.: «Through the looking glass: an investigation of the faculty of extra-sensory detection of being stared at», Magisterarbeit, Department of Psychology, University of Edinburgh, 1978.
Petley, B. W.: *The Fundamental Physical Constants and the Frontiers of Metrology*, Bristol (Adam Hilger) 1985.
Piaget, Jean: *The Child's Conception of the World*, London (Granada) 1973 (Original französisch). Deutsch: *Das Weltbild des Kindes*, Stuttgart (Klett-Cotta) 1978.
Poeck, K., und B. Orgass: «The Concept of the Body schema: a critical review and some experimental results», in *Cortex* 7, 1971, S. 254–277.
Pogge, R. C.: «The toxic placebo», in *Medical Times* 91, 1963, S. 773–781.
Poortman, J. J.: «The feeling of being stared at», in *Journal of the Society for Psychical Research* 40, 1959, S. 4–12.
Popper, Karl: *The Logic of Scientific Discovery*, London (Hutchinson) 1959. Deutsch: *Die Logik der Forschung*, Tübingen (Mohr) 1966.
–, und J. Eccles: *Das Ich und sein Gehirn*, München (Piper) 1982.
Pratt, J. G.: «The Homing problem in pigeons», in *Journal of Parapsychology* 17, 1953, S. 34–60.
–: «Testing for an ESP factor in pigeon homing», in *Ciba Foundation Symposium on Extrasensory Perception*, London (Ciba Foundation) 1956.
Prigogine, Ilya, und I. Stengers: *Dialog mit der Natur*, München (Piper) 1990.

Reasenberg, R. D.: «The Constancy of G and other gravitational experiments», in *Philosophical Transactions of the Royal Society A* 310, 1983, S. 227–238.
Reber, A. S.: *The Penguin Dictionary of Psychology*, Harmondsworth (Penguin) 1985.
Rhine, Joseph B.: *Extrasensory Perception*, Boston (Boston Society for Psychical Research) 1934.
–: «The present outlook on the question of psi in animals», in *Journal of Parapsychology* 15, 1951, S. 230–351.
–, und S. R. Feather: «The study of cases of ‹psi-trailing› in animals», in *Journal of Parapsychology* 26, 1962, S. 1–22.
Robinson, G. E.: «Colonial rule», in *Nature* 362, 1993, S. 126.

Rosenthal, Robert: *Experimenter Effects in Behavioral Research*, New York (John Wiley) 1976.
–: «Interpersonal expectancy effects and psi: some commonalities and differences», in *New Ideas in Psychology* 2, 1984, S. 47–50.
–: «Teacher expectancy effects: a brief update 25 years after the Pygmalion experiment», in *Journal of Research in Education* 1, 1991, S. 3–12.
–, und D. B. Rubin: «Interpersonal expectancy effects: the first 345 studies», in *Behavioral and Brain Sciences*, 3, 1978, S. 377–415.

Sacks, Oliver: *The Man Who Mistook His Wife for a Hat*, London (Duckworth) 1985. Deutsch: *Der Mann, der seine Frau mit einem Hut verwechselte*, Reinbek (Rowohlt Sachbuch 8780) 1990.
Schietecat, G.: «Pigeons and the weather», in *The Natural Winning Ways* 10 (De Scheemaecker Bros, Belgien) 1990.
Schmidt, Helmut S.: «PK-tests with a high-speed random number generator», in *Journal of Parapsychology* 37, 1973, S. 115–118.
–: «Comparison of PK action on two different random number generators», in *Journal of Parapsychology* 38, 1974, S. 47–55.
Schmidt-Koenig, Klaus: *Avian Orientation and Navigation*, London (Academic Press) 1979.
–: *Das Rätsel des Vogelzugs*, Berlin u. a. (Ullstein Tb. 34362) 1986.
–: «Bird Navigation: has olfactory orientation solved the problem?», in *Quarterly Review of Biology* 62, 1987, S. 33–47.
–, und J. U. Ganzhorn: «On the problem of bird navigation», in *Perspectives in Ethology*, Bd. 9, hrsg. v. P. P. G. Bateson und P. H. Klopfer, New York (Plenum Press) 1991.
–, und H. J. Schlichte: «Homing in pigeons with impaired vision», in *Proceedings of the National Academy of Sciences, USA* 69, 1972, S. 2446 f.
Schweiger, A., und A. Parducci: «Placebo in reverse», in *Brain/Mind Bulletin* 3:23, 1978, S. 1.
Seeley, T. D.: «The honey bee colony as superorganism», in *American Scientist* 77, 1989, S. 546–553.
–, und R. A. Levien: «A colony of mind: the beehive as thinking machine», in *The Sciences* 27, 1987, S. 38–43.
Serpell, James A.: *In the Company of Animals*, Oxford (Basil Blackwell) 1986. Deutsch: *Das Tier und wir. Eine Beziehungsstudie*, Cham (Müller-Rüschlikon) 1990.
Shapiro, A. K.: «Placebo effect in psychotherapy and psychoanalysis», in *Journal of Clinical Pharmacology* 10, 1970, S. 73–77.
Sheldrake, Rupert: *Das schöpferische Universum. Die Theorie des morphogenetischen Feldes*, München (Goldmann Tb. 14014) 1985.
–: *Das Gedächtnis der Natur. Das Geheimnis der Entstehung der Formen in der Natur*, München (Serie Piper 1539) 1993a.
–: *Die Wiedergeburt der Natur. Wissenschaftliche Grundlagen eines neuen Verständnisses der Lebendigkeit und Heiligkeit der Natur*, Bern u. a. (Scherz) Sonderausg. 1993b.
–, T. McKenna und Ralph Abraham: *Denken am Rande des Undenkbaren. Über Ordnung und Chaos, Physik und Metaphysik, Ego und Weltseele*, Bern u. a. (Scherz) 1993.
Sherman, R. A., et al.: «The mystery of phantom pain: growing evidence for psy-

chophysiological mechanisms», in *Biofeedback and Self-Regulation* 14, 1989, S. 267–280.
Shreeve, J.: «Touching the phantom», in *Discover*, Juni 1993, S. 35–42.
Simmel, M. L.: «Phantoms in patients with leprosy and in elderly digital amputees», in *American Journal of Psychology* 69, 1956, S. 529–545.
Skaite, Sydney H.: *The Study of Ants*, London (Longman) 1961.
Smith, P.: *Animal Talk. Interspecies Telepathic Communication*, Point Reyes Station, California (Pegasus Publications) 1989.
Sole, R. V., et al.: «Oscillations and chaos in ant societies», in *Journal of Theoretical Biology* 161, 1993, S. 343–357.
Soloman, G. F., und K. M. Schmidt: «A burning issue: phantom limb pain and psychological preparation of the patient for amputation», in *Archives of Surgery*, 113, 1978, S. 185 f.
Spruyt, C. A. M.: *De Postduif van A–Z*, Den Haag (van Stockum) 1950.
Stamford, R. G.: «An experimantally testable model for spontaneous psi occurences», in *Journal of the American Society for Psychical Research* 66, 1974, S. 321–356.
Stillings, D.: «The phantom leaf revisited: an interview with Allan Detrich», in *Archaeus* 1, 1983, 41–51.
Stuart, A. M.: «Studies on the communication of alarm in the termite *Zootermopsis nevadensis*», in *Physiological Zoology* 36, 1963, S. 85–96.
–: «Social behavior and communication», in *The Biology of Termites*, Bd. 1, hrsg. v. Kumar Krishna und F. M. Weesner, New York (Academic Press) 1969.
Suzuki, D.: *Inventing the Future. Reflections on Science, Technology and Nature*, London (Adamantine Press) 1992.

Thom, René: *Structural Stability and Morphogenesis*, Reading, Mass. (Benjamin) 1975.
–: *Mathematical Models of Morphogenesis*, Chichester (Horwood) 1983.
Titchener, E. B.: «The ‹feeling of being stared at›», in *Science New Series* 8, 1898, S. 895 ff.

Vetter, R. J., und S. Weinstein: «The history of the phantom in congenitally absent limbs», in *Neuropsychologia* 5, 1967, S. 335–338.

Waddington, C. H.: «The genetic basis of the assimilated bithorax stock», in *Journal of Genetics* 55, 1957, S. 241–245.
Walcott, C.: «Show me the way you go home», in *Natural History* 11, 1989, S. 40–46.
–: «Magnetic maps in pigeons», in *Orientation in Birds*, hrsg. v. P. Berthold, Basel (Birkhäuser) 1991.
–, und R. P. Green: «Orientation of homing pigeons altered by a change in the direction of an applied magnetic field», in *Science* 184, 1974, S. 180 ff.
Waldrop, M. Mitchell: *Inseln im Chaos. Die Erforschung komplexer Systeme*, Reinbek (Rowohlt) 1993.
Waldvogel, J. A.: «Olfactory navigation in homing pigeons: are the current models atmospherically realistic?», in *The Auk* 104, 1987, S. 369–379.
Wallraff, H. G.: «Navigation by homing pigeons», in *Ethology, Ecology and Evolution* 2, 1990, S. 81–115.
Weinstein, S., und E. A. Sarsen: «Phantoms in cases of congenital absence of limbs», in *Neurology* 11, 1961, S. 905–911.

–, und R. J. Vetter: «Phantoms and somatic sensation in cases of congenital aplasia», in *Cortex* 1, 1964, S. 276–290.
Wesson, P. S.: «Does gravity change with time?», in *Physics Today* 33, 1980, S. 32–37.
Westfall, R. S.: «Newton and the fudge factor», in *Science* 180, 1973, S. 1118.
White, I., B. Tursky und G. Schwartz (Hrsg.): *Placebo. Theory, Research and Mechanisms*, New York (Guilford Press) 1985.
White, R.: «The influence of persons other than the experimenter on the subject's scores in psi experiments», in *Journal of the American Society for Psychical Research* 70, 1976, S. 132–166.
Whitehead, Alfred North: *Adventures of Ideas*, Cambridge (Cambridge University Press) 1933. Deutsch: *Abenteuer der Ideen*, Frankfurt/M. (Suhrkamp) 1971.
Whyte, Lancelot L.: *The Unconscious Before Freud*, London (Friedmann) 1979.
Wilber, Ken (Hrsg.): *Quantum Questions. Mystical Writings of the World's Greates Physicists*, Boulder, Colorado (Shambhala) 1984.
Williams, L.: «The feeling of bein stared at: a parapsychological investigation», Diplomarbeit, Department of Psychology, University of Adelaide, South Australia; auszugsweise veröffentlicht in *Journal of Parapsychology* 47, 1983, S. 59.
Wilson, D. S., und E. Sober: «Reviving the superorganism», in *Journal of Theoretical Biology* 136, 1989, S. 337–356.
Wilson, Edward O.: *The Social Insects*, Cambridge, Mass. (Harvard University Press) 1971.
Wiltschko, Wolfgang: «Magnetic compass orientation in birds and other animals», in *Orientation and Navigation: Birds, Humans and other Animals*, London (Royal Institution of Navigation) 1993.
–, und R. Wiltschko: «Die Bedeutung des Magnetkompasses für die Orientierung der Vögel», in *Journal of Ornithology* 117, 1976, S. 363–387.
–: «Magnetic orientation in birds», in *Current Ornithology*, Bd. 5, hrsg. v. R. F. Johnston, New York (Plenum Press) 1988.
–: «Orientation by the earth's magnetic field in migrating birds and homing pigeons», in *Progress in Biometeorology* 8, 1991, S. 31–43.
–, und M. Jahnel: «The orientation behaviour of anosmic pigeons in Frankfurt a. M., Germany», in *Animal Behaviour* 35, 1987, S. 1328–1333.
Wiltschko, W. und R., und C. Walcott: «Pigeon homing: different aspects of olfactory deprivation in different countries», in *Behavioral Ecology and Sociobiology* 21, 1987, S. 333–342.
Witherby, H. F.: *Handbook of British Birds*, Bd. 2, London (Witherby) 1938.
Wolman, Benjamin B. (Hrsg.): *Handbook of Parapsychology*, New York (Van Nostrand Reinhold) 1977.
Woodhouse, Barbara: *Talking to Animals*, London (Allen Lane) 1980. Deutsch: *Ich spreche mit Tieren*, Hildesheim (Mann) 1955.

Zuk, G. H.: «The phantom limb: a proposed theory of unconscious origins», in *Journal of Nervous and Mental Disorders* 124, 1956, S. 510–513.

Register

Kursive Ziffern verweisen auf Abbildungen und Tabellen.

Aberglaube 35, 116, 128, 146, 147, 225
Amateurforschung 12 ff., 78 f.
Ameisen
– Experimentvorbereitung 101
– Kommunikationsformen 94
– Mythologie 84 f.
– neuronale Systeme 91
– Verhalten aufgrund ihrer DNS 21
Amputation
– Fernwirkung amputierter Gliedmaßen 146 f.
– Phantomschmerzen nach 147 ff.
– Prothesen nach 144
– Wetterfühligkeit nach 146
Andrews, Sperry 130
Animismus 116
Anstarren, jemanden 118–136
– Experimente 126–131
Aplasie und Phantomempfindung 141, 153
Aspect, Alain 67
Astralkörper 151, 152
Astronomie 192, 198, 209
Außerkörperliche Erfahrung
– Nahtod-Erfahrung und 150
– Phantomgliedmaßen und 149–152
– Träume und 151
Außersinnliche Wahrnehmung 65

Bacon, Francis 124
Barksdale, W. 229
Becker, Günther 96, 98, 99
Bell, John 66, 146
Bernard, Casimir 157–163
Bienen 84
Biochemie und Experimentator-Effekt 237
Biofelder 96 ff.
Biologie 19–23, 90, 92 f., 99
Birge, R. T. 187, 200 f.
Blicke spüren 126–132

– Drogen und 132
– Telepathie und 135
Blicke, Macht der 120–123
– bei Tieren 121 f.
– positive Wirkung 125
Bohm, David 230
Böser Blick 123–126
– Mythologie 123 ff.
– Schutzmaßnahmen 123
Braud, William 130
Bray, Ghenry de 201 f.
Brieftauben siehe Tauben
Broad, William 183
Broca, Paul 174
Budge, Sir Wallis 125
Burt, Sir Cyril 174

Carus, Carl Gustav 116
Cavendish, Henry 195, 212
Chaostheorie 14, 23, 194, 210
Chemie 21, 93, 185
Chrysippusfalter 12, 47
Clairvoyance-Effekt 229
Computermodell
– der Insektengesellschaften 90
– des Gehirns 90 f., 113
Coover, J. E. 129

Darwin, Charles 12, 49
Darwin, Francis 12
Descartes, René 19, 20, 111, 113, 116, 189
Dirac, Paul 193, 197 ff.
Disney, Walt 46
DNS 19, 20
Doppelblindtest-Verfahren 148 f., 216, 234, 244 f.
– Experimentator-Effekt und 220 f.
– Placebo-Effekt und 223, 224
Doyle, Arthur Conan 120
Drogen 117, 132

282

Eddington, Arthur 193
Ehrenfeld, Felix 177
Einstein, Albert 67, 92, 188 f., 199
Einstein-Podolsky-Rosen-Paradox 66, 146
Elektromagnetismus 92, 98, 156, 194, 197, 207
Elementarladung (e) 177, 186, 204 f., 208
Eötvös, Roland 197
Erwartungshaltung
– des Experimentators 214–243
– Täuschung und 240
Erwartungsverhalten von Tieren 24–43
Experimentalfehler 187, 202
Experimentator-Effekt 179, 215–218
– Doppelblindverfahren und 220 f.
– Parapsychologie und 227–230
– paranormaler 234–240
– telepathiebedingter 246
Experimente
– Paradigmen und Vorurteile 171–174
– Wiederholbarkeit der 180–183

Faraday, Michael 92
Feinstrukturkonstante (Á) 186
– Verschiebung 207 ff., 208, 209
Felder 67
– Biofelder 96 ff.
– elektromagnetische 92, 98, 156, 194
– Gravitations- 92, 156, 194
– morphische 93, 98, 105, 106, 156
– morphogenetische 92, 156
– nichtmaterielle 21
– Phantome und 156 f.
– Quantenmaterie- 92, 156
– Termitenkolonien und ihre 91 f., 94–100
Feynman, Richard 205
Fischbach, Ephraim 196 f.
Fische 36, 48
Fisk, C. W. 228 f.
Formbildungsursachen 93, 156
Forschung
– Amateur- 12 ff., 78 f.
– Datenselektion 176 ff.
– Datenverzerrung 174
– experimentelle Methode 14
– institutionalisierte Methode 12

– mit Haustieren 34–40
– parapsychologische 32
– Verfälschungsursachen 179
Frazer, James 146
Freud, Sigmund 116, 155, 218
Frisch, Karl von 85

Gaia-Hypothese 12
Galilei, Galileo 176, 189
Gedächtnis, kollektives 156
Gehirn *112*, 114, *114*, 217
– Computermodell 90 f., 113
– Geist und 113, 118, 126, 167
– Phantom-Phänomen und 153, 154
– Sehen und 118 f.
Geist
– Beziehung zwischen Körper und 167, 168
– Einfluß auf Materie 217
– erweiterter 118 ff., 156
– Konstrukteur von Wahrnehmungen 118 f.
– kontrahierter 126, 152, 168
– rationaler 111, 116
– Seele und 156
– Sitz im Körper 111–117, 126
Genetik und Experimentator-Effekt 237 ff.
Gentechnik 19
Geruchssinn
– Tauben 58 ff.
– Termiten 94 f.
– Wanderverhalten und 48
Gott
– als mathematischer Schöpfergott 189, 190, 191
– als «unnötige Hypothese» 189
Gould, Stephen J. 174
Gravitation 92, 197
Gravitationsfelder 92, 156, 194
Gravitationskonstante, universale (G) 186, 189, 193, 211 ff.
Grundkonstanten, universale
– Evolution 194
– Messung der 185 ff.
– physikalische 185–213, *186*
– Varianz 195–199, *196*
– Veränderungstheorien 193 ff.

Anhang

Halluzinationen 119
Hart, David 76
Haustiere
- Begrüßungsverhalten 32 ff.
- Beziehungen zwischen Menschen und 30 f., 121 f.
- Fähigkeit zur Telepathie 40, 41
- Fähigkeiten 24–43, 40–43, 80–83, 245
- Forschung mit 34–40
Hawthorne-Effekt 215
Haynes, Renée 121, 123
Heimfindevermögen
- Tiere 12, 40, 46
- Tauben 44–83
Hintergrundstrahlung 190
Hirnforschung 174
Holismus 22, 90
Honorton, Charles 229
Horus-Auge 123
Humphrey, Nicholas 26, 36
Hunde
- als Haustiere 36 f.
- Begrüßungsverhalten 32 f.
- Bindung an den Menschen 24 f., 27–31, 80 f.

Imich, Alexander 158–163
Insekten
- staatenbildende 84
- wandernde 47
Insektenstaaten, Programme und Felder 89–94
Intelligenzstudien 174

James, William 147
Joyce, Barbara 163
Jung, Carl Gustav 117, 218

Katzen
- als Haustiere 36 f.
- Begrüßungsverhalten 33 f.
- Bindung an den Menschen 24, 80 f.
Keeton, William 63
Kepler, Johannes 189
Kirlian-Fotografie 165 f., *166*
Komplexitätstheorie 15, 23
Kopernikus, Nikolaus 154, 189
Körper
- als unbelebte Maschine 111

- Astralkörper 151, 152
- Außerkörperliche Erfahrung 149–152
- Beziehung zwischen Geist und 117, 167, 168
- geistig-seelische Zentren 115
- Lehre vom Körperschema 155
- Neuromatrix und Bild vom 154
- Prozesse im Gehirn 217
- Traumkörper 151
Körper, nichtmaterieller 151, 152
- Phantomgliedmaßen und 151
Kosmologie 14, 23, 191, 208
Kosmos 190, 192, 208
- als Maschine 19
Kristallisation und Experimentator-Effekt 236 f.
Künstliche Gliedmaßen, Belebung 143 ff.

Laplace, Henri 189
Lichtgeschwindigkeit (c) 186, 189, 207, 208
- Abnahme 199–204, *200, 201, 202,* 210
London, Jack 121
Long, William 24, 27, 81 f.
Lovelock, James 12

Maeterlinck, Maurice 232 f.
Magnetfeld 60, 92
- Phantom und 167
- Tauben 60
- Termiten 96
Marais, Eugène 98–101
Mastrandrea, Michael 134
Mathematik 185, 189, 190
Matthews, G. V. T. 55 f., 65 f.
Maturana, Humberto *112*
Mechanistische Theorie 19, 20 ff., 116, 153
Medawar, Peter 175
Melzack, Ronald 152
Mendel, Gregor 177
Menschen und Haustiere 24 ff.
Metrologie 187, 194, 202 f., 207, 209 f.
Millikan, Robert 177, 205 f., 209
Mitchell, Weir 144
Molekularbiologie 12, 20
Monroe, Robert 150
Moore, Bruce 64

Register

Morphische Resonanz 93, 156, 194
Morphische/morphogenetische Felder
siehe Felder
Murphy, J. J. 50

Nahtod-Erfahrungen 150
Naturphilosophie
– holistische 22
– mechanistische 19
– organismische 22 f.
Neid und böser Blick 123 f.
Nelson, Lord Horatio 152
Nervenimpulse und Phantomempfindung 153
Neuromatrix 154
Neurome 153
Neuronale Systeme 91
Newton, Sir Isaac 189
– Gravitationstheorie 176, 188, 195, 196
Nichtlokalität 23, 67, 146
Nocebos 225

Ockham, Wilhelm von 21
Osman, A. H. 68, 71

Pagels, Heinz 190
Papi, Floriano 58 f.
Paradigmen und Experimente 171–174
Paranormale Fähigkeiten von Tieren 21 f., 26, 31, 35 f.
Paranormale Phänomene 116, 216, 228
– Wissenschaft und 230–234
Paranormales Lernen 159
Parapsychologie 117, 123, 168, 179, 217, 231
– Außersinnliche Wahrnehmung 65
– Experimentator-Effekt und 227–230
– Forschung und 32
Peterson, Donald 130
Petley, Brian 199, 203
Pferde
– als Haustiere 37
– rechnende Pferde von Elberfeld 232 f.
Pfungst, Oskar 232
Phantomberührung 157–164
– Handauflegen als 163
– Telepathie und 161
Phantomblatt-Effekt 165 f., *166*
Phantome

– fehlender Gliedmaßen 137–141
– Felder und 156 f.
– Gehirntheorie 154
– im Volksglauben 145–149
– Magnetfeld und 167
– physikalische Reaktion 164 ff.
Phantomempfindung
– als Gedächtnis 141
– bei Lepra 140
– bei Querschnittslähmung 141 f., 151, 153
– nach Amputation 137
– nach Anästhesie 142 f., 152
– Prothesen und 144
Phantomgliedmaßen 137–167
– als Aspekt der Seele 152 f.
– Außerkörperlichen-Erfahrungen und 149–152
– nichtmaterieller Körper und 151
Phantomschmerzen
– bei fehlenden Gliedmaßen 137, 138
– bei vorhandenen Gliedmaßen 141
– Biofeedbackmethode und Meditation bei 138
– Nervenimpulse 153
– Phantasie und 147 f.
Pheromone 94, 101
Physik 20, 21, 92 f., 185 ff.
– «ewige» Wahrheiten der 187–193
– Experimentator-Effekt in der 217
Piaget, Jean 116
Placebo-Effekt 221–225, 245
– Doppelblindverfahren und 223, 224
Placebos 240
Plancksche Konstante (h) 186, 207
– Anstieg 204–207, 205, 206
Platon 188, 190, 192, 194
Poortman, J. J. 129
Popper, Karl 20, 250
Pratt, J. G. 65
Prophezeiungen, sich selbst erfüllende 214 ff.
Psi-Effekt 228, 229, 231
Psychokinese 216, 217, 218, 229, 230
Pygmalion-Experiment (R. Rosenthal) 219 f.

Quantenphysik 66, 204, 214, 217
Quantentheorie 14, 23, 66, 92, 146, 204

285

Anhang

Quasare 207, 209
Raum-Zeit-Kontinuum 188
Reduktionistische Verfahren 20, 90, 99
Rhine, J. B. 65, 228
Richtungssinn von Tieren 11 f., 46 f.
Robson, Robbie 76, 78
Römer, Ole 200
Rosenthal, Robert 219 f., 225, 233, 240
Rotverschiebung 207, 209
Russell, Bertrand 227

Sacks, Oliver 145
«Schalksauge» 123, 124
Schildkröten 40 f., 48
Schlauer Hans (Pferd) 232 f.
Schmidt, Helmut 229
Schmidt-Koenig, Klaus 55
Schulwissenschaft 12 f., 31, 35, 38, 65, 99, 117, 126, 179, 144, 249
«Schwarze Löcher» 192
Schwerkraft 193
Seele 114
– erweiterter Geist und 156
– mechanistisches Bild 117
– nichtmaterieller Körper und 152
– Sitz im Körper 113
Sehen als Projektion geistiger Bilder 118 f.
Serpell, James 36 f.
«Skeptisten» 35, 231, 246
Smith, Penelope 39
Smolin, Lee 192
«Sonnenbahn»-Theorie (G. V. T. Matthews) 55 ff., 65
Stacey, Frank 196
Superorganismus von Insektenstaaten 89 f.
Swann, Ingo 158–163
Sympathiezauber 146

Tauben
– Außersinnliche Wahrnehmung 65
– Brieftauben 11 f., 66
– direkte Verbindung zu ihrem Schlag 66 ff.
– Gesichtssinn 54
– im Kriegseinsatz 45, 52 ff. 68–71
– Magnetfeld 51

– Milchglas-Kontaktlinsen-Experiment 54 f., 66
– militärische Nutzung mobiler Schläge 68–71, 70
– Mythologie 45
– Orientierungsvermögen 49 ff., 51
– Richtungssinn 12, 65 f.
– «Sonnenbahn»-Theorie 55 ff., 65
– Wettkampftauben 49, 50, 52, 58
Tauben, Heimfindevermögen 44–83
– anhand der Sonnenfleckenaktivitäten 61, 63
– anhand des Geruchssinns 58 ff.
– anhand des Magnetismus 60–65
– anhand von Infraschall 57
– anhand von Orientierungspunkten 52–55
– anhand von polarisiertem Licht 57
– zu mobilen Schlägen 71–79
Tauben, Navigationsmethode 49 f.
– nach den Sternen 54
– nach der Sonne 54, 55 ff.
Täuschung und Experiment 240 f.
Telepathie 115, 128, 218
– Blicke spüren und 135
– Experimentator-Effekt und 246
– Phantomberührung und 161
– Tiere und Fähigkeit zur 40, 41
Termiten 84–103
– biologischer Hintergrund 86 ff.
– Geruchssinn 94 f.
– Koloniefelder 91 f., 94–100
– Kommunikationsvermögen 85 f.
– Königin 87, 88, 89
– Magnetfeld 96
– Mythologie 85
– Nestbau 87, 88, 94 ff., 95
– Orakel 84–89
– Organisation ihrer Staaten 87 ff.
– Reaktion auf Tod der Königin 99 f.
– Röhrengangbau-Experiment (G. Bekker) 96 ff., 97
– Schallsignale 100, 101
– Stahlplatten-Experiment (E. Marais) 98 ff.
Tiere
– als Maschinen 19
– Bindung an den Menschen 32 ff., 36
– Experimentator-Erwartung und 218,

225 ff.
- Experimente mit 39 f.
- experimentelle Verhaltensforschung 217 f.
- Gewohnheitsverhalten 29, 42
- Haltung des Menschen gegenüber 36 ff.
- Macht der Blicke 121 f.
- paranormale Fähigkeiten 21 f., 26, 31, 35 f.
- Scheu vor Phantomberührung 164
- Sensibilität für bevorstehende Katastrophen 41 f.
- spüren Nähe ihrer Heimat 42
- Verstehen ihrer Sprache 39
Tiergesellschaften 82, 89
Tierversuche 39
Titchener, E. B. 126, 128
Trägheitsnavigation 50, 51
Transpersonale Psychologie 117
Traumkörper 151
Trousseau, Armand 223

Unbewußte, das 116 f.
Urknall-Theorie 190

Varela, Francisco 112
Vektornavigationsprogramm 48
Verhalten und Erwartung, beobachtetes 218–221
Verhaltensforschung mit Tieren, experimentelle 217 f.
Vitalismus 20 ff., 91
Vögel
- als Haustiere 36
- Richtungssinn 46 f.
- Wanderverhalten 45–49
Vogelzug 47
- angeborenes Navigationsprogramm 48
- Navigation nach den Sternen 48
- Navigation und Magnetfeld 48, 61 f.
Vorurteile und Experimente 171–174

Wade, Nicholas 183
Wahrnehmung 118 f.
Walcott, Charles 64
West, D. J. 228 f.
Westfall, Richard 176
Whitehead, Alfred North 193
Williams, Linda 130
Wilson, Edward O. 89, 95
Wissenschaft
- Kollegenbeurteilung 180–183
- Objektivität 171 ff., 230
- experimentelle 176
- Paradigmen 216 f.
- paranormale Phänomene 230–234
- Politik und 173 f.
- Schwindel in der 180–183
- Täuschung und Selbsttäuschung in der 176–179
- vorgetäuschte Objektivität in der 174 f.
Wölfe
- Begrüßungsverhalten 33
- Rückkehr zum Rudel 82 f.
Woodhouse, Barbara 38, 39